Schnittpunkt **8**

Mathematik
Nordrhein-Westfalen

Lösungen

Ernst Klett Verlag
Stuttgart · Leipzig

Schnittpunkt 8, Mathematik, Nordrhein-Westfalen

1. Auflage

Alle Drucke dieser Auflage sind unverändert und können im Unterricht nebeneinander verwendet werden. Die letzten Zahlen bezeichnen jeweils die Auflage und das Jahr des Druckes.

Internetadresse: www.klett.de

Redaktion: Isabelle Hetzler, Ina Matussek

Zeichnungen: media office gmbh, Kornwestheim
Umschlagfoto: Fotosearch RF (image 100), Wankesha, WI

Reproduktion: Meyle + Müller, Medien-Management, Pforzheim
DTP / Satz: media office gmbh, Kornwestheim
Druck: Bosch-Druck GmbH, Ergolding
Printed in Germany

ISBN 978-3-12-740483-8

9 783127 404838

Inhalt

1 Rechnen mit Termen

Auftaktseite: Rechtecke legen

Seite 14 bis 15

linke Seite:
- Sandra und Daniel haben beide Recht. Es kommt darauf an, wie man zählt. Sandra zählt ein großes Quadrat (n^2), drei Rechtecke ($3n$) und zwei kleine Quadrate (2). Daniel berechnet den Flächeninhalt des großen Rechtecks mit der Formel Länge $(n + 2)$ mal Breite $(n + 1)$.
- Die Gesamtfläche kann man als $2n^2 + 8n + 6$ oder als $(2n + 2)(n + 3)$ angeben.

rechte Seite:
- individuelle Lösungen
- Der Term $n^2 - 2n$ lässt sich nur darstellen, wenn man von dem Quadrat zwei Rechtecke abschneiden würde. Damit wäre ein möglicher Term für diese Fläche $(n - 2)n$.

1 Ausmultiplizieren. Ausklammern

Seite 16

Einstiegsaufgabe

➔ Sie haben beide Recht. Jutta berechnet den Flächeninhalt mit der Formel Länge $(n + 1)$ mal Breite (3). Niklas zählt drei Rechtecke ($3n$) und drei Quadrate (3).

➔ Figur C: $2n(n + 2)$ oder $2n^2 + 4n$

Figur B: $n \cdot (n + 2)$ oder $n^2 + 2n$

Seite 17

1

a) $2n \cdot (n + 1)$; $2n^2 + 2n$

b) $n \cdot (2n + 2)$; $2n^2 + 2n$

c) $5 \cdot (n + 1)$; $5n + 5$

d) $2 \cdot (n + 2)$; $2n + 4$

2 a) $n(n + 3)$

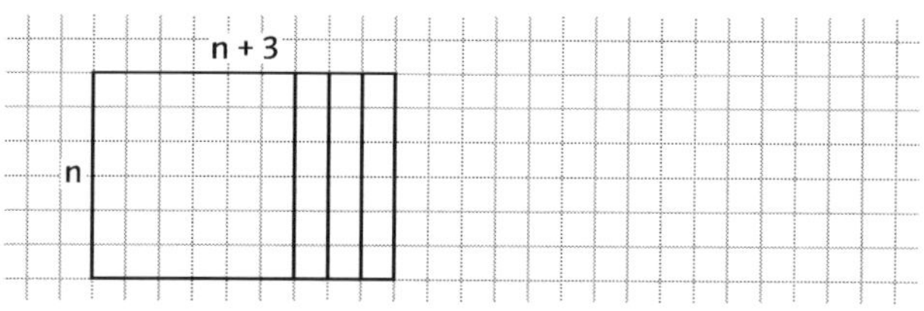

Man könnte die 3 Streifen n auch rechts und links des Quadrates n^2 anordnen.

b) Zwei Möglichkeiten:
$2n(n + 3)$

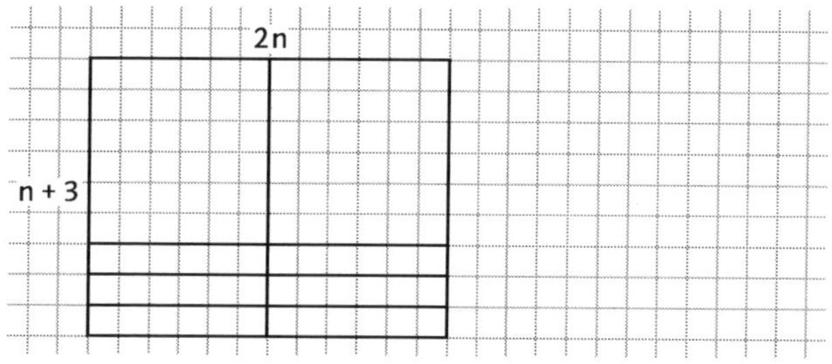

$n(2n + 6)$

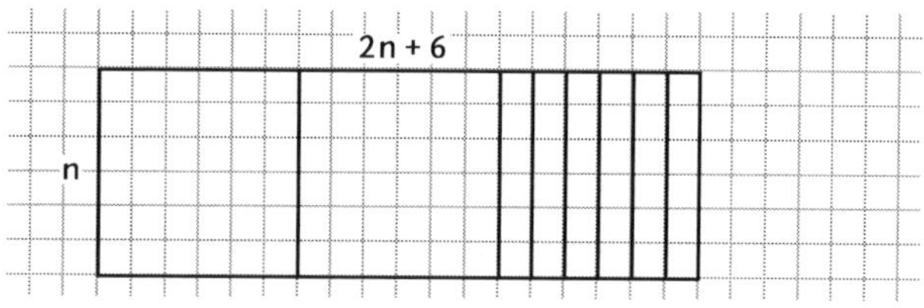

c) $3(n + 1)$

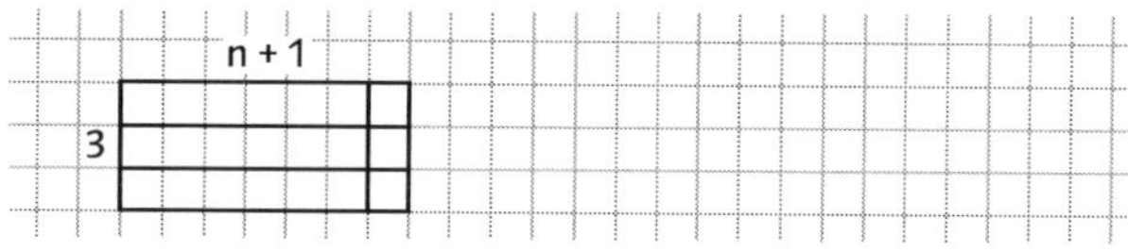

d) $n(n + 1)$

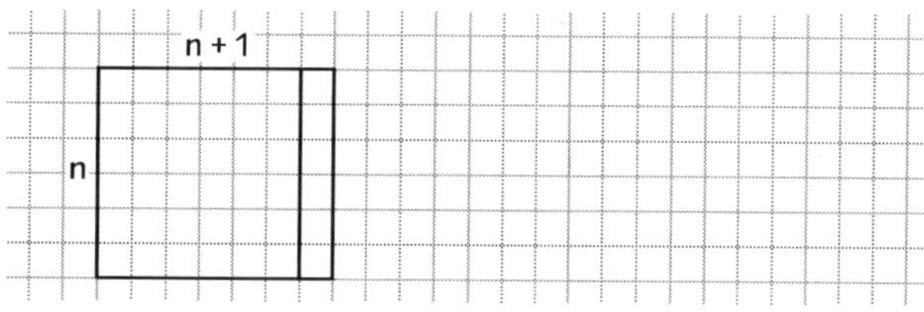

3 a) $n^2 + n$

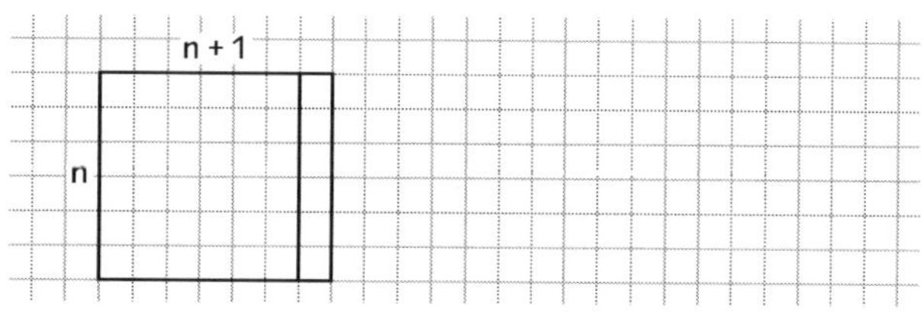

b) $4n^2 + 8n$

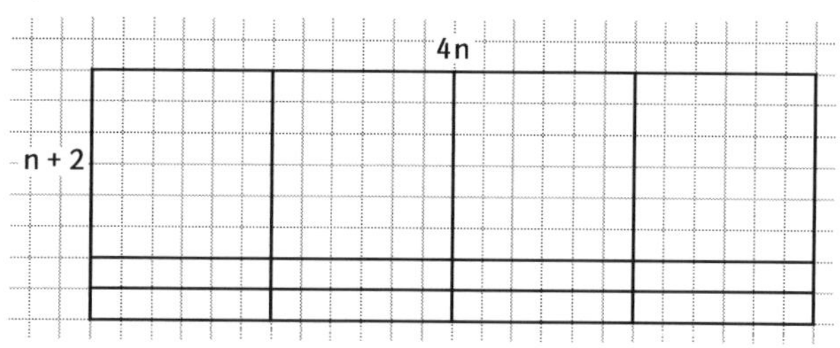

c) $2n^2$

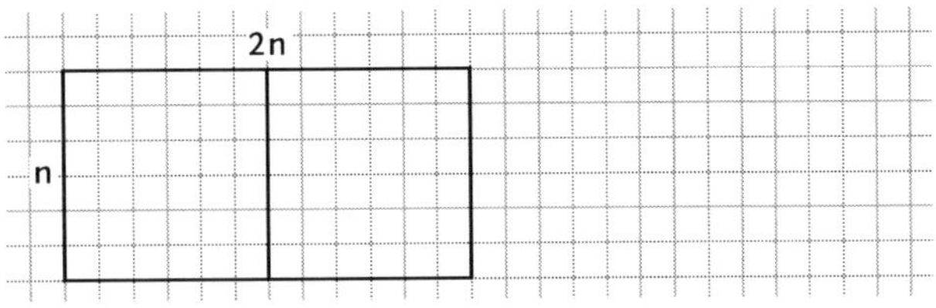

d) $4n^2$

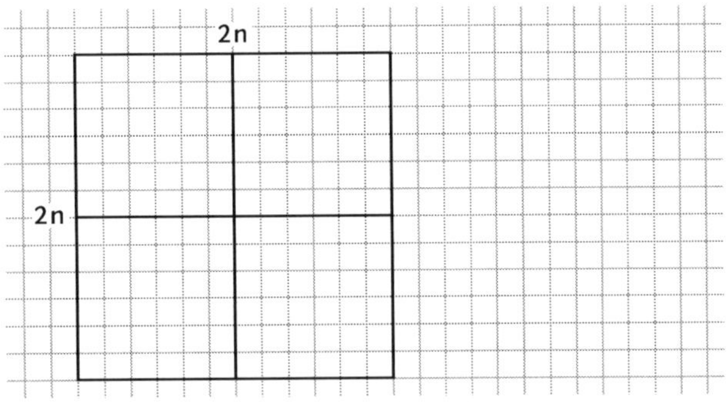

4 a) $a(b + c) = ab + ac$
b) $x(r + s + t) = xr + xs + xt$
c) $m(n + 2n + 3f) = mn + 2mn + 3mf$
$= 3mn + 3mf$
d) $2s(e + 2f + c + d) = 2se + 4sf + 2sc + 2sd$

5 a) 3200 b) 54 c) 980

6 a) $5x + 10$ b) $x + xy$
c) $7a - 7$ d) $2xy - 4x$
e) $27ab - 36a^2$ f) $6g - 2gf$

7 a) $8(4x + 3y)$ b) $7x(7y + 3)$
c) $11y(2x + 3z)$ d) $9b(-5a + 3c)$
e) $20s(3t + 4s)$ f) $15vw(7v - 4)$
g) $xy(25x - 16y)$ h) $xy(12x - 7z)$
i) $30xy(8y - 5x)$ j) $3xy(9x^2 - 11y)$

8 a) $9x(4 + 3y) = 36x + 27xy$
b) $6a(2a - 9b) = 12a^2 - 54ab$
c) $(-5x)(2y - 4x) = -10xy + 20x^2$
d) $(-ab)(-a - b) = a^2b + ab^2$

Rechnen mit Tabellen

- $4 \cdot 30 + 4 \cdot 6 = 120 + 24 = 144$
$7 \cdot 40 + 7 \cdot 4 = 280 + 28 = 308$
$34 \cdot 10 + 34 \cdot 1 = 340 + 34 = 374$
$8 \cdot 50 + 8 \cdot 3 = 400 + 24 = 424$

-

·	30	−2
8	240	−16

- $6 \cdot (80 - 2) = 480 - 12 = 468$
$12 \cdot (30 - 3) = 360 - 36 = 324$
$13 \cdot (1000 - 2) = 13\,000 - 26 = 12\,974$
$8 \cdot (900 - 11) = 7200 - 88 = 7112$

-

·	60	5
9	540	45

·	40	−1
11	440	−11

$9 \cdot 65 = 9 \cdot (60 + 5) = 585$ $11 \cdot 39 = 11 \cdot (40 - 1) = 429$

Seite 18

9 $5a(5 - 3a) = -(15a^2 - 25a)$
$(4c + 6b)7a = 42ab + 28ac$
$7a(-b + 2a) = 14a^2 - 7ab$
$3a(4a + 2b) = 6ab + 12a^2$
$25a - 15a$: keine Entsprechung
$7a^2 + 5ab$: keine Entsprechung
$35ab + 28ac$: keine Entsprechung
$7ab + 14a^2$: keine Entsprechung

10 a) $5x - 3y$ b) $3t^2 - 5s$
c) $24ab + 30bc$ d) $\frac{1}{2}x + \frac{3}{4}y^2$

11 a) $4a + 4b + 12c$
b) $4x^2 + 8xy - 4xz$
c) $10a^2 - 2a^3 - 24ab^2$
d) $10x^2y - 14xy^2 - 6xyz$
e) $15x^2y - 3y^2 + 3y^2z$
f) $-18ru - 8su + 2u$
g) $10a^2b - 15ab^2 + 5abc$

12 a) $-8x - 12y$ b) $-11a + 17b$
c) $-4z + 12y$ d) $-2u + 3v - 4w$
e) $e + f^2 + g$ f) $0{,}5x - 0{,}8y^2$
g) $-q + r$ h) $-3a^2 - ab$

13 a) $(x + 3)4x = 4x^2 + 12x$
b) $2c(6a + 8b) = 12ac + 16bc$
c) $2z(1{,}5x + 6y) = 3xz + 12yz$
d) $3v(8r + t + y + w) = 24vr + 3vt + 3vy + 3vw$

14
a) (1) x^2
(2) $(x + 1)\,2x$
(3) $(x + a) \cdot x$
b) (1) $6x^2 + 4x$
(2) $4x^2 + 16x + 4$
(3) $6x^2 + 4ax$
c) (1) $x^3 + x^2$
(2) $4x^2 + 4x$
(3) $x^3 + x^2a$

15 a) $(-1)(a + 2)$ b) $(-1)(5 + x^2)$
c) $(-1)(12a - b)$ d) $(-1)(v - w^2)$
e) $(-1)(x - 2xy + y)$ f) $(-1)(-5a^2 - 4b^2 - 3c^2)$

16 a) $7mn(5 - 3m + 9n)$
b) $8xy(3y + 5x - 6)$
c) $9ab^2c(3 - 9abc - 6a)$
d) $-6abc(9ab + 3b - 8c + 10)$
e) $7xyz(6x^2y - xz - 2yz - 7xy)$

17 a) $6a + 9b$ b) $6x^2 - 9x$
c) $-5a^2b + 3ab$ d) $-12x^2 + 9y^2$

18 Sven hat vergessen, die 7 im Zähler auszuklammern. Er hat nur den Minuenden gekürzt.
a) $2a - 1$ b) $3xy + 1$
c) $1 - 2ac$ d) $9x^2 - 1$

2 Multiplizieren von Summen

Seite 19

Einstiegsaufgabe
➔ $n^2 + 4n + 3$
➔ Die beiden Terme müssen gleich sein, da mit beiden der Flächeninhalt berechnet wird.
➔ $(2n + 1)\cdot(n + 2)$; $(2n^2 + 5n + 2)$
➔ individuelle Lösungen

Seite 20

1 a) $(n + 2)(2n + 1) = 2n^2 + 5n + 2$
b) $(2n + 1)(3n + 2) = 6n^2 + 7n + 2$
c) $(n + 1)(4n + 3) = 4n^2 + 7n + 3$
d) individuelle Lösungen

2 a) $n^2 + n$ b) $4n^2 + 4n$
c) $n^2 + 5n + 6$ d) $4n^2 + 8n$

3 a) $(n + 2)(n + 2)$

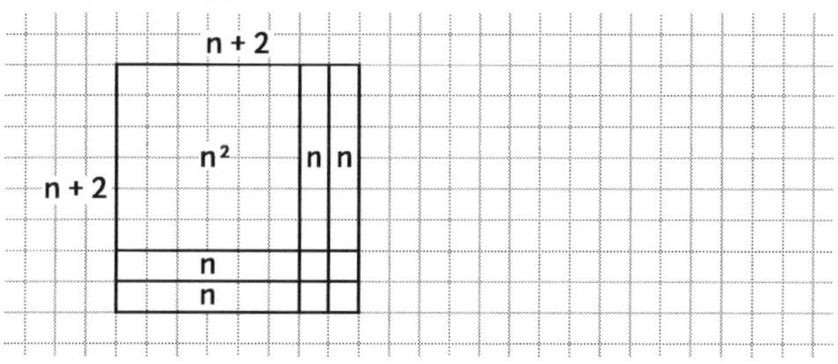

b) $(n + 3)(n + 4)$

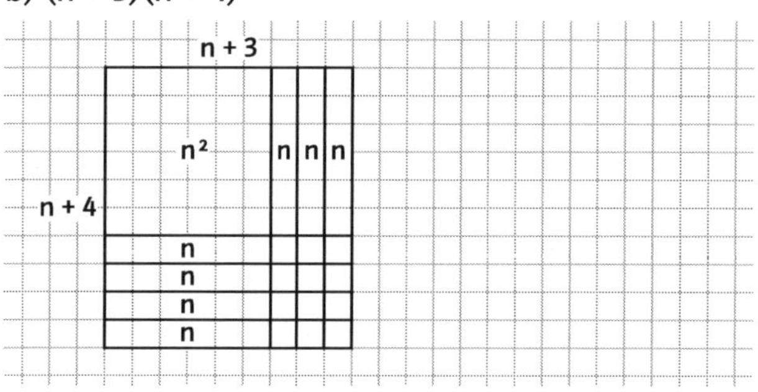

c) $(n + 2)(n + 3)$

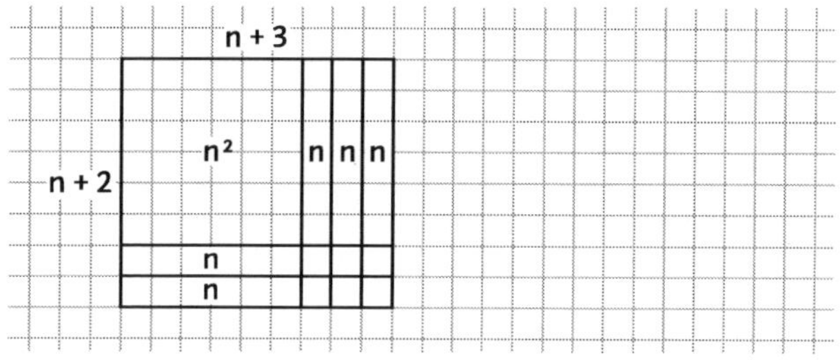

d) $(2n + 1)(n + 1)$

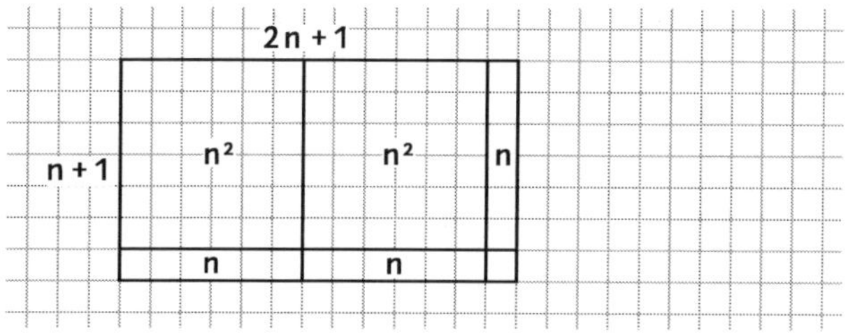

4 a) (△ + ◇)(◐ − ◫) = △◐ − △◫ + ◇◐ − ◇◫
b) (2□ − △)(◐ − 3○) = 2□◐ − 6□○ − △◐ + 3△○
c) (3◫ − 2○)(○ + 2△) = 3◫○ + 6◫△ − 2○²
− 4○△
d) (△ − 4□)(−□ + 3◐) = −△□ + 3△◐ + 4□²
− 12□◐
e) (◐ + 2○ + 3◇)(−◇ − ●) = −◐◇ − ◐● − 2○◇
− 2○● − 3◇² − 3◇●

5 a) $18ax + 6bx + 6ay + 2by$
b) $15ac + 20ad + 6bc + 8bd$
c) $48ur - 48us + 24vr - 24vs$
d) $30km - 20kn + 12im - 8in$

6

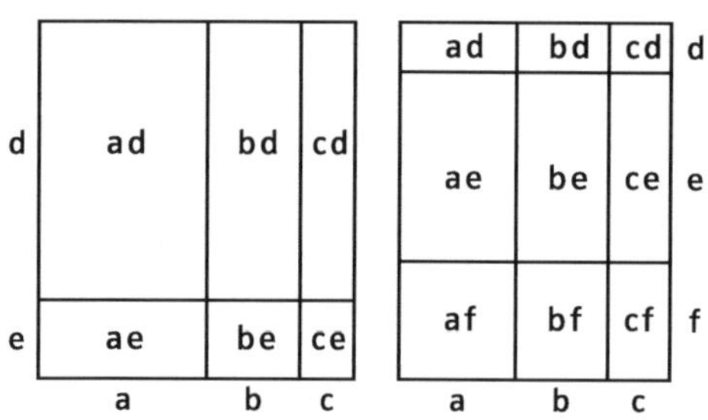

7 a) $7{,}2xy - 18x + 15{,}36y - 38{,}4$
b) $14{,}4y^2 + 6xy - 8{,}4xy - 3{,}5x^2 = 14{,}4y^2 - 2{,}4xy - 3{,}5x^2$
c) $-2{,}4a^2 + 120ab + 0{,}56ab - 28b^2 = -2{,}4a^2 + 120{,}56ab - 28b^2$
d) $-0{,}6ur + 1{,}25rv - 7{,}68su + 16sv$
e) $0{,}05x^3y - 0{,}1xy^3 - 0{,}75x^3 + 1{,}5xy^2$

Multiplikationstabellen ?!

- $2x^2 + 7x + 3$; $6x^2 - 4x - 2$
$12x^2 - 16xy + 5y^2$

-

·	2n	4
n	$2n^2$	$4n$
$\frac{3}{2}$	$3n$	6

·	n	1
$6n$	$6n^2$	$6n$
6	$6n$	6

- individuelle Lösung
Man muss darauf achten, dass die inneren Zahlen als Produkt der äußeren geschrieben werden können.

Seite 21

8 a) $\frac{1}{2}xy + \frac{1}{8}x + y + \frac{1}{4}$
b) $30x + x^2 - 3 - \frac{1}{10}x = x^2 + \frac{299}{10}x - 3$
c) $\frac{1}{2}ab - \frac{1}{8}a + 6b - \frac{3}{2}$
d) $x^2 - \frac{2}{3}xy - \frac{1}{2}xy + \frac{1}{3}y^2 = x^2 - \frac{7}{6}xy + \frac{1}{3}y^2$
e) $\frac{1}{4}a^2 - \frac{3}{8}ab - \frac{2}{9}ab + \frac{1}{3}b^2 = \frac{1}{4}a^2 - \frac{43}{72}ab + \frac{1}{3}b^2$
f) $j^2 - 2ij - \frac{1}{2}ij + i^2 = j^2 - \frac{5}{2}ij + i^2$

9 a) $(10s - 12t)(5s + 4t) = 50s^2 - 20st - 48t^2$
b) $(6x + 4y)(2x + 8) = 12x^2 + 48x + 8xy + 32y$
c) $(7a - b)(5c + 4d) = 35ac - 5bc - 4bd + 28ad$
d) $(6xy + 4x)(3y - 1) = 18xy^2 + 6xy - 4x$
e) $(-10a + 6)(20ab + 12b) = -200a^2b + 72b$

10 a) $42xy - 14xyz = 7xy(6 - 2z)$
b) $39cd - 52df = 13(3cd - 4df)$
c) $45pq + 27p^2q^2 = 9pq(5 + 3pq)$
d) $44xyz - 99xz = 11z(4xy - 9x)$
e) $a^2 + 18a + 77 = (a + 7)(a + 11)$
f) $x^2 + 5x - 126 = (x - 9)(x + 14)$
g) $12x^2 + 35x + 18 = (3x + 2)(4x + 9)$

11 a) $(3 + x)(y - 2)$ b) $(x^2 + 1)(y - 3z)$
c) $(4a + 3b - 2c)(2x + 1)$ d) $(a^2 - b^2)(c - d + e)$

12 a) $ab + ac + b^2 + bc$

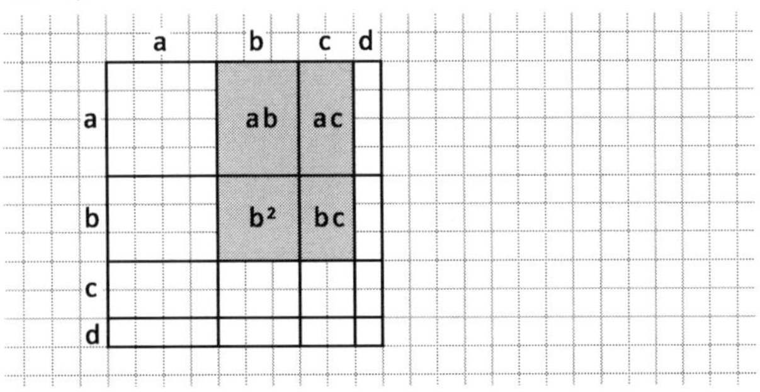

b) $b^2 + bc + bd$

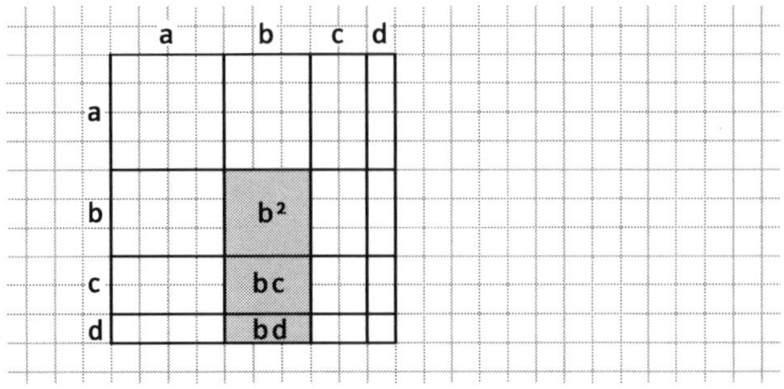

c) $bc + bd + c^2 + cd$

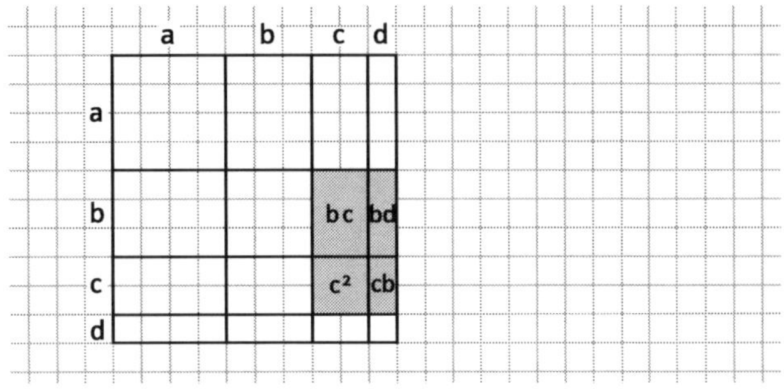

d) $ca + cb + c^2 + ad + bd + cd$

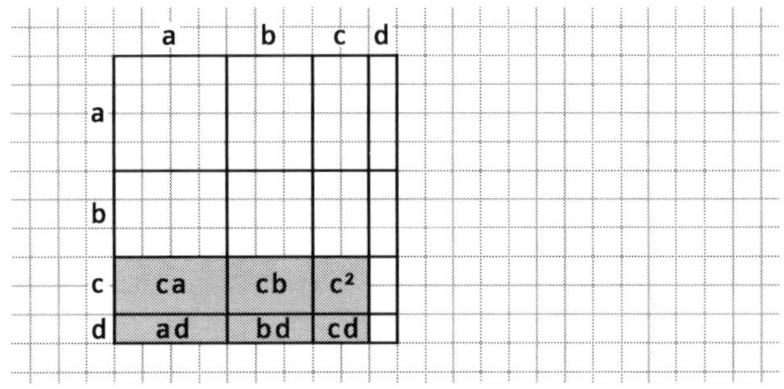

13 a) 1. Quader: $(x + 2)(x + 1)$,
2. Quader: $(x + 1)(x - 1)$, 3. Quader: $(a + b)(c + d)$
b) 1. Quader: $O = 2(x + 2)(x + 1) + 2x(x + 2) + 2x(x + 1)$
2. Quader: $O = 2(x + 1)(x - 1) + 2(x + 1)(2x + 1) + 2(x - 1)(2x + 1)$
3. Quader: $O = 2(a + b)(c + d) + 2(a + b)(e + f) + 2(c + d)(e + f)$
c) 1. Quader: $V = (x + 2)(x + 1)x$
2. Quader: $V = (x + 1)(x - 1)(2x + 1)$
3. Quader: $V = (a + b)(c + d)(e + f)$

14 a) Bei dem ersten Ausdruck wurde die Figur in zwei Rechtecke zerlegt und die Summe dieser Flächeninhalte berechnet. Bei dem zweiten Ausdruck wurde die Figur zunächst zu einem großen Rechteck ergänzt, dann wurde die Ergänzung subtrahiert.
b) $ab + (a + c)d$

15 a) Figur A: T1, T5
Figur B: T2, T4, T6, T8
Figur C: T3, T7
b) Für Figur D ist kein Term formuliert. Möglicher Term: $ac + bd + (d - c)a$
c) individuelle Lösung

3 Binomische Formeln

Seite 22

Einstiegsaufgabe

➔ $(n + 1)^2 = n^2 + 2n + 1$
$(n + 2)^2 = n^2 + 4n + 4$
$(n + 3)^2 = n^2 + 6n + 9$
…
$(n + 25)^2 = n^2 + 50n + 625$

1 a) $(\triangle + \square)^2 = \triangle^2 + 2\triangle\square + \square^2$
b) $(\bigcirc - \boxdot)^2 = \bigcirc^2 - 2\bigcirc\boxdot + \boxdot^2$
c) $(\circledcirc + \triangleright)^2 = \circledcirc^2 + 2\circledcirc\triangleright + \triangleright^2$
d) $(\boxbar + \obar)(\boxbar - \obar) = \boxbar^2 - \obar^2$
e) $(\boxbar + \vartriangle)^2 = \boxbar^2 + 2\boxbar\vartriangle + \vartriangle^2$
f) $(\triangledown + \vartriangle)(\triangledown - \vartriangle) = \triangledown^2 - \vartriangle^2$

2 a) $(v + w)^2 = v^2 + 2vw + w^2$
b) $(a + z)^2 = a^2 + 2az + z^2$
c) $(y + 2)^2 = y^2 + 4y + 4$
d) $(d + e)^2 = d^2 + 2de + e^2$
e) $(3 + a)^2 = 9 + 6a + a^2$
f) $(x + 12)^2 = x^2 + 24x + 144$

3 a) $(m - n)^2 = m^2 - 2mn + n^2$
b) $(y - z)^2 = y^2 - 2yz + z^2$
c) $(c + 7)^2 = c^2 + 14c + 49$
d) $(r - s)^2 = r^2 - 2rs + s^2$
e) $(12 - 2a)^2 = 144 - 48a + 4a^2$
f) $(15 + 3i)^2 = 225 + 90i + 9i^2$

4
a) $(y + 4)(y - 4) = y^2 - 16$
$(t + s)(t - s) = t^2 - s^2$
$(f + g)(f - g) = f^2 - g^2$
b) $(n - q)(n + q) = n^2 - q^2$
$(u - v)(u + v) = u^2 - v^2$
$(k - j)(k + j) = k^2 - j^2$

Seite 23

5

	x	y	$(x + y)^2$	$x^2 + y^2$
a)	4	3	49	25
b)	−2	1	1	5
c)	−3	−5	64	34
d)	$\frac{1}{3}$	$\frac{1}{6}$	$\frac{1}{4}$	$\frac{5}{36}$

6 a) $v^2 - 6vw + 9w^2$ b) $4x^2 + 12xy + 9y^2$
c) $64a^2 - 144ab + 81b^2$ d) $100x^2 - 180xy + 81y^2$
e) $0{,}25a^2 + 6ac + 36c^2$ f) $4r^2 - 6rt + 2{,}25t^2$

7 a) $4s^2 - 9t^2$ b) $100k^2 - 160ki + 64i^2$
c) $36c^2 - 25d^2$ d) $121c^2 + 198cd + 81d^2$
e) $0{,}01t^2 - 25s^2$ f) $225p^2 - 360pq + 144q^2$

8 $(7p + 3q)(7p - 3)$: kein binomischer Term
$(7p + 3q)(7p + 3q)$: erste binomische Formel
$(7p + 3q)(3q + 7p)$: erste binomische Formel
$(7p + 3q)(3p - 7q)$: kein binomischer Term
$(7p + 3q)(7q + 3p)$: kein binomischer Term
$(7p + 3q)(3q - 7p)$: zweite binomische Formel

9 a) $18a^2 + 24ab + 8b^2$
b) $150y^2 - 240yz + 96z^2$
c) $144y^2x + 528yx + 484x$
d) $48p^2s - 144pqs + 108q^2s$
e) $6m^2 - 24n^2$

10 a) $10x^2 - 48xy + 144y^2$
b) $-70a^2 - 126ab - 49b^2$
c) $30a - 180ab + 144a^2 + 49b^2$
d) $20b^2 - 80ab + 99a^2$
e) $5x^2 + 36x + 7$

11 a) $(x + 6)^2 = x^2 + 12x + 36$
b) $(a - 3)^2 = a^2 - 6a + 9$
c) $(20r + 0{,}5s)^2 = 400r^2 + 20rs + 0{,}25s^2$
d) $\left(2g - \frac{1}{2}h\right)^2 = 4g^2 - 2gh + \frac{1}{4}h^2$
e) $\left(\frac{1}{2}c - \frac{1}{3}d\right)^2 = \frac{1}{4}c^2 - \frac{1}{3}cd + \frac{1}{9}d^2$

12 a) Beispiele: $7^2 - 6^2 = 49 - 36 = 13 = 7 + 6$
$5^2 - 4^2 = 25 - 16 = 9 = 5 + 4$
b) Das große Quadrat hat den Flächeninhalt $(x + 1)^2$, das kleine x^2. Wenn man nun das kleine Quadrat vom großen subtrahiert, bleiben als Restflächen zwei Rechtecke mit Flächeninhalt $x \cdot 1$ und ein kleines Quadrat mit dem Flächeninhalt 1. Insgesamt bleibt als Rest also $2x + 1$. Formt man diesen Term um, so erhält man $2x + 1 = x + (x + 1)$, also die Summe der aufeinanderfolgenden Zahlen.
c) Allgemein gilt: $(x + 1)^2 - x^2 = x^2 + 2x + 1 - x^2 = 2x + 1 = x + (x + 1)$.

13 a) $81 - z^2$ b) $u^2 - 4uw + 4w^2$
c) $x^2 - 1$ d) $a^2 - 16$
e) $25x^2 + 10xy + y^2$ f) $400b^2 - 400ab + 100a^2$
g) $y^2 - xy + \frac{1}{4}x^2$ h) $\frac{1}{9}x^2 - \frac{1}{2}xy + \frac{9}{16}y^2$

Zeit sparen, Rechenvorteile nutzen ?!

- individuelle Lösungen
- Die 1. binomische Formel wird verwendet, wenn sich die Zahl besser durch eine Summe darstellen lässt (z. B. 63 = 60 + 3).
Die 2. binomische Formel wird bei der Differenz verwendet (z. B. 49 = 50 − 1).
- Die beiden Klammern unterscheiden sich jeweils nur durch das Vorzeichen. Deshalb kann die 3. binomische Formel angewendet werden.

- individuelle Lösungen
- a) $6^2 - 5^2 = (6 + 5)(6 - 5) = 11 \cdot 1 = 11$

$56^2 - 55^2 = (56 + 55)(56 - 55) = 111 \cdot 1 = 111$

$556^2 - 555^2 = (556 + 555)(556 - 555) = 1111 \cdot 1 = 1111$

$5556^2 - 5555^2 = (5556 + 5555)(5556 - 5555) = 11111 \cdot 1 = 11111$

$7^2 - 4^2 = (7 + 4)(7 - 4) = 11 \cdot 3 = 33$

$57^2 - 54^2 = (57 + 54)(57 - 54) = 111 \cdot 3 = 333$

$557^2 - 554^2 = (557 + 554)(557 - 554) = 1111 \cdot 3 = 3333$

4 Faktorisieren mit binomischen Formeln

Seite 24

Einstiegsaufgabe

➔ $n^2 + 2n + 1 = (n + 1)^2$

$n^2 + 4n + 4 = (n + 2)^2$

$n^2 + 6n + 9 = (n + 3)^2$

➔ Man benötigt genügend gelbe Quadrate. Ihre Anzahl berechnet sich aus der Anzahl der verwendeten Rechtecke. Diese muss halbiert und dann quadriert werden.

Seite 25

Randspalte

$n^2 - 1 = (n + 1)(n - 1)$

$n^2 - 4 = (n + 2)(n - 2)$

$n^2 - 9 = (n + 3)(n - 3)$

$n^2 - 16 = (n + 4)(n - 4)$

...

$4n^2 - 100 = (2n + 10)(2n - 10)$

$4n^2 - 121 = (2n + 11)(2n - 11)$

$4n^2 - 144 = (2n + 12)(2n - 12)$

...

$9n^2 - 225 = (3n + 15)(3n - 15)$

$9n^2 - 256 = (3n + 16)(3n - 16)$

$9n^2 - 289 = (3n + 17)(3n - 17)$

...

1

x	$x^2 - 9$	$x^2 + 9$	$(x - 3)^2$	$x^2 + 3$	$(x + 3)(x - 3)$
−2	−5	13	25	7	−5
−1	−8	10	16	4	−8
0	−9	9	9	3	−9
2	−5	13	1	7	−5
3	0	18	0	12	0

2 a) $(x + y)^2$ b) $(v - w)^2$
c) $(x + 3)^2$ d) $(x + 4)^2$
e) $(x - 9)^2$ f) $(x - 12)^2$

3 a) $(x + y)(x - y)$ b) $(t + u)(t - u)$
c) $(b + 4)(b - 4)$ d) $(6 + y)(6 - y)$
e) $(9 + 2z)(9 - 2z)$ f) $(20 + 3x)(20 - 3x)$

4 a) $121m^2 - 25 = (11m - 5)(11m + 5)$
b) $81 - 144p^2 = (9 - 12p)(9 + 12p)$
c) $49 - 169z^2 = (7 - 13z)(7 + 13z)$
d) $144 - 0{,}25t^2 = (12 + 0{,}5t)(12 - 0{,}5t)$
e) $9x^2 - \frac{1}{4}z^2 = (3x - \frac{1}{2}z)(3x + \frac{1}{2}z)$

5 a) $a^2 - 14a + 49 = (a - 7)^2$
b) $m^2 - 18m + 81 = (m - 9)^2$
c) $121 - 22w + w^2 = (11 - w)^2$
d) $x^2 + 2xy + y^2 = (x + y)^2$
e) $x^2 - 10xy + 25y^2 = (x - 5y)^2$
f) $s^2 + 24s + 144 = (s + 12)^2$

6 a) $(2a - 3b)^2$ b) $(m + 13)^2$
c) $(3b - 5c)^2$ d) $(a + 1)^2$
e) $(4s - 7r)^2$ f) $(1 + 2z)(1 - 2z)$
g) $(1 - 1{,}4x^2)^2$ h) $(25 - 14a)(25 + 14a)$
i) $-(4z - 5y)^2$
j) $(0{,}7a - 0{,}1b)(0{,}7a + 0{,}1b)$

7 a) $(5y - 3x)(5y + 3x)$ b) $(11 - 9g)(11 + 9g)$
c) $(13a - 12b)(13a + 12b)$ d) $(1 - x)(1 + x)$
e) $(20p - 1)(20p + 1)$ f) $(10m - n)(10m + n)$

8 a) $a = 5$ oder $a = -5$ b) $a = 11$ oder $a = -11$
c) $a = -4$ d) $a = -1$
e) $a = 10$ f) $a = \frac{1}{2}$ oder $a = -\frac{1}{2}$
g) $a = 17$ h) $a = -1{,}6$

9 a) $(6r - 4s)^2$ b) $(q + 2z)^2$
c) $(3a - 14)^2$ d) $(13 + 2x)^2$
e) $(x - 9)^2$ f) $(a + 0{,}5)^2$

10 a) $25m^2 + 10mn + n^2 = (5m + n)^2$
b) $36a^2 - 12a + 1 = (6a - 1)^2$
c) $64t^2 + 144t + 81 = (8t + 9)^2$
d) $4a^2 - 4ab + b^2 = (2a - b)^2$
e) $4c^2 - 68c + 289 = (2c - 17)^2$
f) $z^2 - 18z + 81 = (z - 9)^2$
g) $0{,}04a^2 - 0{,}12ab + 0{,}09b^2 = (0{,}2a - 0{,}3b)^2$

11 $1 + 4t^2$:
keine Zerlegung möglich (Für die dritte binomische Formel müsste es z. B. $-4t^2$ heißen.)
$r^2 - 18g - 81$:
keine Zerlegung möglich (Für die zweite binomische Formel müsste es z. B. $r^2 + 18r + 81$ heißen.)
$1{,}44m^2 - n^2 = (1{,}2m + n)(1{,}2m - n)$
$9p^2 + 225q^2$:
keine Zerlegung möglich (Für die dritte binomische Formel müsste es z. B. $-225q^2$ heißen.)

$4n^2 + 16mn + 64m^2$:
keine Zerlegung möglich (Für die erste binomische Formel müsste es z. B. $+32mn$ heißen.)
$0{,}4s^2 - 25t^2$:
keine Zerlegung möglich (Für die dritte binomische Formel müsste es z. B. $0{,}04s^2$ heißen.)
$-60ab + 25b^2 + 36a^2 = (5b - 6a)^2$
$-y^2 + 14y - 49 = -(y - 7)^2$
$x^2 + 6x + 6{,}25$:
keine Zerlegung möglich (Für die erste binomische Formel müsste es z. B. $+9$ heißen.)
$2x^2 + 4x + 1$:
keine Zerlegung möglich (Für die erste binomische Formel müsste es z. B. $4x^2$ heißen.)
$16y^2 + 144yx + 81x^2$:
keine Zerlegung möglich (Für die erste binomische Formel müsste es z. B. $72xy$ heißen.)
$900a^2 - 600ab + 100b^2 = (30a - 10b)^2$

Seite 26

12 individuelle Lösungen
Beispiele: $4x^2 + 16xy + 16y^2 = (2x + 4y)^2$,
$25x^2 + 40xy + 16y^2 = (5x + 4y)^2$

13 a) $(x + 18)^2$, $(2x + 9)^2$, $(3x + 6)^2$
b) $(x + 25)^2$, $(5x + 5)^2$, $(25x + 1)^2$
c) $(a + 3b)^2$, $(3a + b)^2$, $(ab + 3)^2$
d) $\left(\frac{1}{2}a + b\right)^2$, $\left(\frac{1}{4}a + 2b\right)^2$, $\left(ab + \frac{1}{2}\right)^2$

14 $5 \cdot 15 + 25 = 100 = 10^2$
$6 \cdot 16 + 25 = 121 = 11^2$
$7 \cdot 17 + 25 = 144 = 12^2$
$8 \cdot 18 + 25 = 169 = 13^2$
...
Erklärung: $x(x + 10) + 25 = (x + 5)^2$

15 a) $3(5a - 6b)(5a + 6b)$
b) $7(2v - 4w)(2v + 4w)$
c) $a(x + 3y)^2$ d) $2a(2x - 5y)(2x + 5y)$
e) $3(3x + y)^2$ f) $0{,}5(x + 6)^2$
g) $2a(x + 3y)^2$ h) $\frac{1}{2}(x + 4)^2$ i) $\frac{1}{5}(x + 2y)^2$

16 a) $ab(a - b)(a + b)$ b) $2(2a + b)^2$
c) $-3(x - y)^2$ d) $c(a + b)^2$
e) $2a(a + 1)^2$ f) $2(5m - 2n)^2$
g) $x(2x + 1)^2$ h) $3c(2c - 3d)^2$

17 a) $n^5 - n = n(n^4 - 1) = n(n^2 + 1)(n^2 - 1)$
$= n(n^2 + 1)(n + 1)(n - 1)$
b) $n^9 - n = n(n^8 - 1) = n(n^4 - 1)(n^4 + 1)$
$= n(n^4 + 1)(n^2 + 1)(n + 1)(n - 1)$
c) $n^{17} - n = n(n^{16} - 1) = n(n^8 - 1)(n^8 + 1)$
$= n(n^8 + 1)(n^4 + 1)(n^2 + 1)(n + 1)(n - 1)$
d) $n^{33} - n = n(n^{16} + 1)(n^8 + 1)(n^4 + 1)(n^2 + 1)$
$\cdot (n + 1)(n - 1)$
Es entstehen dann mehr als drei Faktoren, wenn man die einzelnen Faktoren, die eine Differenz darstellen, mithilfe der 3. binomischen Formel so lange wie möglich immer wieder faktorisiert.

Die quadratische Ergänzung ?!

- Es fehlen 9 kleine Quadrate.
- Die gesamte Figur hat einen Flächeninhalt von $(n + 3)^2 = n^2 + 6n + 9$. Die unvollständige Figur hat einen Flächeninhalt von $n^2 + 6n$, es fehlen also 9 kleine Quadrate.
- $x^2 + 8x + 16 = (x + 4)^2$
$x^2 - 2x + 1 = (x - 1)^2$
$x^2 + x + 0{,}25 = (x + 0{,}5)^2$
- $x^2 + 6xy + 9y^2$
$4n^2 + 2nm + \frac{1}{4}m^2$
- Es gilt immer: $a^2 + 2ab + b^2$. Um den gesuchten dritten Summanden zu erhalten, teilt man den mittleren angegebenen Summanden durch 2 und anschließend durch a. Danach quadriert man die ermittelte Zahl und erhält somit b^2.
- Einige der vielen Möglichkeiten sind:
$-\ a^2 + 12ab + 36b^2 = (a + 6b)^2$
$-\ 4a^2 + 12ab + 9b^2 = (2a + 3b)^2$
$-\ 9a^2 + 12ab + 4b^2 = (3a + 2b)^2$
$-\ 36a^2 + 12ab + b^2 = (6a + b)^2$
Es gibt hier mehrere Möglichkeiten, da nur der mittlere Summand $12ab$ gegeben ist und die Zahl 12 sich auf mehrere Arten in drei Faktoren zerlegen lässt: Sowohl ▲ als auch △ sind frei wählbar. Die oben angegebenen Möglichkeiten lassen sich um viele weitere ergänzen, wenn die Koeffizienten nicht nur natürliche Zahlen sein dürfen. Einige Beispiele:
$16a^2 + 12ab + 2{,}25b^2 = (4a + 1{,}5b)^2$ oder
$2{,}25a^2 + 12ab + 16b^2 = (1{,}5a + 4b)^2$.
Einige weitere Möglichkeiten:
$36a^2b^2 + 12ab + 1 = (6ab + 1)^2$ oder
$9a^2b^2 + 12ab + 4 = (3ab + 2)^2$.

Üben • Anwenden • Nachdenken

Seite 28

1 a) In den Zeilen und Spalten stehen die Turnierteilnehmer. In die Tabelle wird einer der Werte 0, $\frac{1}{2}$ oder 1 je nach Ausgang des Spiels eingetragen. 0 bedeutet, dass der Spieler verloren hat, $\frac{1}{2}$ bedeutet einen unentschiedenen Ausgang (sog. Remis) und 1 bedeutet, dass der Spieler den anderen geschlagen hat. Beispiel: Jens hat gegen Marina verlo-

ren (0), gleichzeitig wird in der Tabelle eingetragen, dass Marina gegen Jens gewonnen hat (1). Daher entsprechen sich die an der Diagonalen gespiegelten Werte: Aus einer 1 wird eine 0 und umgekehrt, die $\frac{1}{2}$ wird an beiden Stellen eingetragen. In der Diagonalen selbst sind keine Werte eingetragen, weil man nicht gegen sich selbst spielt.
Es fanden 10 Partien statt.
b) Siegerliste: Marina hat dreimal gewonnen, einmal Remis gespielt, Jens hat zweimal gewonnen, einmal verloren und einmal Remis gespielt, Lara hat zweimal gewonnen und zweimal verloren, Saskia hat einmal gewonnen, zweimal verloren und ein Remis gespielt und Fabian hat dreimal verloren und ein Remis erzielt. Die Rangliste lautet also: Marina, Jens, Lara, Saskia, Fabian.
c) Bei 9 Teilnehmern sind 36 Spiele zu organisieren.
d) n Teilnehmer bedeuten $\frac{n(n-1)}{2}$ Spiele.

2 a) $(2n+1)n = 2n^2 + n$ b) $2n(n+1) = 2n^2 + 2n$
c) $(3n+2)2n = 6n^2 + 4n$
d) individuelle Lösungen

3 a) $3n(2n+1)$

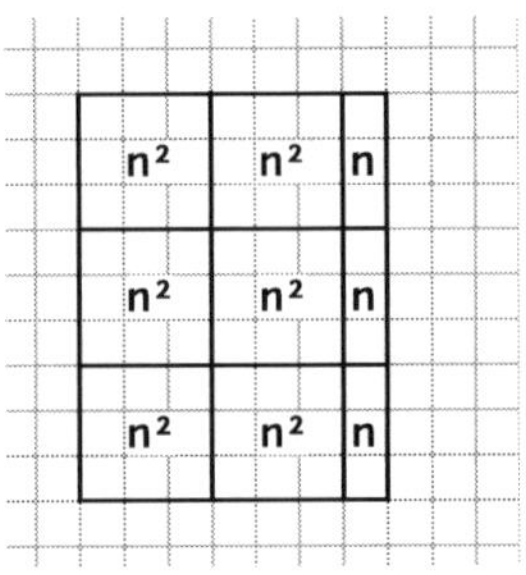

b) $4n(1+2n)$

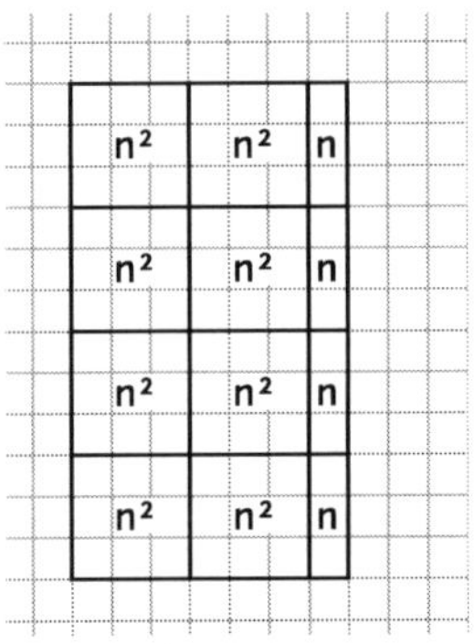

c) $(n+1)^2$

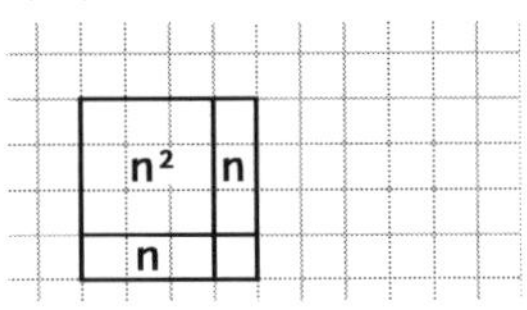

d) $(n+3)^2$

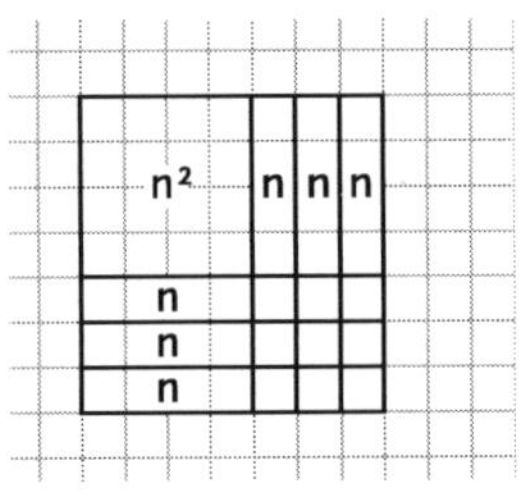

e) $(n+1)(n+2)$

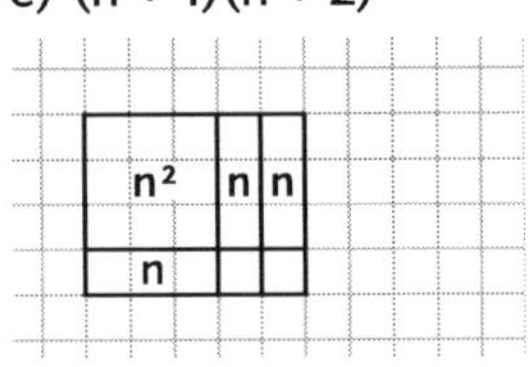

f) $(n+3)(n+4)$

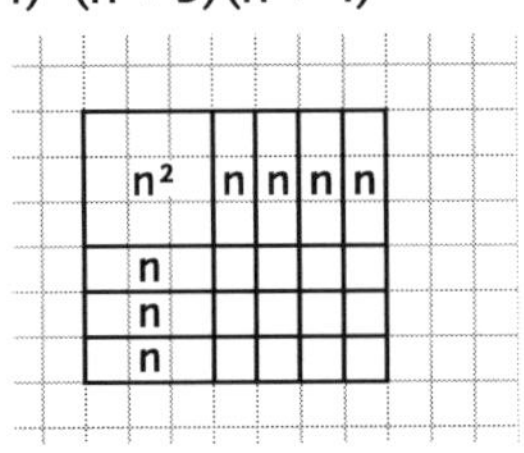

g) $2(n+1)(n+2)$
h) $(2n+1)(2n+2)$

4 a) $5x^2 + 12x + 10$ b) $5x^2 - 12x + 10$

5 a) $132y - 67x$ b) $75ac - 62ad + 11cd$
c) $2a^2 - 10a - 4$ d) $12x + 11y + 6$
e) $30x^2 - 30xy - 16y^2$

6 a) $36ac - 27ad - 28bc + 21bd$
b) $-5x^2 - 4xz + 12yz + 15xy$
c) $21x^2 - 7xy + 9y - 27x$
d) $5b^2 - 10ab + 2a - b$
e) $-a^3 - 5a^2 + 3ab + 15b$
f) $x^2y + xy^2 - x - y$
g) $vs + vt + ws + wt$
h) $2x^2z^2 + y^2z^2 + 12x^2 + 6y^2$

7 a) $12x^2 + 35x + 18$
b) $5a^2 + 13ab - 6b^2$
c) $15u^2 + 27uv - 54v^2$
d) $24y^2 - 51xy + 6x^2$
e) $5a^2 - 22ab - 15b^2$
f) $98x^4 - 18y^4$
g) $-15ab + 30ad + 12bc - 24cd$

8 Die Zeichnung veranschaulicht die zweite binomische Formel: $(a-b)^2 = a^2 - 2ab + b^2$.
Wenn man von dem großen Quadrat (a^2) die beiden Rechtecke (mit je ab) subtrahiert, hat man das kleinste Quadrat (b^2) zweimal subtrahiert. Addiert man es wieder einmal dazu, erhält man die Fläche des mittleren Quadrats ($(a-b)^2$).

Seite 29

Taxigeometrie ?!

- Die einzelnen Zeilen beginnen jeweils mit 1 und enden auch mit 1. Außerdem sind sie symmetrisch aufgebaut. In der rosa markierten Schrägzeile wird 1 addiert, um die nächste Zahl zu erhalten, in der blauen nimmt die zu addierende Zahl immer um 1 zu.
- Am Rand des Dreiecks stehen immer Einsen, ansonsten steht die Summe zweier benachbarter Zahlen unter diesen.
Nächste Zeile: 1; 6; 15; 20; 15; 6; 1.
Übernächste Zeile: 1; 7; 21; 35; 35; 21; 7; 1.
- $(a+b)^1 = a + b$
$(a+b)^2 = a^2 + 2ab + b^2$
$(a+b)^3 = a^3 + 3a^2b + 3ab^2 + b^3$
$(a+b)^4 = a^4 + 4a^3b + 6a^2b^2 + 4ab^3 + b^4$
$(a+b)^5 = a^5 + 5a^4b + 10a^3b^2 + 10a^2b^3 + 5ab^4 + b^5$
- Die Vorfaktoren der Summanden sind die Zahlen in den entsprechenden Zeilen des pascalschen Dreiecks.

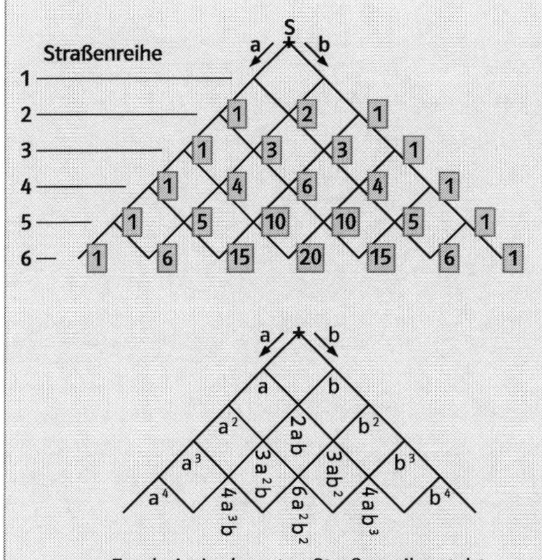

Ergebnis: In der n-ten Straßenreihe steht der Summenterm von $(a + b)^n$.

Seite 30

9 a) $(5n + 7m)^2 = 25n^2 + 70mn + 49m^2$
b) $(12e + 2f)^2 = 144e^2 + 48ef + 4f^2$
c) $(2{,}5g - 10h)^2 = 6{,}25g^2 - 50gh + 100h^2$
d) $(3x - 4y)^2 = 9x^2 - 24xy + 16y^2$
e) $(10m + 1{,}5n)^2 = 100m^2 + 30mn + 2{,}25n^2$
f) $(9y - 0{,}5)^2 = 81y^2 - 9y + 0{,}25$

10 a) $(-1)(y - 7)^2$
b) $(-1)(3x + 5y)(3x - 5y)$
c) $(-1)(7r + 4s)^2$
d) $(-1)(13a + 12b)(13a - 12b)$

11 a) Die neue rechteckige Fläche ist (in m^2) $(x + 4)(x + 6) = x^2 + 10x + 24$ groß.
b) Nein, das ist ein schlechter Tausch. Die neue Fläche hat einen Inhalt von $(x - 3)(x + 3) = x^2 - 9$, ist also $9\,m^2$ kleiner als die alte.

12 a) $(35^2 + 9^2) : (22^2 + 13^2)$
$= (1225 + 81) : (484 + 169) = 2$
b) $(63^2 + 7^2) : (35^2 + 28^2)$
$= (3969 + 49) : (1225 + 784) = 2$
Begründung: $((x + y)^2 + (x - y)^2) : (x^2 + y^2)$
$= (x^2 + 2xy + y^2 + x^2 - 2xy + y^2) : (x^2 + y^2)$
$= (2x^2 + 2y^2) : (x^2 + y^2) = 2$

13

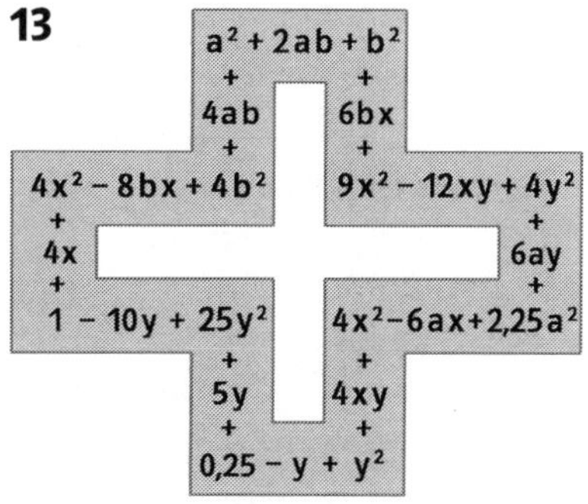

Babylonische Multiplikation

- $18 \cdot 22 = 396$; $33 \cdot 27 = 891$; $46 \cdot 34 = 1564$; $51 \cdot 49 = 2499$; $62 \cdot 38 = 2356$; $102 \cdot 98 = 9996$; $106 \cdot 94 = 9964$.
- $((x + y)^2 - (x - y)^2) : 4 = (x^2 + 2xy + y^2 - (x^2 - 2xy + y^2)) : 4 = (x^2 + 2xy + y^2 - x^2 + 2xy - y^2) : 4 = 4xy : 4 = xy$.
- Das große Quadrat hat einen Flächeninhalt von $(x + y)^2$, das kleine hat einen Flächeninhalt von $(x - y)^2$. Subtrahiert man vom großen Quadrat das kleine, bleiben vier gleich große Rechtecke mit dem Gesamtflächeninhalt $4xy$ übrig. Dividiert man diesen Flächeninhalt noch durch 4, so erhält man den Flächeninhalt eines Rechtecks, also das Produkt $x \cdot y$.

2 Gleichungen

Auftaktseite: Von Bäumen und mehr

Seiten 32 bis 33

Grundstückausgleich
Das Grundstück muss um ungefähr 33 m verlängert werden.

Sturmsichere Bäume
Bianca: $h = 7{,}50\,m$ bzw. $h = 11{,}25\,m$
Anke: $h = 13\,m$ bzw. $h = 19{,}5\,m$
Tim: $h = 37\,m$ bzw. $h = 55{,}5\,m$

Jede Menge Holz
Sarah: $V = 8{,}78\,m^3$ bzw. $V = 7{,}84\,m^3$
David: $V = 20{,}26\,m^3$ bzw. $V = 13{,}69\,m^3$

$m = 0{,}24\,u^3$ $\quad$ $m = 0{,}6\,u^2$

Bäume als Zeitzeugen
Individuelle Lösungen beim Alter

1000-jährige Bäume müssten einen Umfang von 25 m haben.

1 Gleichungen mit Klammern

Seite 34

Einstiegsaufgabe
➔ Grundstück 42.1: x^2
Grundstück 42.2: $(x + 8)(x - 6)$
Da die Flächeninhalte gleich sind, gilt:
$x^2 = (x + 8)(x - 6)$. Daraus folgt $x = 24$.
Damit hat das Grundstück 42.1 die Maße 24 m × 24 m,
das Grundstück 42.2 die Maße 32 m × 18 m.
➔ Die zweite Länge des Grundstücks beträgt 32 m.

Seite 35

1 a) $x = 1$ b) $x = 1$ c) $x = 1$
d) $x = 4$

2 a) $x = 6$ b) $x = -2$ c) $y = 9$
d) $y = -2$

3 $3(2x - 4) = 2(3 + 4x)$; $x = -9$
a) mögliche Lösungen:
$2(3x - 4) = 3(3x + 4)$; $x = -\frac{20}{3}$
$4(2x - 3) = 3(2x + 4)$; $x = 12$
$3(2x + 4) = 2(3 - 4x)$; $x = -\frac{3}{7}$
$2(3x + 4) = 2(3 - 4x)$; $x = -\frac{1}{7}$
$4(3x - 2) = 2(3 + 4x)$; $x = \frac{7}{2}$
b) individuelle Lösungen

4 a) $n = -2$ b) $n = -1$ c) $n = 12$
d) $n = 3$ e) $n = \frac{3}{2}$

5 a) $x^2 = (x + 2)(x - 1)$; $x = 2$
b) $x^2 = (x + 6)(x - 3)$; $x = 6$

6 a) $9(x + 4) = 15x$; $x = 6$
b) $6x = (x - 7)\cdot 9$; $x = 21$
c) $x(x + 2) = (x + 8)(x + 2 - 5)$; $x = 8$

Seite 36

7 a) $((x\cdot 5 + 3)\cdot 2) - 12 = 4x$; $x = 1$
b) $((3x + 4)\cdot 2 + 4) : 3 = 4x$; $x = 2$
Setzt man die Klammern anders oder lässt sie ganz weg, erhält man andere Ergebnisse.

8 a) $m = 1$ b) $m = 27$ c) $n = 4$
d) $n = -7$ e) $m = 28$ f) $n = -1$
Lösungswort: GELÖST

9 a) $x = 8$ b) $x = 9$ c) $x = 6$

10 a) $x = -3$ b) $x = 2$ c) $x = -1$
d) $x = 0$

11 a) $x = -2$; $x = -3$; $x = -4$; $x = -5$
b) Die Lösung ist die Gegenzahl des Mittelwerts der beiden Zahlen, die jeweils zu x addiert werden.
$x = -46$

12 a) keine Lösung
b) unendlich viele Lösungen
c) unendlich viele Lösungen
d) keine Lösung
e) $x = 1$
f) keine Lösung

Aufgaben selbst erfinden

- Zwei Kaninchengehege haben die gleiche Größe. Eines hat eine quadratische Form, das andere ist rechteckig. Die Seitenlänge des quadratischen Geheges ist 2 m länger als die kürzere Seite des Rechtecks. Die längere Rechtecksseite ist 6 m länger als die kürzere.
Lösung für x = kürzere Rechtecksseite.
$x \cdot (6 + x) = (x + 2)^2$
$6x = 4x + 4$
$x = 2$
Das quadratische Gehege ist also 4 m × 4 m groß, das rechteckige hat die Maße 2 m und 8 m.
- individuelle Lösungen

2 Formeln

Seite 37

Einstiegsaufgabe
y: °Fahrenheit, x: °Celsius

Seite 38

1 a) $a = \frac{A}{b}$
b) $b = \frac{A}{a}$; die Werte in der Tabelle sind zum Teil gerundet.

A	80	80	80	90	90	90	100	100
a	16	18	11,4	15	11,25	25	29	3,0
b	5	4,4	7	6	8	3,6	3,4	33

2 a) $a = \frac{V}{bc}$; $b = \frac{V}{ac}$; $c = \frac{V}{ab}$
b) Die Werte in der Tabelle sind zum Teil gerundet.

V	80	90	100	120	140	170	241
a	16	15	8	0,5	8	6,6	17,1
b	2,5	3	5	7,5	6,25	5,6	14,1
c	2	2	2,5	32	2,8	4,6	1

c) Eva und Saskia rechnen richtig.

3 a)

V	60	120	150	225	280	400	1000
c	5	7,5	2,5	4,5	35	32	16
G	12	16	60	50	8	12,5	62,5

b) mögliche Lösungen zu $V = 60\,dm^3$; $c = 5\,dm$:
$a = 4\,dm$; $b = 3\,dm$ oder $a = 10\,dm$; $b = 1{,}2\,dm$
mögliche Lösungen zu $V = 1000\,dm^3$; $c = 16\,dm$:
$a = \frac{5}{2}\,dm$; $b = 25\,dm$ oder $a = 5\,dm$; $b = \frac{25}{2}\,dm$

4 a) $b = \frac{k}{4} - a - c$; $c = \frac{k}{4} - a - b$
b)

k	80	60	120	180	206	30	12	960
a	9	10	12	15	27,5	5,5	2	79
b	6	2	6	15	12	1	1	80
c	5	3	12	15	12	1	↯	81

Die Angaben der vorletzten Spalte beschreiben keinen Quader!

Formeln falten

- Lösung über Messung
- $A_1 = a \cdot b - \frac{1}{2} \cdot b^2$
- $A_2 = a \cdot b - b^2$
$A_3 = a \cdot b - \frac{3}{2} \cdot b^2$
$A_4 = a \cdot b - 2b^2$
- $A_1 = 46\,cm^2$; $A_2 = 44\,cm^2$; $A_3 = 42\,cm^2$;
$A_4 = 40\,cm^2$
$A_1 = 132\,cm^2$; $A_2 = 114\,cm^2$; $A_3 = 96\,cm^2$;
$A_4 = 78\,cm^2$
- $a = \frac{A_1 + \frac{b^2}{2}}{b}$; $a = \frac{A_2 + b^2}{b}$; $a = \frac{A_3 + \left(\frac{3b^2}{2}\right)}{b}$; $a = \frac{A_4 + 2b^2}{b}$
- Abbildung

Seite 39

5 a) $G = W \cdot \frac{100}{p}$
b)

p%	5%	2%	3%	2,15%
G	350,00 €	350,00 €	250 €	1000 €
W	17,50 €	7,00 €	7,50 €	21,50 €

p%	4,5%	2,2%	22%	0,5%
G	3220,00 €	627,27 €	864,30 €	620,00 €
W	144,90 €	13,80 €	190,15 €	3,10 €

6 a) $s = v \cdot t$
Strecke = Geschwindigkeit · Zeit
b)

v in $\frac{km}{h}$	100	22	140	12	44	200
t in h	$1\frac{1}{2}$	3	$4\frac{1}{2}$	$7\frac{1}{2}$	$4\frac{1}{2}$	$1\frac{1}{2}$
s in km	150	66	630	90	198	300

v	$320\,\frac{m}{min}$	$1000\,\frac{m}{min}$	$8\,\frac{m}{s}$	$0{,}04\,\frac{km}{min}$
t	2 min 30 s	4 min	$12\frac{1}{2}\,s$	45 min
s	800 m	4000 m	100 m	1,8 km

7 individuelle Lösungen

8 a) $\frac{5\,\text{km}}{16\,\text{min}} = \frac{5\,\text{km}}{\frac{16}{60}\text{h}} = 18{,}75\,\text{km/h}$

b) $v = \frac{5}{\frac{20}{60} - \frac{x}{60}} = \frac{300}{20 - x}$

c) mögliche Lösungen:

$x = 1;\ v \approx 15{,}8\,\frac{\text{km}}{\text{h}}$

$x = 2;\ v \approx 16{,}7\,\frac{\text{km}}{\text{h}}$

$x = 10;\ v = 30\,\frac{\text{km}}{\text{h}}$

Eine Verspätung von 10 Minuten ist nicht mehr aufzuholen.

9 a) 7 °C → 44,6 °F
8 °C → 46,4 °F
9 °C → 48,2 °F
10 °C → 50 °F

b) $x = \frac{5(y - 32)}{9}$

z. B. y = 10 °F; x = −12,2 °C
y = −10 °F; x = −23,3 °C
y = 60 °F; x = 15,6 °C

c) 0 °F → −17,8 °C
100 °F → 37,8 °C
−100 °F → −73,3 °C

3 Bruchgleichungen*

Seite 40

Einstiegsaufgabe

➔ (Fahrtkosten / alle Schüler) + (Eintritt Tierpark / Schüler, die den Tierpark besuchen) = Gesamtpreis für einen Schüler, der den Tierpark besucht.

➔ Es besuchen 40 Schüler den Tierpark. Insgesamt sind es also 120 Schüler. Davon gehen 60 ins Planetarium und 20 in das Bergbaumuseum.

Seite 41

1

		1	4	0	−2	0,5	2,5
a)	$\frac{3x}{x-4}$	−1	↯	0	1	$-\frac{3}{7}$	−5
b)	$\frac{x-1}{x+2}$	0	$\frac{1}{2}$	$-\frac{1}{2}$	↯	−0,2	$\frac{1}{3}$
c)	$\frac{6}{2x-2}$	↯	1	−3	−1	−6	2
d)	$\frac{x+3}{2x-1}$	4	1	−3	$-\frac{1}{5}$	↯	1,375

2 individuelle Lösungen

3 Folgende Zahlen dürfen nicht eingesetzt werden:

a) 2 b) 0 c) −1
d) 10 e) keine Einschränkung f) 2
g) −2 h) 6 i) −5

4 Timo hat Recht, da der Nenner immer größer als 0 wird, da x^2 immer größer als 0 ist.

a) $x \neq 0$ b) ja c) $x \neq 1$

5 a) $\frac{1}{2x}$ b) $\frac{x+1}{x^2}$

6 a) $\frac{1}{x-1}$ b) $\frac{1}{x^2-1}$ c) $\frac{1}{x}$
d) $\frac{1}{x(x-2)}$ e) $\frac{1}{(x+3)(x-3)}$ f) $\frac{1}{(x-5)(x+4)}$

Seite 42

7 a) $D = \mathbb{Q}\setminus\{0\};\ L = \{10\}$
b) $D = \mathbb{Q}\setminus\{0\};\ L = \{8\}$
c) $D = \mathbb{Q}\setminus\{3\};\ L = \{10\}$
d) $D = \mathbb{Q}\setminus\{-2\};\ L = \{8\}$
e) $D = \mathbb{Q}\setminus\left\{\frac{2}{5}\right\};\ L = \left\{\frac{20}{43}\right\}$
f) $D = \mathbb{Q}\setminus\{0\};\ L = \{4\}$
g) $D = \mathbb{Q}\setminus\{0\};\ L = \{-1\}$
h) $D = \mathbb{Q}\setminus\left\{\frac{1}{4}\right\};\ L = \{-2\}$

8 a) x = 4 b) x = 1
c) x = 2 d) x = −2
e) x = 11 f) x = 3
Lösungswort: SCHACH

9 a) $L = \left\{\frac{1}{2}\right\}$ b) $L = \left\{\frac{9}{2}\right\}$ c) $L = \{20\}$
d) $L = \left\{\frac{1}{8}\right\}$ e) $L = \{12\}$

10 a) x = 2 b) x = −3
c) x = −2 d) x = 4
e) x = 3 f) x = 1
g) x = −4 h) x = −1

11 a) $D = \mathbb{Q}\setminus\{-2;\ 4\};\ L = \{5\}$
b) $D = \mathbb{Q}\setminus\left\{-2;\ -\frac{3}{5}\right\};\ L = \{5\}$
c) $D = \mathbb{Q}\setminus\{-2;\ 2\};\ L = \{3\}$
d) $D = \mathbb{Q}\setminus\{-5\};\ L = \{-4\}$
e) $D = \mathbb{Q}\setminus\left\{-\frac{1}{5};\ 1\right\};\ L = \{7\}$
f) $D = \mathbb{Q}\setminus\{3\};\ L = \left\{-\frac{26}{3}\right\}$
g) $D = \mathbb{Q}\setminus\left\{-\frac{3}{2};\ \frac{21}{2}\right\};\ L = \{-3\}$
h) $D = \mathbb{Q}\setminus\left\{-\frac{1}{2};\ \frac{9}{20}\right\};\ L = \left\{\frac{48}{151}\right\}$

Bruchgleichungen lösen

- individuelle Lösungen
- Vanessa macht die Brüche gleich zu Beginn gleichnamig und multipliziert mit dem gemeinsamen Nenner. Dann kann sie eine einfache Gleichung ohne Brüche auflösen.
Kai hingegen formt nach dem Gleichnamigmachen zuerst die Gleichung um und multipliziert

erst am Ende mit dem übrig gebliebenen Nenner. Er muss länger mit einer „echten" Bruchgleichung rechnen.
- individuelle Lösungen; Vanessa hat aber vergessen, die Definitionsmenge anzugeben.

Seite 43

Verhältnisse – Brüche – Produkte

- Die tatsächliche Weglänge von A nach B beträgt 0,412 km (3,3 cm auf der Karte).
- Kürzester Fußweg von C nach D: Richtung Osten am Hansaplatz vorbei bis zur gelben Straße. Dann nach links bis zum Standpunkt D. Dies entspricht ungefähr 9 cm. Die tatsächliche Länge ist somit ungefähr 1,13 km.
- 6 km Strecke entspricht 48 cm auf der Karte.
- individuelle Lösungen
- Das Gemisch enthält 60 % Wasser.
- Für eine 6-l-Füllung wird 3,6 l Wasser und 2,4 l Frostschutzmittel gemischt.
- Das Gemisch muss also noch für 5,5 l hergestellt werden. Dafür benötigt man 3,3 l Wasser und 2,2 l Frostschutzmittel.
-

	Mond	Mars	Venus	Saturn	Jupiter	Sonne
Weit (m)	1,49	3,44	8,14	8,39	37,59	225,54
Hoch (m)	0,41	0,94	2,23	2,3	10,29	61,74

4 Lesen und lösen*

Seite 44

Einstiegsaufgabe

➔ Paul: Dann pumpt die große Pumpe 1000 l pro Stunde, die kleine 500 l pro Stunde. Zusammen sind das 1500 l pro Stunde, d. h. in vier Stunden ist das Becken mit 6000 l gefüllt.

➔ Chris: $\frac{1}{6} + \frac{1}{12} = \frac{1}{4}$, d. h. nach einer Stunde ist ein Viertel des Beckens gefüllt. Also ist das gesamte Becken nach vier Stunden gefüllt.

➔ Lea hat Recht: In vier Stunden ist das Becken zu vier Vierteln, also ganz gefüllt.

➔ Eva: Die Pumpleistungen der beiden Pumpen werden addiert und mit der schwarzen Gerade dargestellt. Der Schnittpunkt dieser Gerade mit der 100%-Linie gehört zum Zeitpunkt vier Stunden.

Seite 45

1 a) $\frac{1,5s}{t} = \frac{s}{t-9}$; $1,5(t-9) = t$; $t = 27\,\text{min}$.
b) $\frac{\frac{2}{3}s}{t} = \frac{s}{t+12}$; $\frac{2}{3}(t+12) = t$; $t = 24\,\text{min}$.
Heute braucht sie 24 min + 12 min = 36 min.

2 a) Bei normaler Geschwindigkeit braucht Christof 60 min. Fährt er $1\frac{1}{4}$-mal so schnell, braucht er nur 48 min.
b) Bei normaler Geschwindigkeit braucht Susanne 16 min. Heute schafft sie in der normalen Zeit nur $\frac{2}{3}$ der Strecke. Sie braucht 24 min.

3 a) $\frac{8\,\text{km}}{30\,\text{min}} = 16\,\text{km/h}$; $\frac{8\,\text{km}}{7\frac{1}{2}\text{min}} = 64\,\text{km/h}$
b) $\frac{16\,\text{km}}{37,5\,\text{min}} = 25,6\,\text{km/h}$
c) Die geringe Geschwindigkeit beim Aufstieg wird über einen langen Zeitraum beibehalten, die hohe Abfahrtsgeschwindigkeit nur kurze Zeit.

4 a) Rückenwind: 960 km/h → 7,5 h
Gegenwind: 640 km/h → 11,25 h
Windstille: 800 km/h → 9 h
b) mögliche Lösungen: $v_1 = 1000\,\text{km/h}$, $v_2 = 500\,\text{km/h}$, $s = 12\,000\,\text{km}$.
Rückenwind: 1500 km/h → 8 h
Gegenwind: 500 km/h → 24 h
Windstille: 1000 km/h → 12 h
c) Die Grafik zeigt, wie sich die Flugzeit bei einer Reise (Hin- und Rückweg) bei Rücken- oder Gegenwind gegenüber Windstille verändert. Es werden die Werte aus a) benutzt. Punkt E zeigt z. B., dass für die einfache Strecke (7200 km) 7,5 h benötigt werden. Punkt F beschreibt den Hinflug ohne Wind (7200 km in 9 h). Punkt B gibt an, wie weit ein Flugzeug mit Rückenwind sowohl auf dem Hin- als auch dem Heimflug in 18 h kommt: 17 280 km. Punkt A gibt an, dass bei Windstille auf beiden Flügen eine Strecke von 14 400 km in 18 h zurückgelegt wird. Die Gerade durch Punkt D beschreibt den Flug bei ständigem Gegenwind. Das Ergebnis aus a) kann auch hier abgelesen werden: 7200 km in 11,25 h. Insgesamt werden in 18 h Flugzeit dann nur 11 520 km zurückgelegt. Punkt C schließlich gibt an, wie lange ein Flug dauert, wenn auf der Hinreise Rückenwind und bei der Heimreise Gegenwind herrscht: 18,75 h. Wenn man A mit B und D vergleicht, so stellt man fest, dass in derselben Zeit (18 h) die Abweichung bei zweimal Rückenwind bzw. bei zweimal Gegenwind gleich ist: Es werden 2880 km mehr bzw. weniger zurückgelegt als bei Windstille.

Seite 46

5 a) Erkki: 2,85 Hip: 2,7
Nicki: 2,4 Sizzle: 2,8
b) Erkki sollte bei den Punkten Form oder Hörqualität ansetzen, da diese am stärksten in die Formel für g einfließen.
c) Mögliche Lösung: $g = a \cdot 10\% + b \cdot 10\% + f \cdot 60\% + h \cdot 10\% + s \cdot 10\%$

6 a) 2 b) 6 c) 2
d) 4 e) 7 f) 12

Der Durchschnittskosten-Effekt

- $\frac{600}{4} + \frac{600}{4} = 300$ Januar und Februar
$\frac{600}{5} + \frac{600}{3} = 320$ März und April
Die Stückzahlen sind unterschiedlich, obwohl der Mittelwert 4 ist.
- $x = n - \frac{k}{p + a}$
- $y = \frac{k}{p - b} - n$
- Für $k = 120\,€$, $p = 5\,€$ ist $n = 24$
damit: $x = 4$; $y = 6$
- für $a = 2\,€$; $x = 6{,}86$
$b = 2\,€$; $y = 16$
für $a = 3\,€$; $x = 9$
$b = 3\,€$; $y = 36$

Üben • Anwenden • Nachdenken

Seite 48

1 a) $x = 6$ b) $x = -18$
c) $y = 54$ d) $y = -2$

2 a) $x = 8$ b) $x = 0$
c) $x = 10$ d) $n = 4$
e) $n = 3$ f) $n = 2$

3 Alle Terme sind gleichwertig.

4 a) □ = 5
b) $x = 3$; □ = 8
$x = 4$; □ = 11
$x = 5$; □ = 14
Man setzt die Lösung für x ein und löst die Gleichung nach der Lücke / dem Platzhalter auf.

5 a) $U_{grün} = 2(3e + 1) + 2(2e + 1) = 10e + 4$
$U_{blau} = 2(4e - 2) + 2(4e + 4) = 16e + 4$
$A_{grün} = (3e + 1)(2e + 1) = 6e^2 + 5e + 1$
$A_{blau} = (4e - 2)(4e + 4) = 16e^2 + 8e - 8$

b) grün: $\frac{3e + 1}{2e + 1} = \frac{3}{4}$ oder $\frac{2e + 1}{3e + 1} = \frac{3}{4}$ und damit ergibt sich $e = -\frac{1}{6}$ oder $e = 1$.
blau: $\frac{4e - 2}{4e + 4} = \frac{3}{4}$ oder $\frac{4e + 4}{4e - 2} = \frac{3}{4}$ und damit ergibt sich $e = 5$ oder $e = -\frac{11}{2}$. Da man mit dem zweiten Wert jedoch eine negative Länge erhält, gibt es für die blaue Figur nur eine Lösung.

6 a) $L = \{2\}$ b) $L = \{4\}$
c) $L = \{1\}$ d) $L = \{2\}$

7 a) $x = -\frac{5}{2}$ b) $y = -1$ c) $m = 8$
d) $u = -11$ e) $s = 6$

8 a) $L = \{e + 1\}$ b) $L = \{-e\}$
c) $L = \{7e\}$ d) $L = \{-2e + 1\}$

Würfeln um Bruchgleichungen

- Die Definitionsmenge des Terms lautet $D = \mathbb{Q} \setminus \{3\}$. Somit hätte Tim die 3 gar nicht einsetzen dürfen.
- individuelle Lösung
- individuelle Lösung

Seite 49

9 8 für $x = 1$ (kleinstes Ergebnis)
10 für $x = 2$
14 für $x = 3$ (größtes Ergebnis)
Für $x = 4$, $x = 5$ und $x = 6$ ist der Term nicht definiert.

10 a) $D = \mathbb{Q} \setminus \{4;\ -2\}$; $L = \{5\}$
b) $D = \mathbb{Q} \setminus \left\{-2;\ -\frac{3}{5}\right\}$; $L = \{5\}$
c) $D = \mathbb{Q} \setminus \{2;\ -2\}$; $L = \{3\}$
d) $D = \mathbb{Q} \setminus \{-4;\ 3\}$; $L = \{10\}$
e) $D = \mathbb{Q} \setminus \left\{1;\ -\frac{2}{3}\right\}$; $L = \{6\}$
f) $D = \mathbb{Q} \setminus \{0;\ -1\}$; $L = \{2\}$

11 a) 3. Zeile: $13x + 13 = 5x + 15$
Jeder Summand der Klammer muss mit dem Vorfaktor multipliziert werden (Distributivgesetz).
b) 2. Zeile: $3x \cdot 6x \cdot 24 - (2x - 3) \cdot 6x = 3x \cdot (2 - 4x)$
Ganze Zahlen müssen auch mit dem Hauptnenner multipliziert werden. (Distributivgesetz)
3. Zeile: $432x^2 - 12x^2 + 18x = 6x - 12x^2$
Minus · Minus ergibt Plus.
4. Zeile: $432x^2 + 12x = 0$
5. Zeile: $x(432x + 12) = 0$
6. Zeile $x = -\frac{1}{36}$

12 a) Somit benötigt man 192 g Kupfer, um die Mischung herzustellen.
b) Man benötigt 39 g Zinn und 104 g Kupfer, um die 143 g Bronze für die Statue herzustellen.
c) individuelle Lösungen

13 a) a = 12 cm; a = 22,5 cm; b = 6 cm; b = 10 cm
b) Nicht alle, z. B. 10 cm × 15 cm, entspricht 2 : 3, aber andere Formate wären beispielsweise 9 cm × 13 cm.
c) individuelle Lösung; das Seitenverhältnis ist immer gleich

14 a) b = 18 cm; c = 12 cm
b) a = 20 cm; c = 10 cm
c) a = 15 cm; b = 11,25 cm

Termwerte mit Tabellenkalkulation

- Tabelle 1: Je größer der x-Wert wird, desto kleiner wird $\frac{1}{x}$. Für x = 0 ist $\frac{1}{x}$ nicht definiert.
- #DIV/0! bedeutet: Division durch null ist nicht definiert/erlaubt.
- „Je näher man gegen 0 geht, desto kleiner/größer wird der Termwert. Je weiter man von 0 weggeht, desto kleiner/größer wird der Termwert."
- Die Termwerte werden immer größer bzw. immer kleiner und gehen dann ins Unendliche (positiv wie negativ).

Seite 50

15 • v bleibt gleich
- v wird vervierfacht
- p wird geviertelt
- s wird vervierfacht
- G bleibt gleich
- p% wird halbiert

Individuelle Aufgaben und Lösungen.

16 a) Zeiten: 1:12; Geschwindigkeit $1:\frac{1}{12}$ oder 12:1
b) $v_1:v_2 = 125:75 = 5:3$
gesucht wird: $t_1:t_2$;
$t_1 = 2$; $t_2 = \frac{10}{3}$; $t_1:t_2 = 2:\frac{10}{3} = 6:10 = 3:5$
c) individuelle Lösungen, z. B.:
s = 500 km; $t_1 = 4$; $t_2 = \frac{20}{3}$; $t_1:t_2 = 3:5$
s = 100 km; $t_1 = \frac{4}{5}$; $t_2 = \frac{4}{3}$; $t_1:t_2 = 3:5$
Das Verhältnis $t_1:t_2$ ist immer gleich.

17 a) $\varrho = 1{,}603\,g/cm^3$
b) $m = \varrho \cdot V$; $V = \frac{m}{\varrho}$
c) $V = 125\,cm^3$; $m = 983{,}75\,g$
d) $3\,dm^3$ und $15\,dm^3$
e) individuelle Aufgaben und Lösungen

Randspalte
$\varrho_{Gold} : \varrho_{Ziegel}$ also 19,3 : 1,6 ≈ 12. Damit hätten 12 Ziegel in etwa die gleiche Masse wie ein Goldbarren gleichen Volumens!

18 a)

v in $\frac{km}{h}$	s in m
0	0,00
10	1,00
20	4,00
30	9,00
40	16,00
50	25,00
60	36,00
70	49,00
80	64,00
90	81,00
100	100,00
110	121,00
120	144,00
130	169,00
140	196,00
150	225,00
160	256,00
170	289,00
180	324,00
190	361,00
200	400,00

b) : 10, hoch 2
Dividiere die Geschwindigkeit durch 10 und quadriere das Ergebnis.
c) Der Bremsweg vervierfacht sich.
d) Der Fahrer ist zu schnell gefahren, da $\frac{60^2}{100} = 36$, d. h. bei einer Geschwindigkeit von 60 km/h wäre die Bremsspur nur 36 m lang.

e)

v in $\frac{km}{h}$	s in m
0	0
10	0,5
20	2
30	4,5

v in $\frac{km}{h}$	s in m
40	8
50	12,5
60	18
70	24,5
80	32
90	40,5
100	50
110	60,5
120	72
130	84,5
140	98
150	112,5
160	128
170	144,5
180	162
190	180,5
200	200

f)

v in $\frac{km}{h}$	s in m
0	0,00
10	1,23
20	4,94
30	11,11
40	19,75
50	30,86
60	44,44
70	60,49
80	79,01
90	100,00
100	123,46
110	149,38
120	177,78
130	208,64
140	241,98
150	277,78
160	316,05
170	356,79
180	400,00
190	445,68
200	493,83

Man erkennt, dass die Bremswege beim Fahrrad deutlich länger sind. Vergleicht man die Formel für den Bremsweg des Fahrrads mit der neueren Formel für den Bremsweg des Autos (Teilaufgabe e)), sind die Bremswege des Fahrrads sogar mehr als doppelt so lang.

3 Daten

Auftaktseite: Jugendliche und Fernsehen

Seiten 52 bis 53

individueller Fragebogen
individuelle Urliste
individuelle Auswertung
individuelle Ergebnisse

1 Daten erfassen

Seite 54

Einstiegsaufgabe

➔ Es kann z. B. danach gefragt werden, wie häufig die beliebteste Sendung in der Woche ausgestrahlt wird, welchen zeitlichen Umfang jede dieser Sendungen hat, welche Schauspielerin bzw. welchen Schauspieler man besonders gerne sieht, ob man die Sendung vorzugsweise wegen der Protagonisten oder wegen der Story sieht usw.

Seite 55

1 a) Ja-/Nein-Fragen sind gut auszuwerten, aber z. T. schwer eindeutig zu beantworten.
Sonstige freie Antworten sind schwer auszuwerten. Es kann sinnvoll sein, nach dem Geschlecht, Alter oder Anzahl der Geschwister zu fragen, da man dann die Befragung unter verschiedenen anderen Aspekten auswerten kann.
b) Individuelle Lösung. Man kann Fragen aus Teilaufgabe a) zur Hilfe nehmen. Überlege, wie man die Fragen formulieren muss, damit sie verständlich und einfach zu beantworten, aber auch gut auszuwerten sind.
c) individuelle Lösung

Der Trick mit dem Fragebogen

▪ Die Formulierungen haben sicher zu unterschiedlichen Ergebnissen geführt. Ein möglicher Grund kann die Verneinung im Fragebogen 2 sein. Viele Leute lesen über das „nicht" hinweg und beantworten stattdessen die Aussage „Kaugummi kauen im Unterricht sollte erlaubt sein."
▪ Die Fragen sind so formuliert, dass die Auswertung des Fragebogens ganz sicher zu einem eindeutigen Ergebnis führt: Es soll einen Schulkiosk geben. Die ersten beiden Fragen sind so gestellt, dass sicher die meisten Eltern ein „Ja" ankreuzen. Die dritte Frage geht im Prinzip schon davon aus, dass es einen Schulkiosk gibt. Und die letzte Frage wird, nachdem dann im Prinzip schon drei Antworten positiv ausfielen, sicher auch mit „Ja" beantwortet. Es handelt sich hier als keineswegs um einen neutralen Fragebogen!
▪ Die dritte Aussage bestärkt Eltern sicher darin, **für** einen Schulkiosk zu stimmen, da ihnen das Gefühl vermittelt wird, ihrem Kind durch den Schulkiosk eine gesunde Ernährung zukommen zu lassen. Auch Aussagen wie „Mein Kind bringt sein Frühstück oft wieder mit nach Hause, weil es lieber etwas anderes gegessen hätte." oder „Mein Kind vergisst sein Frühstück manchmal zu Hause." lassen die Eltern eher für einen Schulkiosk stimmen. Die entgegengesetzte Wirkung haben vermutlich die Feststellungen „Ich gebe meinem Kind regelmäßig ein gesundes Frühstück mit an die Schule. Ein Kiosk ist nicht nötig." oder „Ich möchte nicht, dass mein Kind Geld für Süßigkeiten ausgibt und gebe ihm normalerweise kein Geld mit."
▪ Mögliche Fragen sind:
1. Ich bereite für mein Kind regelmäßig ein gesundes Frühstück zu.
2. Ich achte gewöhnlich darauf, dass mein Kind sein Frühstück nicht zu Hause vergisst.
3. Ich gebe meinem Kind ein gesundes Frühstück mit, das es gerne isst.
4. An der Schule sollte es einen Kiosk geben.

▪ Allgemein anerkannten Ansichten stimmt man leicht zu. Dies sind Aussagen wie „Ich möchte, dass sich mein Kind gesund ernährt." oder „Mein Kind soll in der Pause etwas essen."
Dies gilt auch für Aussagen, die etwas Spielraum lassen wie „Normal achte ich darauf, dass mein Kind frühstückt."
Aussagen wie „Mein Kind nimmt immer ein Frühstück mit." kann man schwerer zustimmen, weil einem sofort die eine Ausnahmesituation in den Sinn kommt. Auch Aussagen, die einem das Gefühl geben, dass man etwas falsch macht, stimmt man ungern zu. Zum Beispiel:
„Ich habe morgens keine Zeit, deshalb kauft sich mein Kind auf dem Weg zur Schule etwas zu essen."
Hat man zu viele Aussagen, die in eine bestimmte Richtung gehen, kann man das Ergebnis in eine Richtung beeinflussen, die man selbst gerne hätte. Die Umfrage liefert dann keine objektiven Ergebnisse.

Seite 56

2 a) geringster Erfolg: Oktober; größter Erfolg: Mai
b) 513 Punkte durchschnittlich pro Wettkampf;
7 Punkte durchschnittlich pro Schuss
c) Nur im April, Mai, Juni, September und Dezember hat sie mehr als 515 Punkte erzielt.
Sogar in mehr als der Hälfte der Monate hat sie weniger als 517 Punkte erzielt: Januar, Februar, März, Juli, August, Oktober, November.
d) Maximum, Minimum, Mittelwert, Zentralwert

3 Reaktionszeit nüchtern: $\frac{8{,}57}{10}$ s
Reaktionszeit bei 0,5 ‰: $\frac{10{,}27}{10}$ s
Reaktionszeit bei 0,8 ‰: $\frac{11{,}28}{10}$ s
Reaktionszeit bei 1,2 ‰: $\frac{12{,}7}{10}$ s
Die Reaktionszeit der Testpersonen nimmt bei steigendem Alkoholgehalt immer mehr ab. Das bedeutet, dass die Fahrtüchtigkeit mit steigendem Alkoholgehalt immer geringer wird.

4 a) Klasse 8a: Ein Schüler lässt ein Lineal fallen, das ein anderer Schüler möglichst schnell, d.h. nach möglichst wenigen Zentimetern auffangen soll.
Klasse 8b: Sobald ein Schüler eine Taste drückt, läuft eine Uhr. Ein weiterer Schüler soll nun eine weitere Taste möglichst schnell drücken, woraufhin die Uhr stoppt.
8a: Länge
8b: Zeit
b) Bei Klasse 8a ist der Aufbau einfacher, das Ergebnis des Experiments von Klasse 8b ist genauer.
c) individuelle Lösungen

5 a) Ein schwerer Strohhalm fliegt weiter, weil er verglichen mit seinem Gewicht den geringeren Luftwiderstand hat.
b) Von der Startlinie aus werden zwei unterschiedlich schwere Strohhalme geworfen und es wird gemessen, wie weit sie geflogen sind.
c) individuelle Lösungen

2 Stichproben

Seite 57

Einstiegsaufgabe
➔ Die Überprüfung aller Mandarinen wäre zu aufwändig. Außerdem wären alle unbrauchbar, was finanziell nicht vertretbar wäre.
➔ $15\,000 : 250 \cdot 12 = 720$ (kernhaltige Mandarinen)

1 Es handelt sich um eine Stichprobe, da nur ein Teil der Gesamtheit überprüft wird.

2 a) Ja.
b) Möglichst tief einstechen, um zu sehen, ob der Kuchen auch entfernt vom Rand durchgebacken ist.

Seite 58

3 Fehler im ersten Druck: Es geht nicht um den „Landkreis Köln", sondern um einen Stadtteil Kölns.
a) BMW: $\frac{46}{576} \cdot 35\,500 \approx 2835$, also annähernd 2840.
Ford: $\frac{140}{576} \cdot 35\,500 \approx 8628$, also annähernd 8630.
Mercedes: $\frac{66}{576} \cdot 35\,500 \approx 4068$, also annähernd 4070.
Opel: $\frac{71}{576} \cdot 35\,500 \approx 4376$, also annähernd 4380.
VW: $\frac{107}{576} \cdot 35\,500 \approx 6595$, also annähernd 6600.
Sonstige: $\frac{146}{576} \cdot 35\,500 \approx 8998$, also annähernd 9000.
b) Wollte man die Stichprobe auf ganz Deutschland übertragen, hätte man nicht nur Autos **eines** Landkreises zählen dürfen. Außerdem kann es sein, dass auf dem Fest besonders häufig Autos **einer** bestimmten Marke vorkamen.

4 1-Personen-Haushalte: $\frac{498}{1000} \cdot 528\,823 \approx 263\,354$
2-Personen-Haushalte: $\frac{271}{1000} \cdot 528\,823 \approx 143\,311$
3-Personen-Haushalte: $\frac{120}{1000} \cdot 528\,823 \approx 63\,459$
4-Personen-Haushalte: $\frac{78}{1000} \cdot 528\,823 \approx 41\,248$
Mehrpersonenhaushalte: $\frac{33}{1000} \cdot 528\,823 \approx 17\,451$

5 a)

Inhalt	Anzahl
36	7200
37	16 800
38	135 600
39	459 000
40	1 510 200
41	561 600
42	212 400
43	97 200

b) $\frac{12 \cdot 36 + 28 \cdot 37 + 226 \cdot 38 + 765 \cdot 39 + 2517 \cdot 40 + 936 \cdot 41 + 354 \cdot 42 + 162 \cdot 43}{5000}$
$= 40{,}1562$ (Mittelwert).
$40{,}1562 \cdot 20 = 803{,}124$
Er hat etwa 803 Streichhölzer gekauft.
c) $\frac{765 + 2517 + 936 + 354 + 162}{5000} = 94{,}68\,\%$
d) $\frac{765 + 2517 + 936 + 354}{5000} = 91{,}44\,\%$
e) $\frac{12 + 28}{5000} = 0{,}8\,\%$ der Schachteln können reklamiert werden.

Der Trick mit der Stichprobe

- Anzahl der zu prüfenden Dachpfannen abhängig von der Größe des Daches; Dachpfannen nicht nur an einer Stelle überprüfen, besser: Auswahl über Dach verteilen.
- Die Umfrage nur in einer einzigen Schule durchzuführen ist sicherlich zu wenig. Auch die Beschränkung der Umfrage nur auf Schulen führt zu einem falschen Ergebnis, da alle Familien ohne schulpflichtige Kinder nicht erfasst werden.
- Stichprobe nicht auf Stadtzentrum beschränken, da Wohnfläche in der Stadt meist kleiner ist als auf dem Land. Deshalb Stichprobe auf Stadtzentrum, Stadtrand, Land verteilen. Außerdem mehr als 100 Haushalte befragen.
- In den Sommerferien generell weniger Fahrgäste, deshalb Befragung nicht in der Ferienzeit durchführen.
- Es hängt davon ab, welches Ziel die Umfrage hat. Will man das Leseverhalten der Bevölkerung ermitteln, so darf die Umfrage nicht in einer Bücherei erfolgen, will man das Leseverhalten von Büchereibesuchern untersuchen, ist die Umfrage korrekt.

3 Daten auswerten

Seite 59

Einstiegsaufgabe

➔

	Maximum	Minimum	Zentralwert	Mittelwert
Mädchen	25	5	15	15,5
Jungen	28	4	15	14,8

Der einzige Wert, der gleich ist, ist der Zentralwert. In beiden Gruppen ist der Zentralwert gleich, dennoch schauen die Mädchen etwas mehr Fernsehen als die Jungen. Die Daten der Jungen streuen jedoch stärker (von 4 bis 28 Stunden pro Woche) als bei den Mädchen (von 5 bis 25 Stunden pro Woche).

➔ Mit 72,5 % schauen nahezu $\frac{3}{4}$ aller Mädchen zwischen 10 und 20 Stunden pro Woche fern.

➔ Individuelle Lösung. Zum Beispiel: Etwa 25 % der Jungen sehen bis zu 9 Stunden pro Woche fern, bei 25 % der Mädchen sind es aber nur höchstens acht Stunden pro Woche. Vielseher mit 20 und mehr Stunden pro Woche gibt es bei den Jungen 35 %, bei den Mädchen sogar 38 %.

Seite 61

1 a)

n = 12	3	6	9
Platz	3./4.	6./7.	9./10.
Quartil	$q_u = 8$	z = 14	$q_o = 20$

q = 12; Spannweite: 22

b)

n = 11	2,75	5,5	8,25
Platz	3	6	9
Quartil	$q_u = 10$	z = 12	$q_o = 18$

q = 8; Spannweite: 13

c)

n = 10	2,5	5	7,5
Platz	3	5./6.	8
Quartil	$q_u = 24$	z = 57	$q_o = 78$

q = 54; Spannweite: 80

d)

n = 12	3	6	9
Platz	3./4.	6./7.	9./10.
Quartil	$q_u = 4$	z = 11,5	$q_o = 19$

q = 15; Spannweite: 23

2

n = 25	6,25	12,5	18,75
Platz	7	13	19
Quartil	$q_u = 8$	z = 15	$q_o = 28$

q = 20; Min = 0; Max = 85;
Spannweite = 85; Mittelwert = 20,72

n = 21	5,25	10,5	15,75
Platz	6	11	16
Quartil	$q_u = 8$	z = 15	$q_o = 26$

q = 18; Min = 5; Max = 35;
Spannweite = 30; Mittelwert = 17,81

Hat man in der Rangliste wenige sehr große oder sehr kleine Werte und streicht diese, so verändern sich das Minimum, das Maximum und die Spannweite sehr stark, während der Quartilabstand, das obere und das untere Quartil und der Zentralwert nahezu unverändert bleiben.

3 a) Gemeinsamkeiten: Minimum, Maximum, Spannweite, Zentralwert
Unterschiede: unteres Quartil, oberes Quartil, Quartilabstand
b) Obwohl zwei völlig unterschiedliche Listen vorliegen, sind Mittelwert, Zentralwert und Spannweite gleich groß. Dies macht deutlich, dass man möglichst viele Kennwerte bestimmen sollte, um qualifizierte Aussagen über eine Liste machen zu können.

c) rosa Liste:

n = 11	2,75	5,5	8,25
Platz	3	6	9
Quartil	$q_u = 7$	z = 8	$q_o = 9$

q = 2

blaue Liste:

n = 11	2,75	5,5	8,25
Platz	3	6	9
Quartil	$q_u = 2$	z = 8	$q_o = 12$

q = 10
Durch die Angabe der Quartile und des Quartilabstands sind präzisere Aussagen möglich. Die blaue Liste streut in der zentralen Hälfte (mittlere 50%) erheblich stärker als die rosa Liste.

4

	a)	b)	c)	d)
Minimum	0	4	13	3,5
Unteres Quartil	5	9	24	7,0
Oberes Quartil	19	17	36	9,5
Maximum	34	31	41	12,0
Quartilabstand	14	8	12	2,5
Spannweite	34	27	28	8,5

5 a)

n = 54	13,5	27	40,5
Platz	14	27./28.	41
Quartil	$q_u = 3$	z = 4	$q_o = 7$

q = 4
b)

n = 43	10,75	21,5	32,25
Platz	11	22	33
Quartil	$q_u = 5$	z = 10	$q_o = 12$

q = 7
c)

n = 313	78,25	156,5	234,75
Platz	79	157	235
Quartil	$q_u = 2$	z = 3	$q_o = 3$

q = 1

6 a) Gemeinsamkeiten: Minimum, unteres Quartil
Unterschiede: Zentralwert, oberes Quartil, Maximum, Mittelwert
b) • richtig, denn zwischen dem unteren und dem oberen Quartil befinden sich immer mindestens 50% der Daten. In diesem Fall von 1 Stunde bis 5 Stunden.
• richtig, denn der Quartilabstand ist für die Jahrgangsstufe 8 größer als für die Jahrgangsstufe 5.
• falsch: mindestens 25% nutzen das Internet 6 Stunden oder mehr.
c) Mögliche Lösungen:
Durchschnittlich nutzen die Schülerinnen und Schüler der Jahrgangsstufe 8 das Internet länger als die Schülerinnen und Schüler der Jahrgangsstufe 5.
Die Schülerinnen und Schüler, die das Internet am längsten nutzen, findet man in der Jahrgangsstufe 8.

Seite 62

7 Jungen:

n = 54	13,5	27	40,5
Platz	14	27./28.	41
Quartil	$q_u = 0$	z = 1	$q_o = 3$

q = 3; Mittelwert = 1,9
Mädchen:

n = 48	12	24	36
Platz	12./13.	24./25.	36./37.
Quartil	$q_u = 1$	z = 2	$q_o = 3$

q = 2; Mittelwert = 2,3
Unterschiede: Spannweite, Maximum (Diejenigen, die am meisten bestellen sind Jungen.), unteres Quartil (25% der Jungen bestellen nie.), Quartilabstand (Die Hälfte aller Mädchen bestellt 1-, 2- oder 3-mal.), Mittelwert (Die Mädchen bestellen durchschnittlich mehr.).
Gemeinsamkeiten: Minimum, oberes Quartil

8 Individuelle Lösungen.
Man erstellt eine Rangliste wie in Aufgabe 7 und wertet sie genauso aus. Wenn der Artikel für alle verständlich sein soll, muss man auf Begriffe wie unteres oder oberes Quartil, Quartilabstand, Spannweite oder Ähnliches verzichten. Besser wäre: 25% der Schüler schreiben weniger als x SMS. 50% der Schülerinnen schreiben x SMS.

Quartile mit dem Computer

▪ 2; 17,5; 47
Die Zahlen bedeuten:
0: Minimum
1: unteres Quartil
2: Zentralwert
3: oberes Quartil
4: Maximum

▪

Rangplatz	Handyausgaben
1.	2
2.	4
3.	5
4.	5

5.	6
6.	7
7.	10
8.	11
9.	13
10.	13
11.	14
12.	14
13.	14
14.	15
15.	15
16.	16
17.	17
18.	17
19.	18
20.	19
21.	20
22.	20
23.	21
24.	21
25.	22
26.	23
27.	25
28.	25
29.	29
30.	30
31.	32
32.	32
33.	33
34.	34
35.	35
36.	47

Wenn man die grau unterlegten Bereiche der Rangliste betrachtet, erkennt man, dass die Aussagen richtig sind.

- individuelle Lösung
- Individuelle Lösung; man beachte aber die Tipps in Aufgabe 8.

4 Daten darstellen und beurteilen

Seite 63

Einstiegsaufgabe

➔ Klasse 5: Minimum = 1; Maximum = 10; q_u = 3; q_o = 5,5; z = 4,5; Mittelwert = 4,63
Klasse 8: Minimum = 0; Maximum = 10; q_u = 4; q_u = 6; z = 5; Mittelwert = 4,59

In der Regel wird der Mittelwert zur Entscheidung eines Sieges herangezogen. Somit hat die Klasse 5 gewonnen, obwohl sich die Klasse 8 als treffsicherer erwiesen hat, liegen doch die Kennwerte q_u, z und q_o in dieser Klasse höher. Der schlechte Mittelwert kommt durch das Versagen eines Schülers mit 0 Treffern zustande. Hätte dieser Schüler nur einen Treffer erzielt, wäre der Mittelwert mit 4,630 schon besser als der der Klasse 5 mit 4,625 gewesen. Sollte eine der beiden Klassen auf einen Wettbewerb geschickt werden, so hätte die Klasse 8 bessere Erfolgsaussichten als Klasse 5.

Seite 64

1 a)

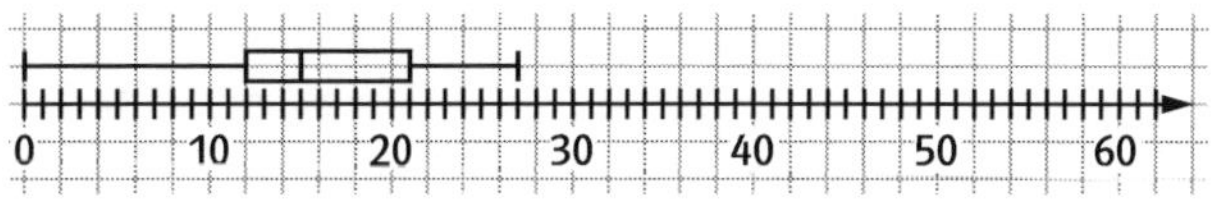

b)

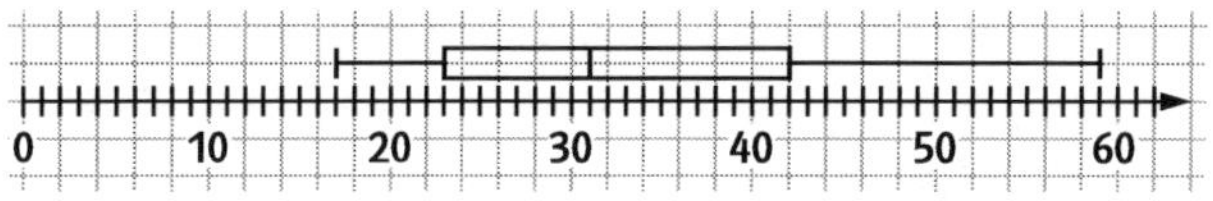

c)

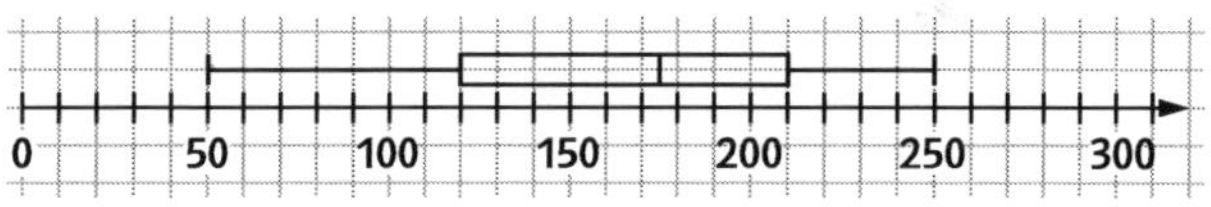

2 a)

	Rangplatz	Wert
Minimum	1	5
Unteres Quartil	5	14
Zentralwert	9/10	19
Oberes Quartil	14	27
Maximum	18	36

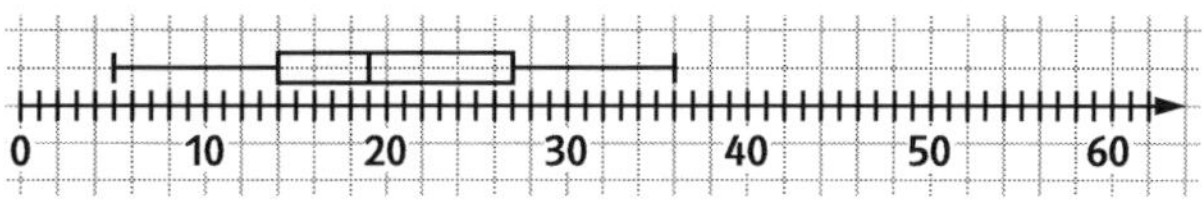

b)

	Rangplatz	Wert
Minimum	1	0
Unteres Quartil	4	26
Zentralwert	8	33
Oberes Quartil	12	40
Maximum	15	51

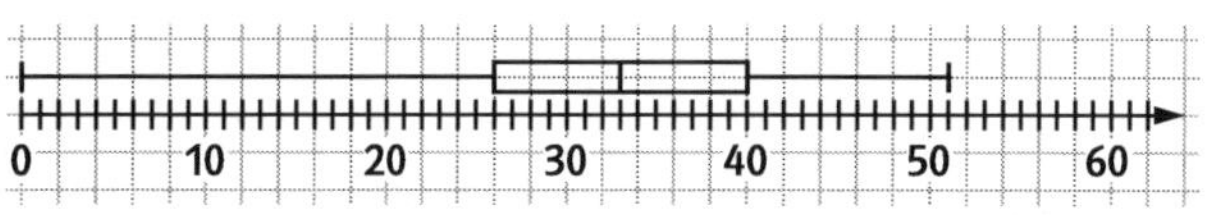

3 a)

in €	20–29	30–39	40–49	50–59
Minimum	5	5	0	0
q_u	15	25	10	5
z	35	35	25	10
q_o	45	40	30	20
Maximum	60	55	50	50

b) Altersgruppe 20–29:
Die zentrale Hälfte, aber auch die gesamte Erhebung streut sehr stark. In dieser Altersgruppe verhalten sich die Personen noch sehr unterschiedlich bezüglich der Handynutzung.
Altersgruppe 30–39:
Die zentrale Hälfte ist sehr klein, d.h. mindestens 50% dieser Gruppe nutzt das Handy nahezu gleich oft.
Altersgruppe 40–49:
In dieser Gruppe gibt es offensichtlich Personen, die kein Handy benutzen. Die zentrale Hälfte ist recht groß, die Gruppe verhält sich leicht inhomogen. Dies wird besonders im zweiten und vierten Viertel deutlich, dort liegen die Daten weit gestreut.
Altersgruppe 50–59:
Auch in dieser Gruppe gibt es Personen, die das Handy nicht nutzen. Das obere Viertel ist sehr ausgeprägt, d.h., es muss einige Ausreißer in dieser Gruppe geben.
c) Mit zunehmendem Alter werden Minimum, Zentralwert und Maximum immer kleiner. Die Handynutzung nimmt also mit zunehmendem Alter tendenziell ab. Während in der Altersgruppe 20–29 offensichtlich jeder ein Handy hat, gibt es in der Altersgruppe 40–59 auch Personen, die kein Handy besitzen. Am unterschiedlichsten ist die Handynutzung in der Altersgruppe 20–29, was sich aus der großen Spannweite und dem größten Quartilabstand ergibt.

4 rosa:

	Rangplatz	Wert
Minimum	1	0
Unteres Quartil	4	5
Zentralwert	7	7
Oberes Quartil	10	9
Maximum	13	15

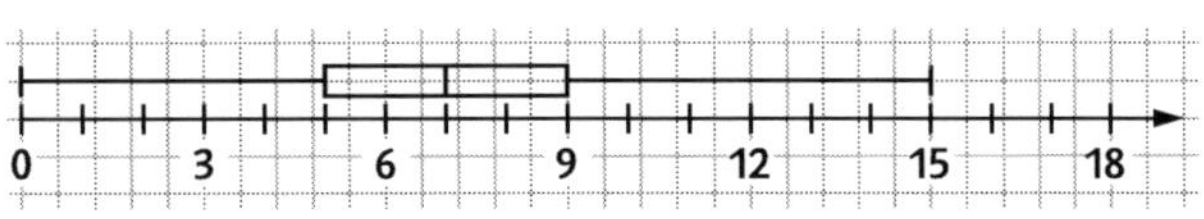

blau:

	Rangplatz	Wert
Minimum	1	0
Unteres Quartil	4	5
Zentralwert	7	7
Oberes Quartil	10	9
Maximum	13	15

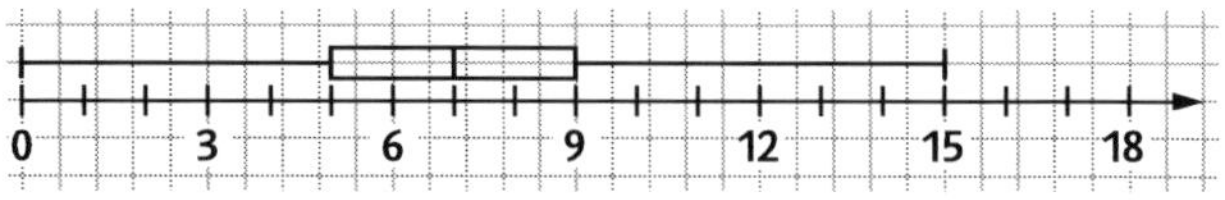

Alle Kennwerte stimmen trotz unterschiedlichen Daten überein. Erst der Mittelwert (rosa Liste: 8, 3; blaue Liste: 6) hätte deutlich gemacht, dass trotz identischer Boxplots unterschiedliche Listen vorliegen.

5 a)

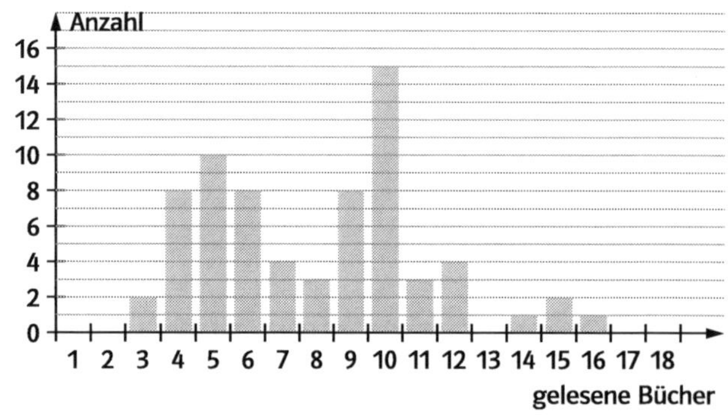

b)

	Rangplatz	Wert
Minimum	1	3
Unteres Quartil	18	5
Zentralwert	35	8
Oberes Quartil	52	10
Maximum	69	16

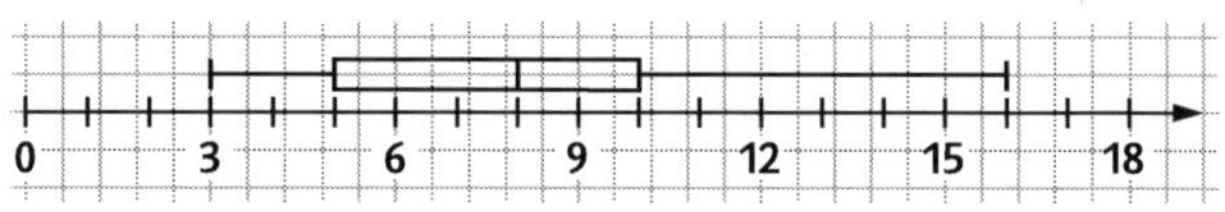

c) Individuelle Lösung. Bei deinen Formulierungen kann man sich an den Formulierungen aus dem einleitenden Beispiel auf Schülerbuchseite 64 oben und aus Aufgabe 3 orientieren.

Seite 65

6 a) Mädchen:

	Rangplatz	Wert
Minimum	1	159
Unteres Quartil	3./4.	162,5
Zentralwert	6./7.	165
Oberes Quartil	9./10.	167
Maximum	12	170

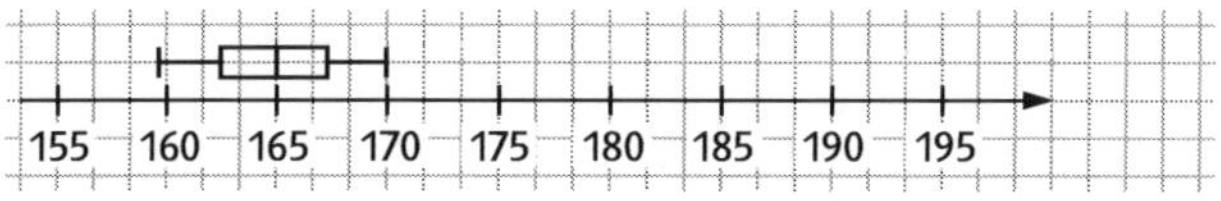

Jungen:

	Rangplatz	Wert
Minimum	1	160
Unteres Quartil	4	168
Zentralwert	8	171
Oberes Quartil	12	181
Maximum	15	192

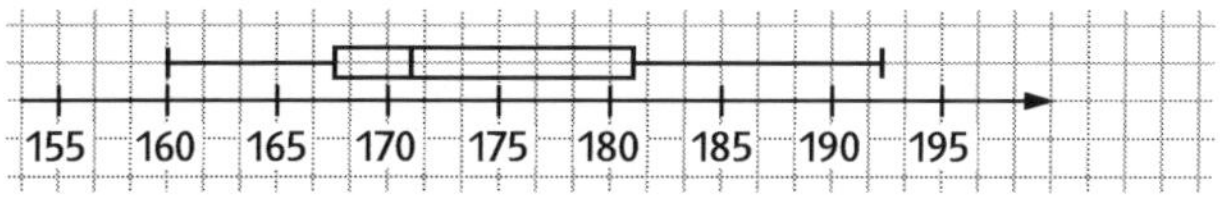

Mädchen sind kleiner als Jungen. Die Jungen unterscheiden sich in ihrer Körpergröße viel deutlicher voneinander als die Mädchen.
b) individuelle Lösung

7 Die Gewichte schwanken bei allen Maschinen, aber am stärksten bei M1, die auf jeden Fall nachjustiert werden muss. Ebenso muss M4 nachjustiert werden, da deutlich mehr als 25 % der Tüten Untergewicht haben, was zu vielen Reklamationen führen kann. M2 könnte ohne Justierung weiterarbeiten, da deutlich weniger als 25 % der Tüten Untergewicht haben und das Übergewicht mit etwas mehr als 25 % vertretbar ist. M3 sollte ebenfalls im Interesse des Herstellers nachjustiert werden, da mehr als 50 % der Tüten Übergewicht haben.

Getrimmte Flieger

- individuelle Lösungen
- Individuelle Lösungen. Bei der Erstellung des Boxplots kannst du dich am Vorgehen in Aufgabe 6a auf dieser Seite orientieren.
- Individuelle Lösungen. Achte beim Vergleich der Flugeigenschaften darauf, wie sich die Lage des Zentralwerts ändert, ändert sich der Quartilabstand, d. h. liegen die Flugweiten enger zusammen, ändern sich Maximum und Minimum, d. h. gibt es weitere einzelne Flüge mit größeren Flugweiten, obwohl sich der Zentralwert nur unwesentlich ändert.
- Individuelle Lösungen. Die besten Flugeigenschaften haben die Flieger, deren zentrale Hälfte eine hohe Flugweite aufweisen oder deren Mittelwert der Flugweite sehr hoch ist.

Üben • Anwenden • Nachdenken

Seite 67

1 Alter bis 30 Jahre

	Rangplatz	Wert
Minimum	1	0
Unteres Quartil	35	3
Zentralwert	69./70.	5
Oberes Quartil	104	6
Maximum	138	12

Alter über 30 Jahre

	Rangplatz	Wert
Minimum	1	0
Unteres Quartil	30	1
Zentralwert	60	2
Oberes Quartil	90	5
Maximum	119	12

a) Unter den über 30-Jährigen sind dies nur 28,6 %, nicht 30 %.
Mehr als 50 % von ihnen versenden zwischen 3 und 6 E-Mails, nicht 4 und 6.
Die Spanne von 0 bis 12 E-Mails ist bei beiden Gruppen gleich.
b) Individuelle Lösung. Man nutzt die Informationen, die man aus den Boxplots herauslesen kann. Eine Hilfe kann die Lösung aus dem einführenden Beispiel auf Schülerbuchseite 63/64 sein.
c) Mögliche Gesichtspunkte sind, wie viele Stunden die Eltern das Internet pro Woche nutzen, wie viele Stunden davon sie das Internet privat nutzen oder wie oft im Monat sie etwas im Internet bestellen.

2 a) Mögliche Lösungen:
Nenne Themen, die in unserer Zeitung behandelt werden sollten.
Wie viele (Seiten) Werbeanzeigen dürfen deiner Meinung nach in der Schülerzeitung sein?
b) 1. und 4. Minimum; Maximum; unteres und oberes Quartil; Zentralwert; Mittelwert
2. Balkendiagramm
3. keine
c) individuelle Lösung
1. und 4. Boxplot; 2. Balkendiagramm

3 a)

Rangplatz	Wert	Rangplatz	Wert
1	0	12	2
2	0	13	2
3	0	14	2
4	0	15	2
5	0	16	3
6	1	17	3
7	1	18	5
8	1	19	6
9	1	20	6
10	1	21	7
11	1	22	7
		23	9

b)

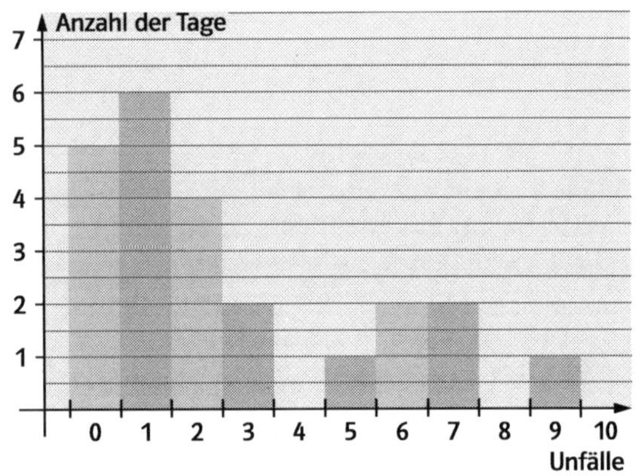

c)

	Rangplatz	Wert
Minimum	1	0
Unteres Quartil	6	1
Zentralwert	12	2
Oberes Quartil	18	5
Maximum	23	9

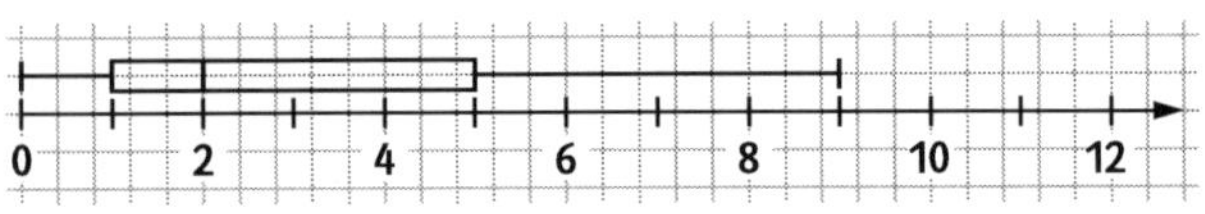

In 50 % aller Fälle geschehen 1–5 Unfälle am Tag, im Mittel 2 pro Tag. Es gibt auch Tage, an denen keine Unfälle passieren. Jeden 2. Tag gibt es mehr als einen Unfall.

Seite 68

4 Gemeinsamkeiten: unteres und oberes Quartil
Unterschiede: Median (Boxplot) – Mittelwert (Perzentilband)
Perzentilbänder veranschaulichen nicht das Minimum und Maximum. Sie haben dafür das 5%-, 10%-, 90%- und 95%-Quantil.

Vorteile des Perzentilbandes: Man kann ablesen, in welchem Spektrum 80% (zwischen 10%- und 90%-Perzentil) und 90% der Versuchspersonen liegen. Nachteil: Man kann die Extremwerte nicht einsehen. Bei der PISA-Studie interessiert es jedoch nicht, ob besonders gute oder schlechte Leistungen erbracht wurden, sondern wie die Mehrheit (80% bzw. 90%) abgeschnitten haben. Bei so vielen Versuchspersonen kann es vorkommen, dass einer gar nichts bzw. alles gewusst hat, dann müsste man das Schaubild wegen der Antennen vergrößern.

5

	5. Klasse	10. Klasse
Minimum	–	7
Unteres Quartil	5	10
Zentralwert	9	16
Oberes Quartil	13	20
Maximum	45	35

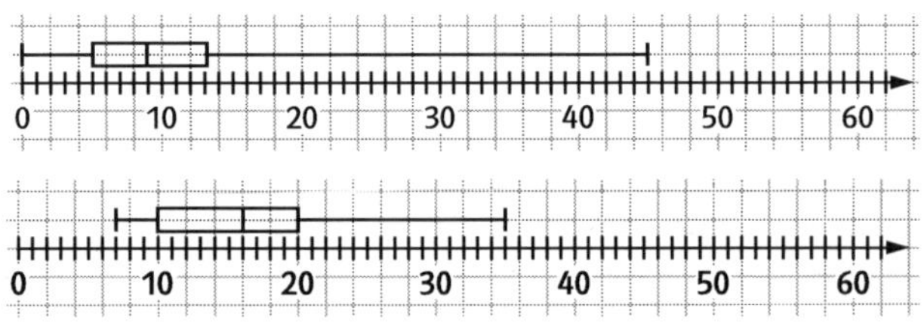

Der Satz stimmt für die zentrale Hälfte aber nicht für das Maximum.

Stabdiagramme und Boxplots

▪

	Rangplatz	Wert
Minimum	1	1
Unteres Quartil	10	2
Zentralwert	19	3
Oberes Quartil	28	5
Maximum	37	9

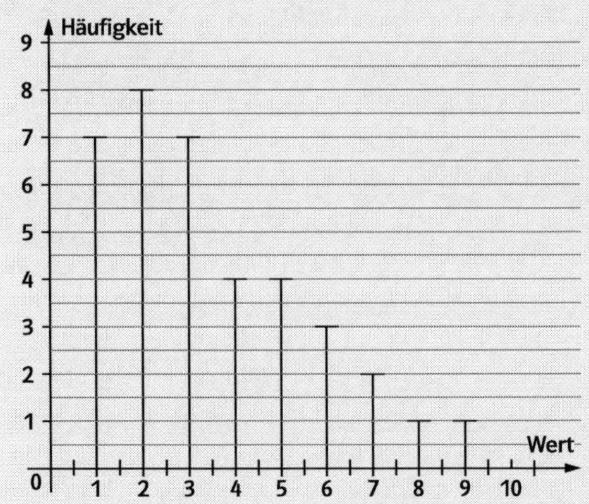

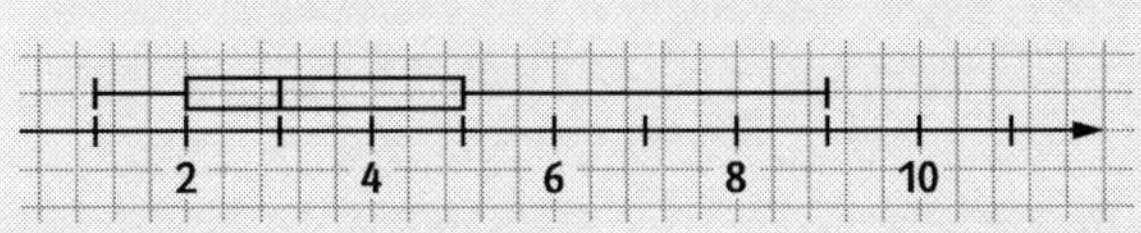

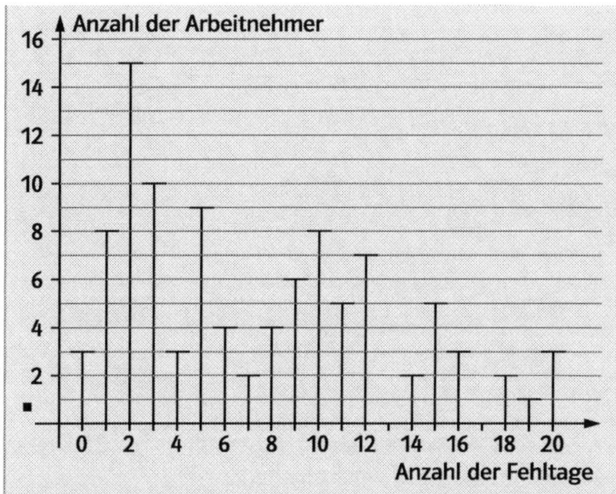

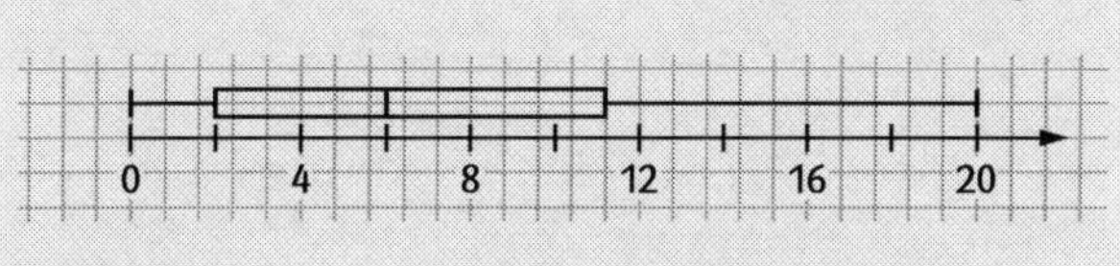

Am Boxplot sieht man, dass 25 % der Arbeitnehmer weniger als 3 Tage fehlen.
25 % der Arbeitnehmer fehlen 12 oder mehr Tage.
Die Hälfte der Arbeitnehmer fehlt mindestens 6 Tage.
▪ Das Stabdiagramm vermittelt einen Eindruck des Verlaufs. Man kann außerdem exakte Häufigkeiten ablesen. Der Boxplot hilft einem, die Häufigkeiten prozentual abzuschätzen. Man sieht an der Länge der Antennen sehr schnell, ob es bei den Werten Ausreißer nach oben oder unten gibt und am Quartilabstand, ob die Werte stark streuen oder nicht.

Seite 69

6 a) Die Hausaufgaben nur einiger Schüler, nicht der ganzen Klasse, werden kontrolliert.
b) Zum Beispiel zufällige Auswahl von 5 Schülern.
c) TV-Einschaltquote, Umfragen zum Konsumverhalten, Produktkontrollen, …

7 a) $\frac{200\,000}{1000} \cdot 6 = 1200$
Insgesamt sind also etwa 1200 Lampen defekt.
b) Die relative Häufigkeit eines fehlerhaften Teils ist $\frac{6}{1000} = 0{,}006$; sie liegt unter 1 %. Deshalb kann man bei 100 Lampen keinen sinnvollen Wert erhalten.
c) $250\,000 \cdot 0{,}001 = 250$
Es ist also mit etwa 250 defekten Lampen zu rechnen. Sollten deutlich mehr Lampen defekt sein, ist die Werbung irreführend.

8 a) Relative Häufigkeiten in %:

	100-Stichprobe	200-Stichprobe	gesamt
türkisch	13	12,5	12,12
griechisch	5	5,5	5,99
italienisch	1	1	1,53
spanisch	0	1	0,89
sonstige	2	1	1,53

b) Stichproben können zu klein sein, um repräsentativ genug zu sein. Auch sollte man darauf achten, dass die Bedingungen optimal sind (schlechte Beispiele siehe Schülerbuchseite 50, Kasten).
c) Zu kleine Stichproben können evtl. ungenügende repräsentative Werte liefern und dadurch die Wirklichkeit verzerren.

9 a)

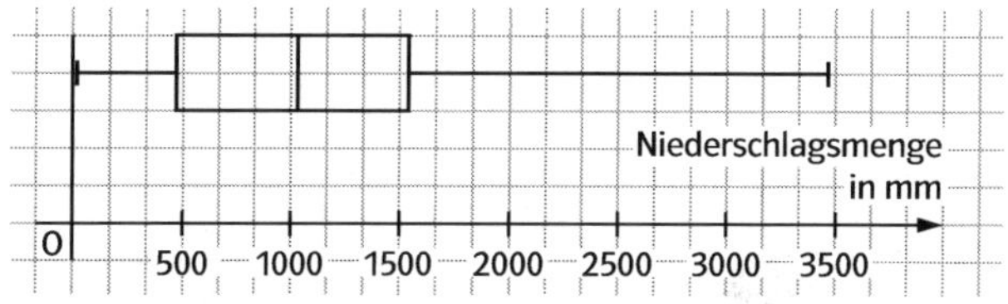

b)

Minimum	115 mm
unteres Quartil	320 mm
Zentralwert	600 mm
oberes Quartil	920 mm
Maximum	2870 mm

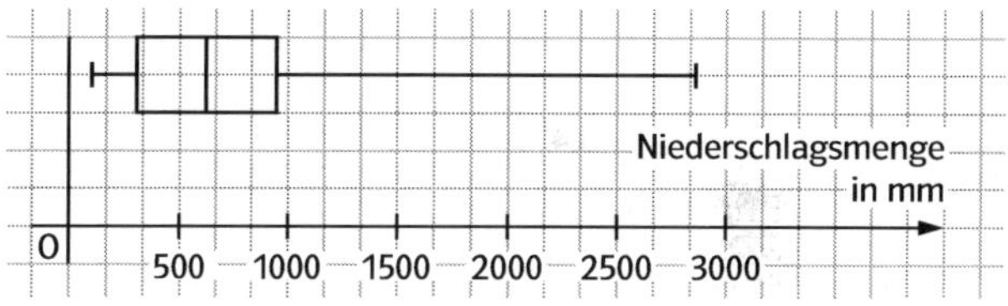

c) individuelle Lösungen

10 a) Tageslichtprojektor

Minimum	4
unteres Quartil	6
Zentralwert	7
oberes Quartil	9
Maximum	14

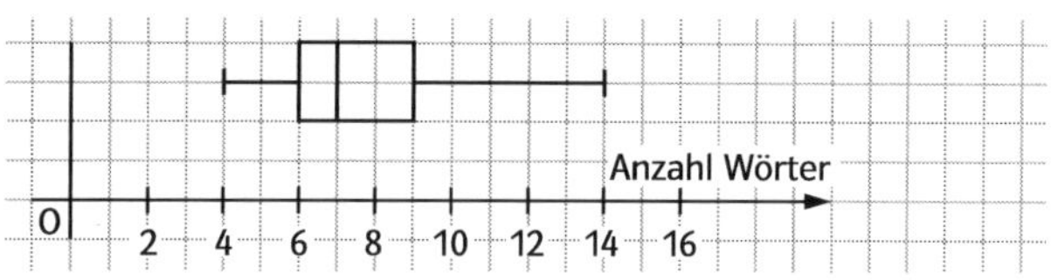

vorgelesene Wörter

Minimum	3
unteres Quartil	5
Zentralwert	7
oberes Quartil	8
Maximum	12

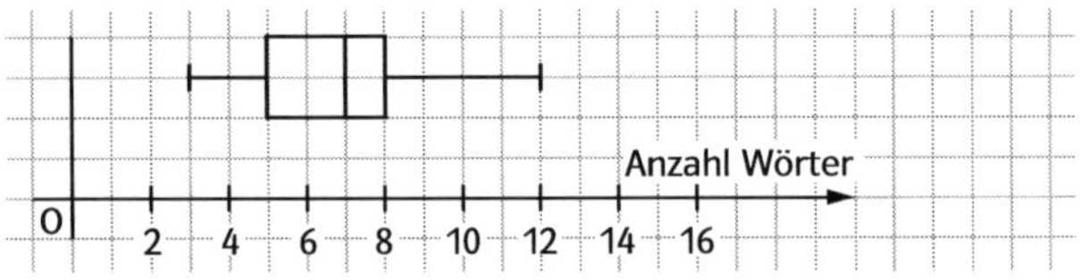

Legt man die beiden Boxplots untereinander, erkennt man leicht, dass das Zeigen der Wörter auf dem Tageslichtprojektor zu besseren Leistungen führt. Außer beim Zentralwert liegen die Werte beim Tageslichtprojektor über denen beim Vorlesen.
b) individuelle Lösungen.

Seite 70

Umfrage zum Freizeitverhalten Jugendlicher

- **Ausgaben im Monat:**

Kennwerte der Liste, gesamt

Minimum	10
unteres Quartil	20
Zentralwert	30
oberes Quartil	40
Maximum	170

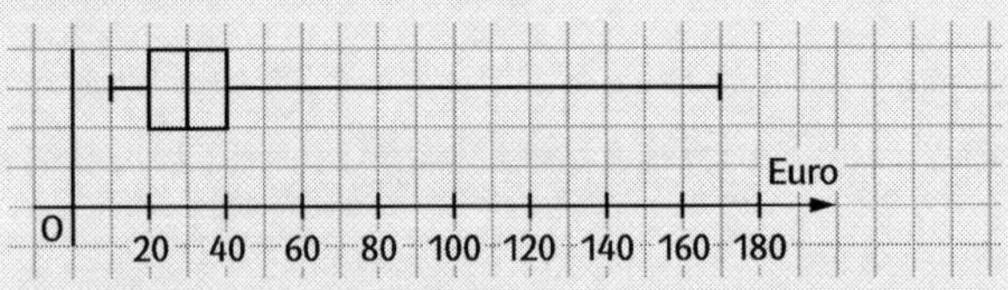

Kennwerte der Mädchen

Minimum	20
unteres Quartil	24
Zentralwert	30
oberes Quartil	45
Maximum	75

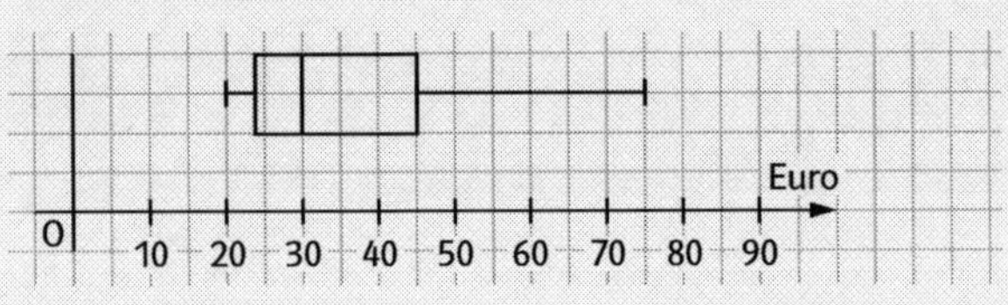

Kennwerte der Jungen

Minimum	10
unteres Quartil	15
Zentralwert	27,50
oberes Quartil	35
Maximum	170

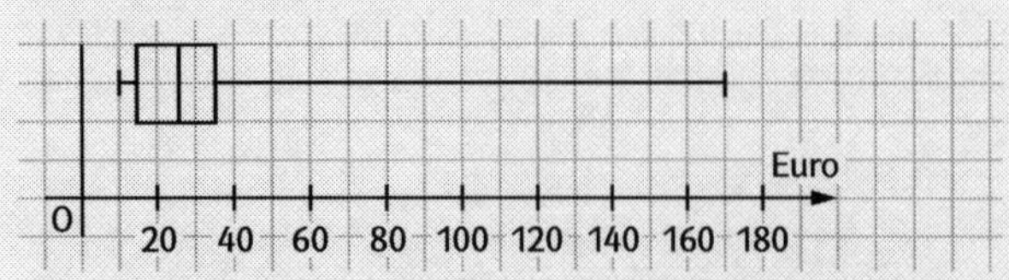

Der Vergleich der Boxplots macht deutlich, dass die Mädchen für ihre Hobbys grundsätzlich mehr Geld ausgeben als die Jungen. Auch schwanken die Ausgaben bei den Mädchen viel deutlicher als bei den Jungen. Die Jungen stellen in ihrem Ausgabeverhalten eine deutlich homogenere Gruppe dar. Dafür gibt es bei den Jungen im Gegensatz zu den Mädchen einige Ausreißer mit erheblichen Mehrausgaben als die Allgemeinheit. Da die beiden Boxplots für die gesamte Gruppe und der Gruppe der Jungen nahezu identisch sind, kann man sagen, dass das Ausgabeverhalten der Jungen etwa dem Ausgabeverhalten der gesamten Gruppe entspricht.

Zeit im Monat:

Kennwerte der Liste, gesamt

Minimum	3
unteres Quartil	6
Zentralwert	8
oberes Quartil	10
Maximum	16

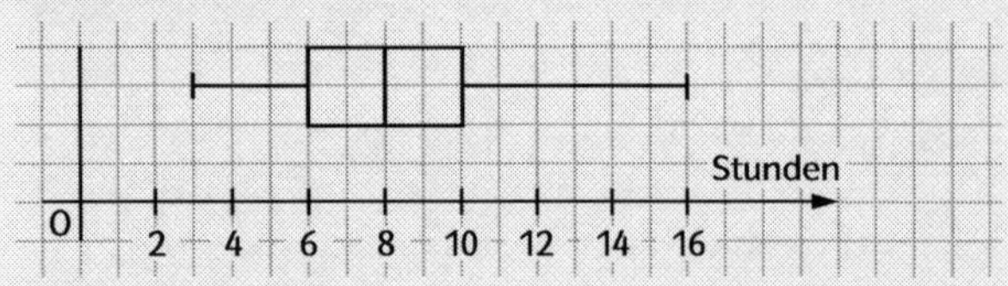

Kennwerte der Mädchen

Minimum	3
unteres Quartil	5
Zentralwert	7
oberes Quartil	8
Maximum	15

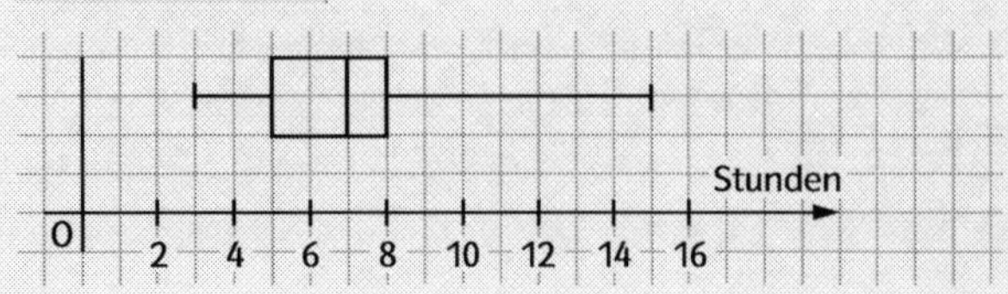

Kennwerte der Jungen

Minimum	3
unteres Quartil	6
Zentralwert	9,5
oberes Quartil	12
Maximum	16

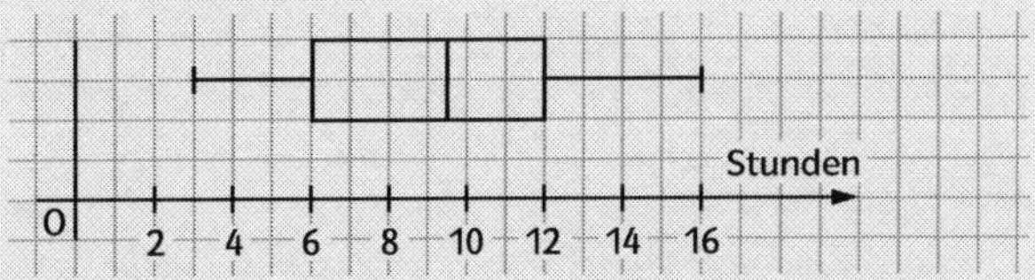

Der zeitliche Aufwand für die Hobbys ist bei den Jungen gleichmäßiger verteilt als bei den Mädchen. Bei den Jungen sind die vier Abschnitte des Boxplots etwa gleich groß. Bei den Mädchen gibt es nach oben eine größere Streuung und in der zentralen Hälfte ist das obere Viertel erheblich dichter besetzt als das untere Viertel. Für die gesamte Gruppe gilt, dass sich die unteren 75% etwa gleichmäßig verteilen, während die oberen 25% stärker streuen.
Ein mögliches Diagramm:
Durchschnittliche Zeit pro Woche, die für Hobbys verwendet wird.

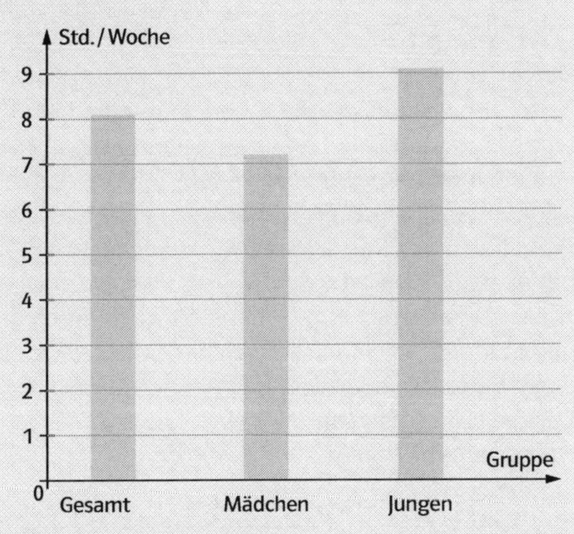

- individuelle Lösungen
- Die beiden ersten Aussagen sind korrekt:

Jeder verbringt mindestens 3 Stunden mit seinem Hobby und ein Junge widmet seinem Hobby sogar 16 Stunden.
Dass aber gut die Hälfte der Schülerinnen und Schüler zwischen 6 und 10 Stunden pro Woche für ihr Hobby aufbringen, ist nicht korrekt. Wirklich zwischen 6 und 10 Stunden (nämlich 7, 8 oder 9 Stunden) sind es nur bei 10 Personen. Nimmt man 6 und 10 Stunden noch hinzu, sind es 5 weitere, also 15. Das ist etwas weniger als die Hälfte von 29. Das Problem liegt in der Bedeutung des Wortes „zwischen". Es ist in solchen Fällen besser, von „von 6 bis zu 10" zu sprechen.
Die vorletzte Aussage des Artikels ist vertretbar: Der Mittelwert liegt bei 8,14 Stunden, also ungefähr bei 8 Stunden.

4 Vierecke. Vielecke

Auftaktseite: Vierecke legen und bewegen

Seiten 72 bis 73

Individuelle Lösungen

1 Haus der Vierecke

Seite 74

Einstiegsaufgabe

➔ individuelle Lösungen

➔ Quadrat: 8 Möglichkeiten
Rechtecke: 4 Möglichkeiten
Raute: 4 Möglichkeiten
Parallelogramm: 2 Möglichkeiten
Trapez: 2 Möglichkeiten
Drachen: 2 Möglichkeiten

Seite 75

1

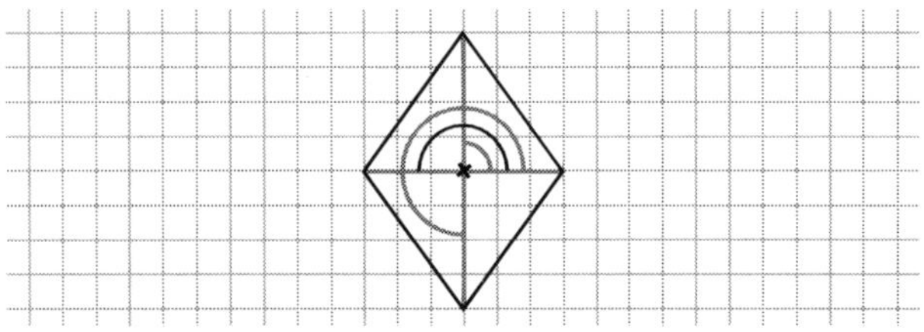

Name: Raute
Seiten: alle vier gleich lang, gegenüberliegende parallel
Winkel: gegenüberliegende Winkel gleich groß
Diagonalen: sind senkrecht zueinander und halbieren sich
Achsensymmetrie: zwei Symmetrieachsen durch gegenüberliegende Eckpunkte
Punktsymmetrie: ja
Drehsymmetrie: Drehwinkel 180°

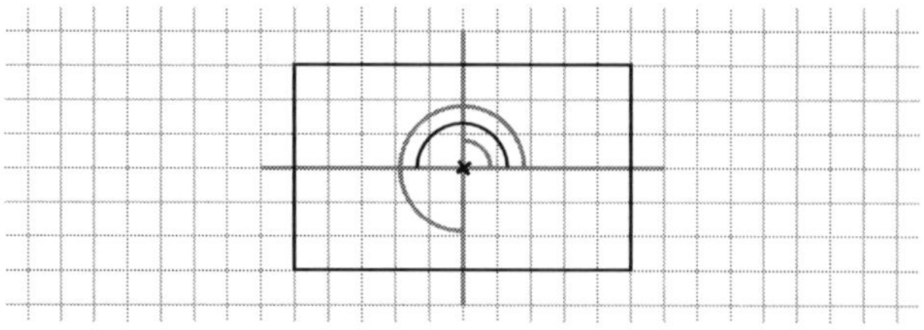

Name: Rechteck
Seiten: gegenüberliegende Seiten gleich lang
Winkel: vier 90°-Winkel
Diagonalen: halbieren sich und sind gleich lang
Achsensymmetrie: zwei Symmetrieachsen durch die Mittelpunkte der Seiten
Punktsymmetrie: ja
Drehsymmetrie: Drehwinkel 180°

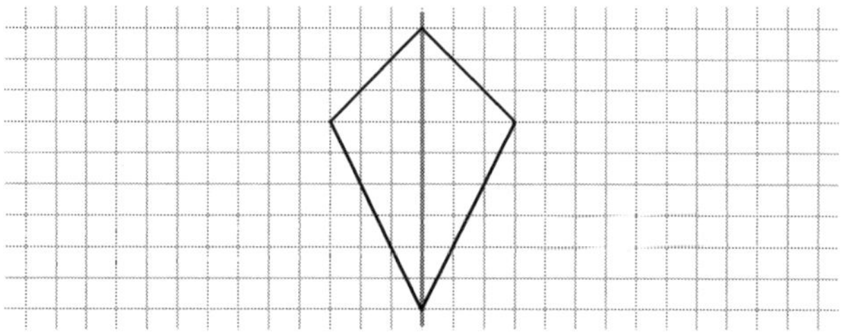

Name: Drachen
Seiten: In zwei Eckpunkten stoßen je zwei gleich lange Seiten aneinander; diese beiden Eckpunkte liegen einander gegenüber.
Winkel: zwei gleich große Winkel
Diagonalen: stehen senkrecht zueinander; eine Diagonale wird halbiert
Achsensymmetrie: eine Symmetrieachse durch die gegenüberliegenden Ecken, an denen je zwei gleich lange Seiten aneinander stoßen
Punktsymmetrie: nein
Drehsymmetrie: nein

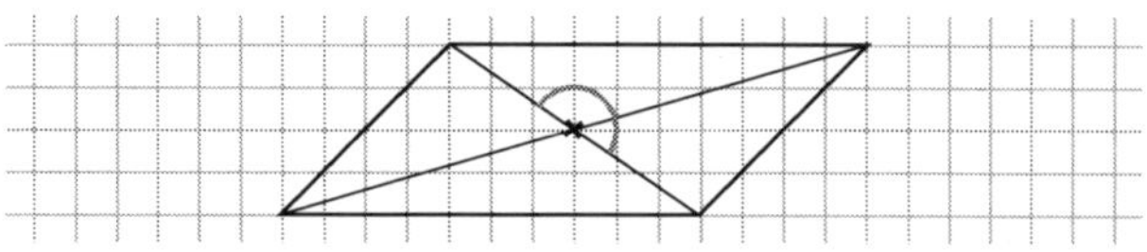

Name: Parallelogramm
Seiten: gegenüberliegende Seiten gleich lang und parallel
Winkel: gegenüberliegende Winkel gleich groß
Diagonalen: halbieren sich
Achsensymmetrie: nein
Punktsymmetrie: ja
Drehsymmetrie: Drehwinkel 180°

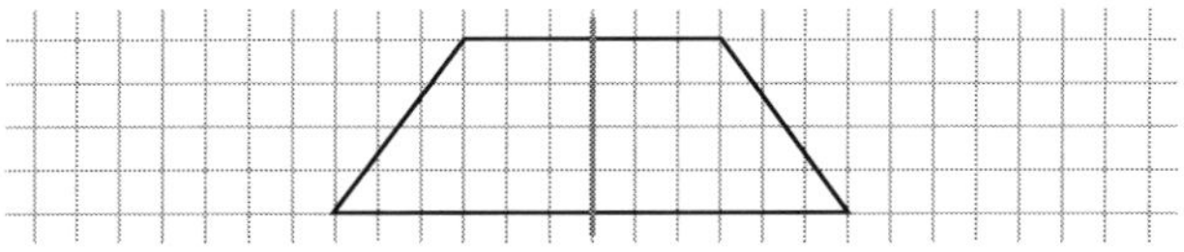

Name: symmetrisches Trapez
Seiten: zwei gleich lange Seiten und zwei parallele Seiten
Winkel: je zwei gleich große Winkel, diese liegen an den parallelen Seiten
Diagonalen: gleich lang
Achsensymmetrie: eine Symmetrieachse durch die Mittelpunkte der parallelen Seiten
Punktsymmetrie: nein
Drehsymmetrie: nein

2 a)

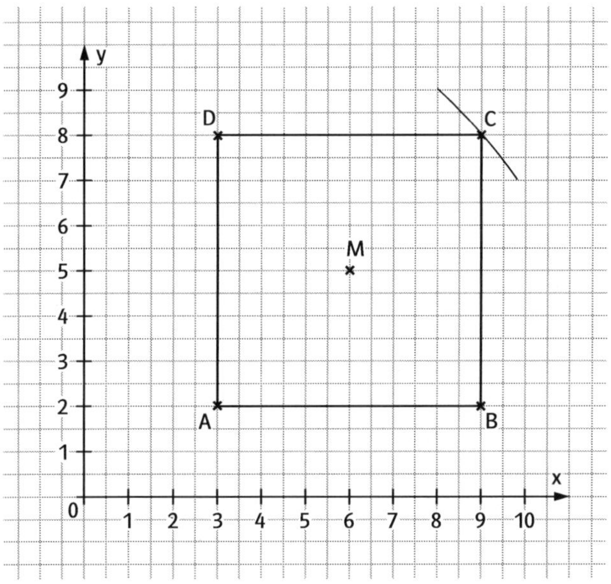

b)

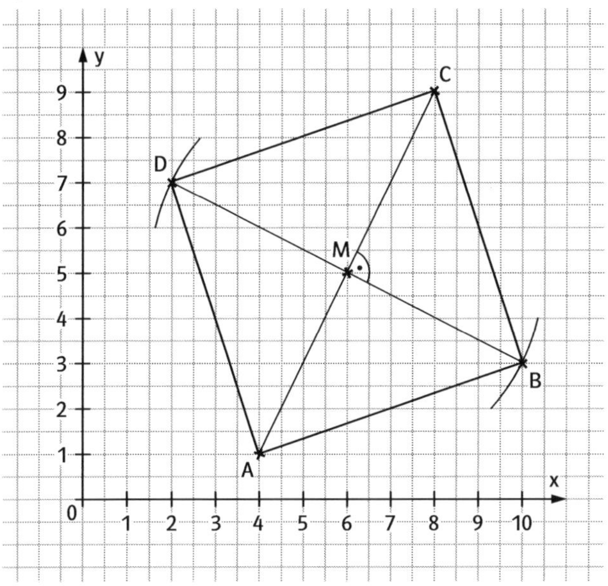

c)

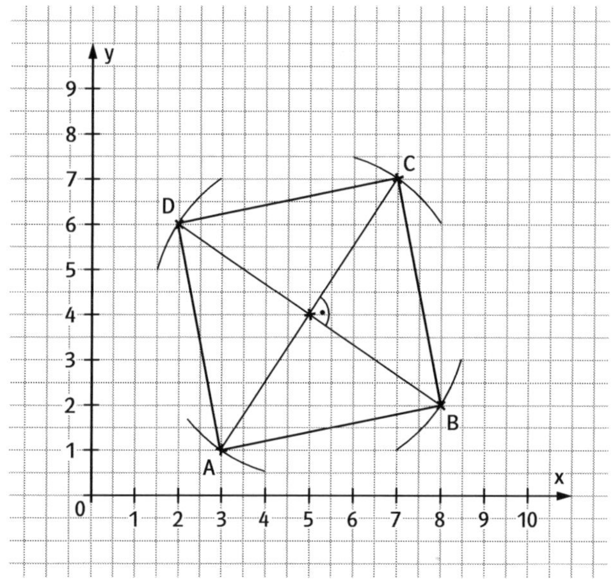

3 a)

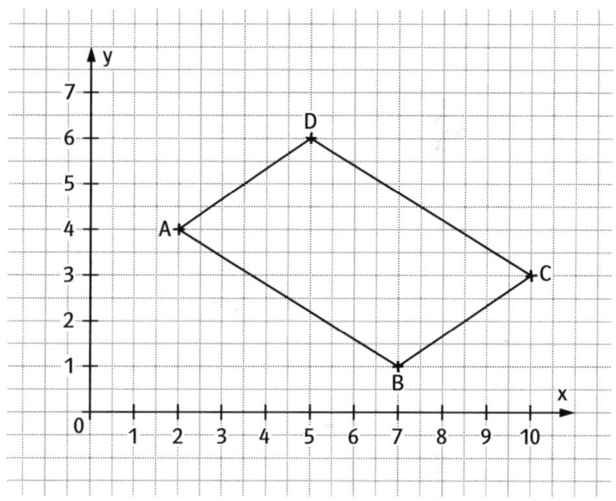

b)

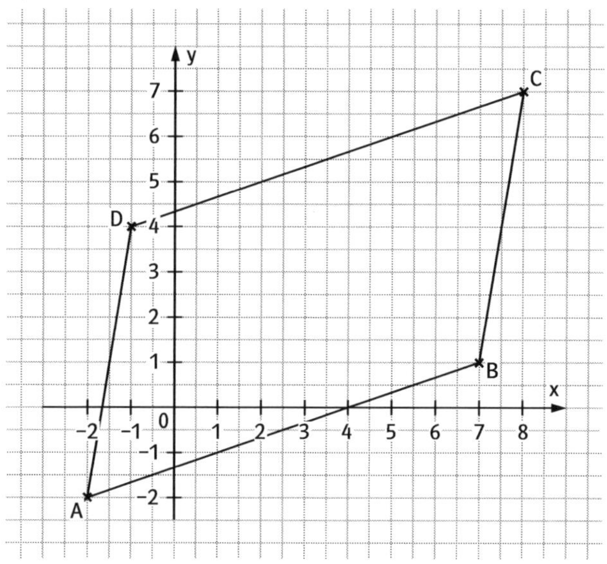

4 a) • 2 gleiche Rechtecke
- 1 Quadrat und 1 Rechteck
- 2 verschiedene Rechtecke
- 2 gleiche allgemeine Vierecke
- 2 verschiedene allgemeine Vierecke

b) Raute:
- 2 gleiche Parallelogramme
- 2 verschiedene Parallelogramme
- 2 verschiedene allgemeine Vierecke

Parallelogramm:
- 2 gleiche Parallelogramme
- 2 verschiedene allgemeine Vierecke
- 2 verschiedene Parallelogramme
- 1 Raute und 1 Parallelogramm
- 2 gleiche symmetrische Trapeze (vgl. Aufgabe 5)
- 2 verschiedene symmetrische Trapeze
- Trapez und allgemeines Viereck

Trapez:
- 2 verschiedene symmetrische Trapeze
- 2 verschiedene allgemeine Vierecke
- Parallelogramm und Trapez
- Raute und Trapez

Drachen:
- Parallelogramm und allgemeines Viereck

5 individuelle Lösungen

Seite 76

Randspalte
Weil zwei Paare benachbarter Seiten gleich lang sind und es eine Symmetrieachse hat:
a = d und b = c

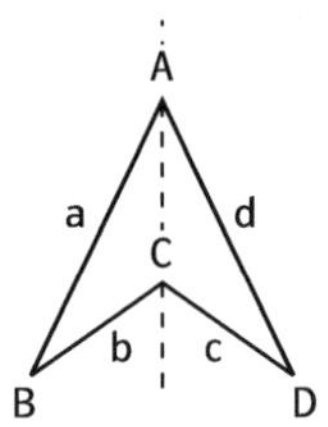

6

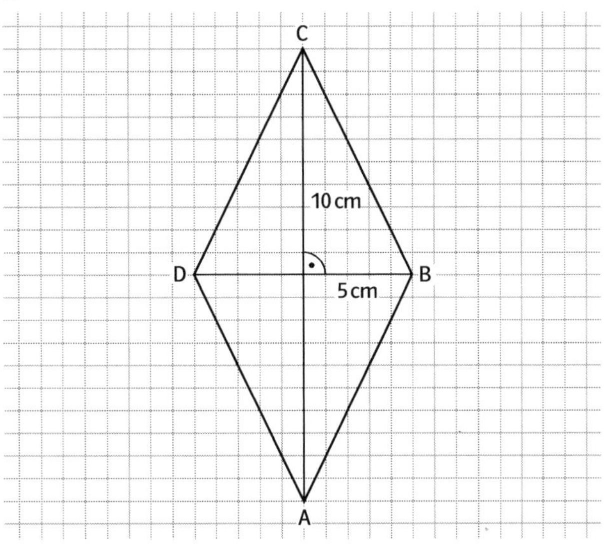

7 a) Quadrat, Rechteck, Raute, Parallelogramm
b) Drachen

8

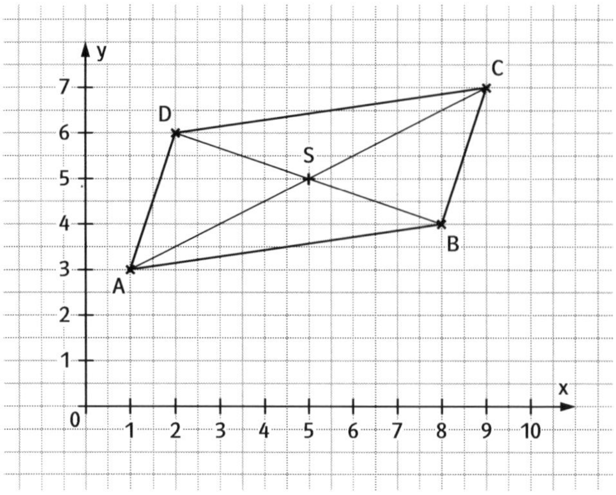

1. Zeichne A, B und S in das Koordinatensystem.
2. Verbinde A mit B.
3. Zeichne $\overline{AS}$ und $\overline{BS}$.
4. Konstruiere einen Kreis mit Mittelpunkt S und Radius $\overline{AS}$.
5. Benenne den Schnittpunkt des Kreises mit $\overline{AS}$ mit C.
6. Konstruiere einen Kreis mit Mittelpunkt S und Radius $\overline{BS}$.
7. Benenne den Schnittpunkt des Kreises mit $\overline{BS}$ mit D.
8. Verbinde B und C, C und D, A und D.

9

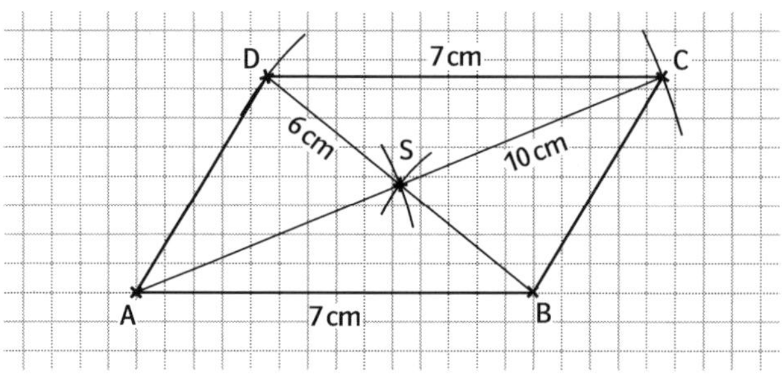

10 a)

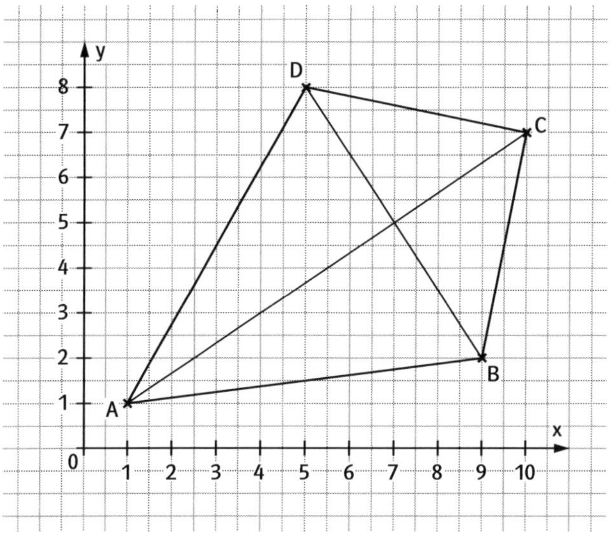

b)

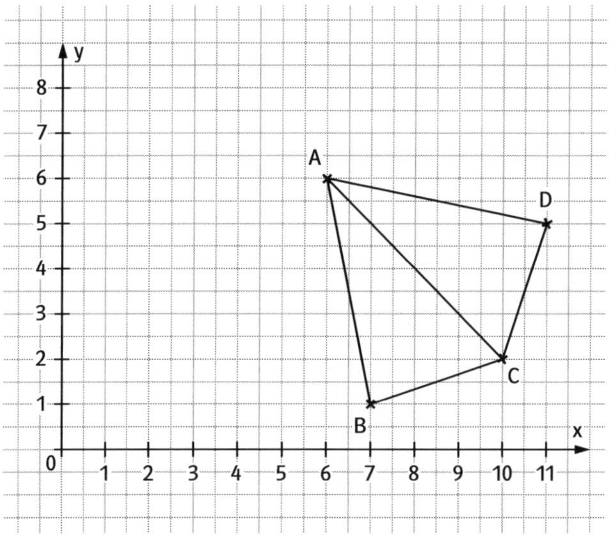

c)

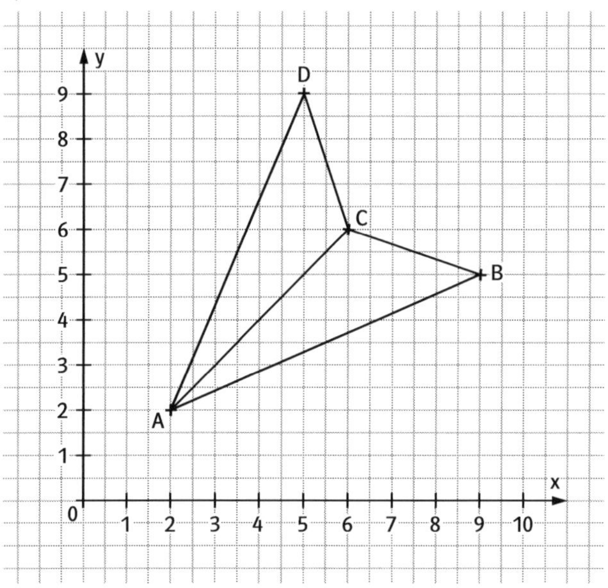

11 a)

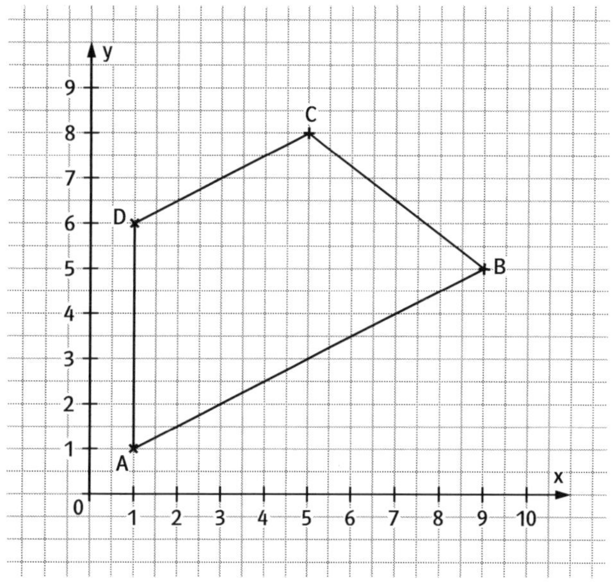

b)

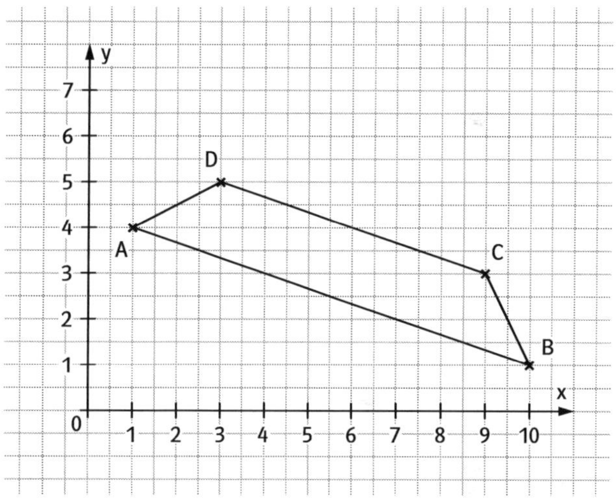

12 a)

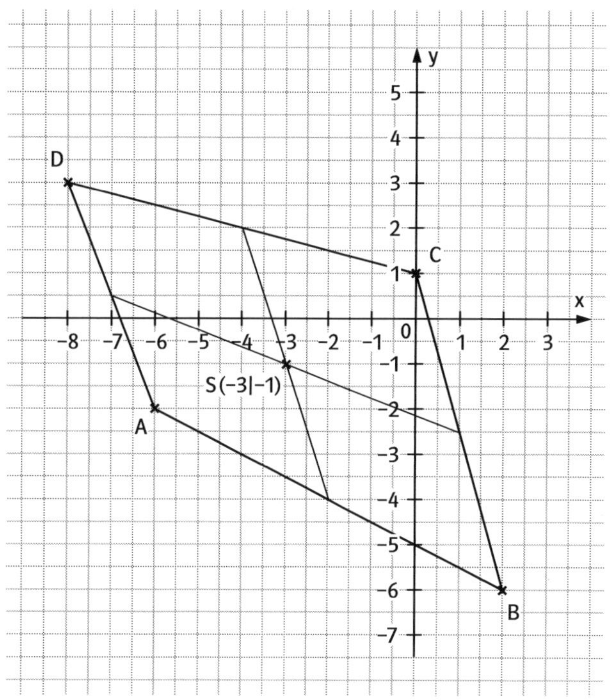

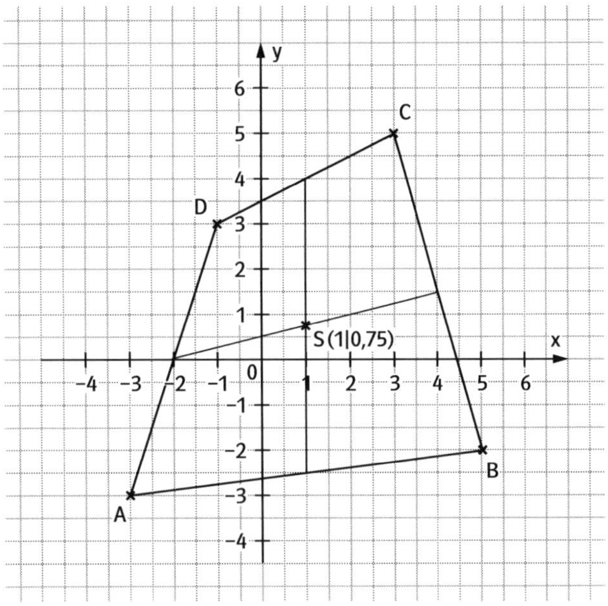

b) $M_x = -3$ $M_y = -1$ $(M_x | M_y) = S$
$M_x = 1$ $M_y = 0{,}75$ $(M_x | M_y) = S$
c) individuelle Lösungen

Oberbegriffe – Unterbegriffe

- Quadrate sind spezielle Rauten, weil nicht nur alle Seiten gleich lang sind, sondern auch alle Winkel gleich groß (90°). Spezielle Rechtecke sind sie, weil sie nicht nur vier rechte Winkel haben, sondern auch alle Seiten gleich lang sind.
- individuelle Lösung
- Vierecke → Trapeze: Bei Vierecken sind alle Seiten frei wählbar. Bei den Trapezen dagegen sind zwei Seiten immer parallel.
Trapez → Parallelogramme: Bei den Parallelogrammen sind zwei Paare gegenüberliegender Seiten parallel.
Parallelogramme → Rauten, Quadrate, Rechtecke: Bei allgemeinen Parallelogrammen sind weder alle Seiten gleich lang noch sind die Winkel 90° groß.
- individuelle Lösung

2 Vierecke. Winkelsumme

Seite 77

Einstiegsaufgabe

➔ Nein, es geht mit Drachen nicht.
➔ individuelle Lösungen

1 a) $\delta = 130°$ b) $\delta = 121°$
c) $\alpha = 130°$

2 a)

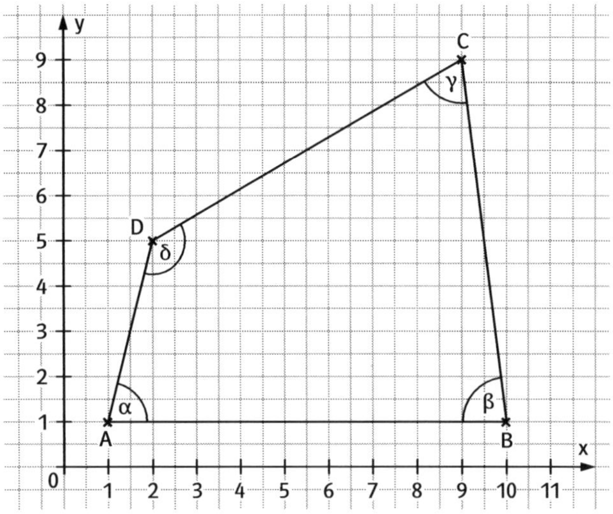

$\alpha = 76°$ $\beta = 83°$ $\gamma = 67°$ $\delta = 134°$
Winkelsumme = 360°

b)

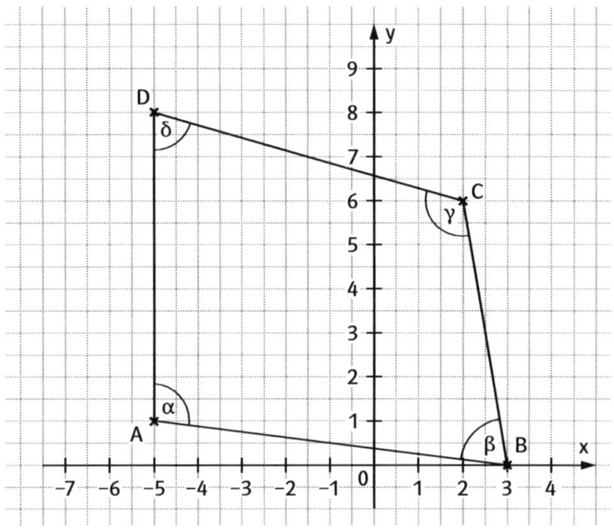

$\alpha = 97°$ $\beta = 74°$ $\gamma = 116°$ $\delta = 73°$
Winkelsumme = 360°

c)

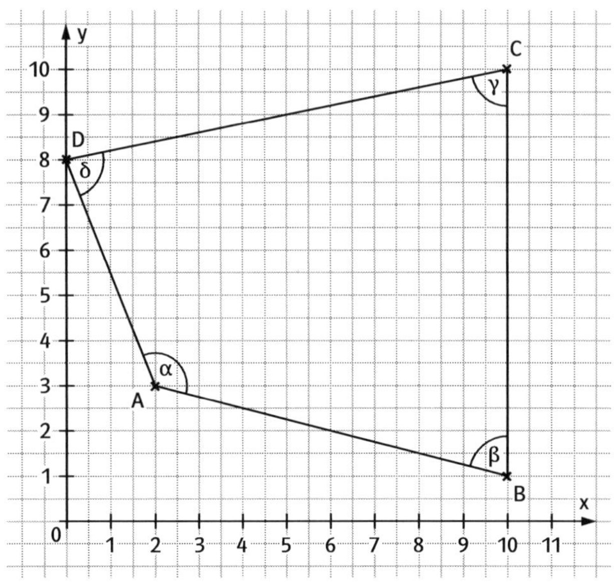

$\alpha = 126°$ $\beta = 75°$ $\gamma = 79°$ $\delta = 80°$
Winkelsumme = 360°

d)

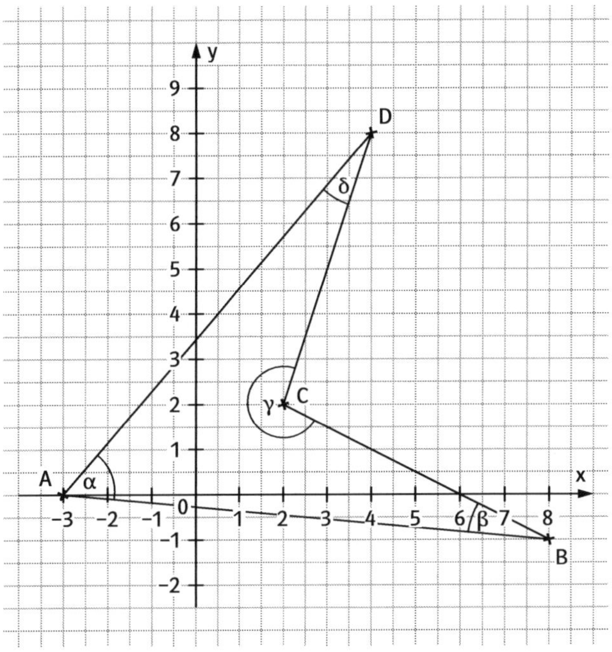

$\alpha = 54°$ $\beta = 22°$ $\gamma = 262°$ $\delta = 22°$
Winkelsumme = 360°

e)

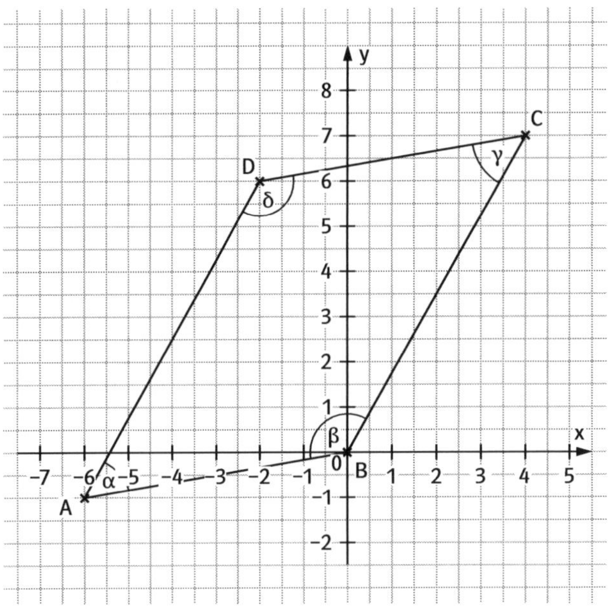

$\alpha = 51°$ $\beta = 129°$ $\gamma = 51°$ $\delta = 129°$
Winkelsumme = 360°

Seite 78

3 individuelle Lösungen

4

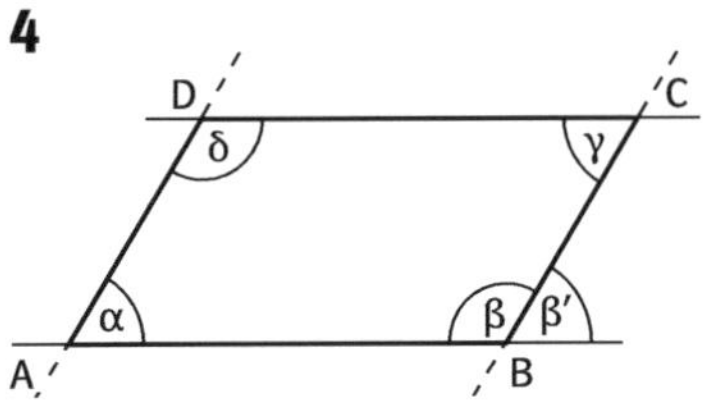

Verlängert man alle Seiten des Parallelogramms nach außen, erkennt man, dass man die Winkelsätze an Paaren sich schneidender Geraden anwenden kann.

a) Somit gilt:
$\alpha = \beta'$ (Stufenwinkel); $\beta' + \beta = 180°$ (Nebenwinkel)
daraus folgt: $\alpha = 180° - \beta$ bzw. $\alpha + \beta = 180°$.
Analog kann man dies für die anderen Winkel an einer Seite zeigen.

b) Da $\alpha + \beta = 180°$ und $\beta + \gamma = 180°$ bzw. $\beta = 180° - \gamma$, folgt: $\alpha + 180° - \gamma = 180°$ bzw. $\alpha = \gamma$

5 a) Winkel, die an einer der parallelen Seiten anliegen, sind gleich groß (Symmetrie).
Winkel, die an einer der nicht-parallelen Seiten anliegen, ergeben zusammen 180°.

b) Das symmetrische Trapez ist achsensymmetrisch. Die Symmetrieachse verläuft senkrecht zu den parallelen Seiten und durch ihre Mitte. Dadurch werden die Winkel, die an den parallelen Seiten anliegen, gespiegelt.
Die Ergänzungswinkel zu den Winkeln, die an einer nicht-parallelen Seite anliegen, sind Stufenwinkel zu den gegenüberliegenden Winkeln.

6 Die eingezeichneten Hilfslinien unterteilen die Vierecke in jeweils 4 Dreiecke. Der Winkel ε befindet sich beim Punkt P. Für die Dreiecke gilt:
$\delta_1 + \gamma_1 + \varepsilon_1 = 180°$; $\delta_2 + \alpha_1 + \varepsilon_2 = 180°$;
$\alpha_2 + \beta_1 + \varepsilon_3 = 180°$; $\beta_2 + \gamma_2 + \varepsilon_4 = 180°$
$\alpha + \beta + \gamma + \delta + \varepsilon_1 + \varepsilon_2 + \varepsilon_3 + \varepsilon_4 = 720°$
Wegen $\varepsilon_1 + \varepsilon_2 + \varepsilon_3 + \varepsilon_4 = 360°$ gilt also:
$\alpha + \beta + \gamma + \delta = 360°$

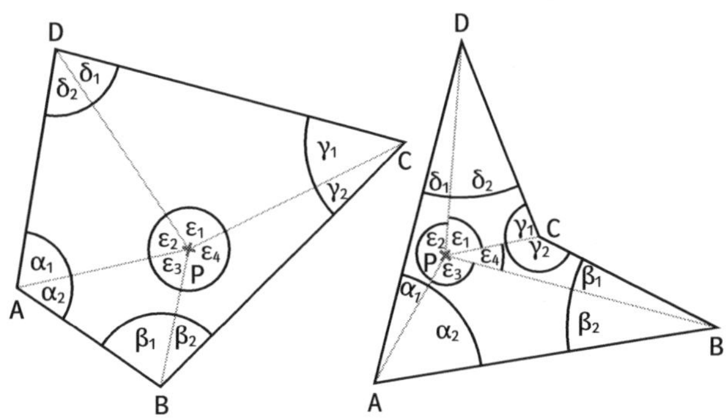

7 a) $\beta = 45°$, $\gamma = 135°$, $\delta = 135°$
b) $\alpha = 80°$, $\beta = 80°$, $\delta = 100°$
c) $\beta = 125°$, $\gamma = 55°$, $\delta = 125°$
d) $\alpha = 105°$, $\beta = 75°$, $\delta = 75°$
e) $\gamma = 40°$, $\delta = 120°$
f) $\alpha = 138°$, $\beta = 95°$
g) $\alpha = 12°$, $\gamma = 12°$
h) $\gamma = 240°$, $\delta = 36°$

8 a) $\beta = 130°$, $\delta = 100°$
b) $\gamma = 120°$, $\delta = 72°$
c) $\alpha = 80°$, $\gamma = 100°$, $\delta = 75°$
d) $\alpha = 140°$, $\beta = 50°$, $\gamma = 110°$, $\delta = 60°$

9 a) $\beta = 2\alpha$, $\gamma = 3\alpha$, $\delta = 4\alpha$
$\alpha + \beta + \gamma + \delta = \alpha + 2\alpha + 3\alpha + 4\alpha = 360°$, $10\alpha = 360°$
$\alpha = 36°$, $\beta = 72°$, $\gamma = 108°$, $\delta = 144°$
b) $\beta = 2\alpha$, $\gamma = 2\beta = 4\alpha$, $\delta = 2\gamma = 4\beta = 8\alpha$
$\alpha + \beta + \gamma + \delta = \alpha + 2\alpha + 4\alpha + 8\alpha = 360°$
$\alpha = 24°$, $\beta = 48°$, $\gamma = 96°$, $\delta = 192°$
c) $\beta = \alpha + 20°$, $\gamma = \beta + 20° = \alpha + 40°$, $\delta = \gamma + 20°$
$= \alpha + 60°$
$\alpha + \beta + \gamma + \delta = \alpha + \alpha + 20° + \alpha + 40° + \alpha + 60°$
$= 4\alpha + 120° = 360°$, $4\alpha = 240°$
$\alpha = 60°$, $\beta = 80°$, $\gamma = 100°$, $\delta = 120°$
e) individuelle Lösungen

Rautenparkett ?!

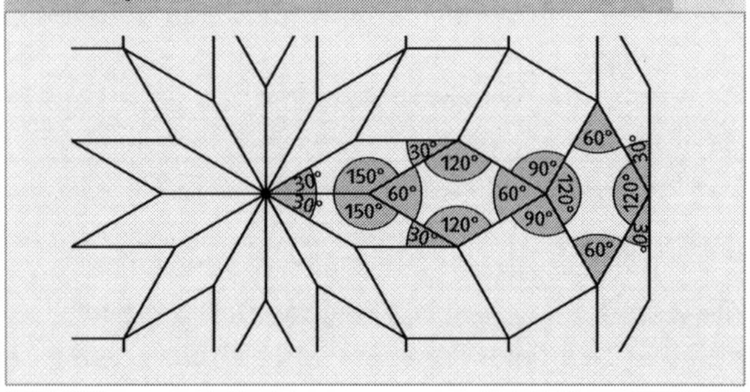

3 Vierecke konstruieren*

Seite 79

Einstiegsaufgabe
➔ Quadrat, Rechteck, Raute, Parallelogramm, Trapez, Drachen
➔ unendlich viele Möglichkeiten
➔ unendlich viele Möglichkeiten

Seite 80

1 a)

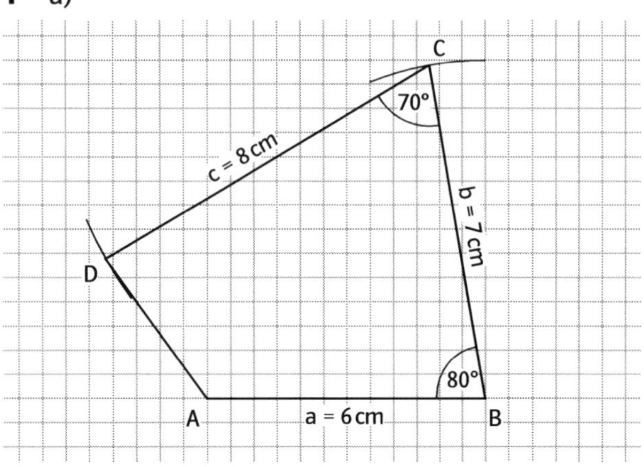

b)

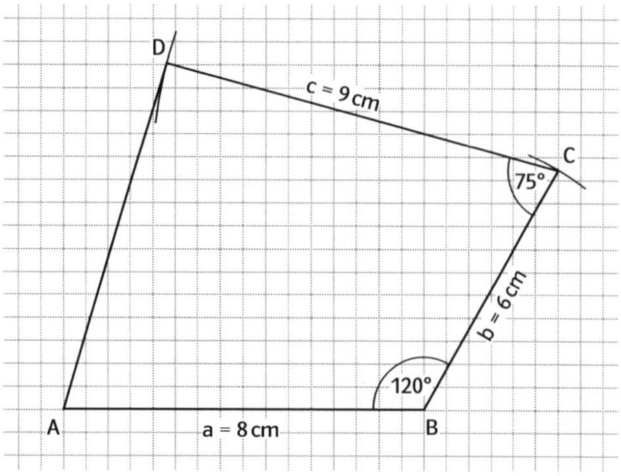

c)

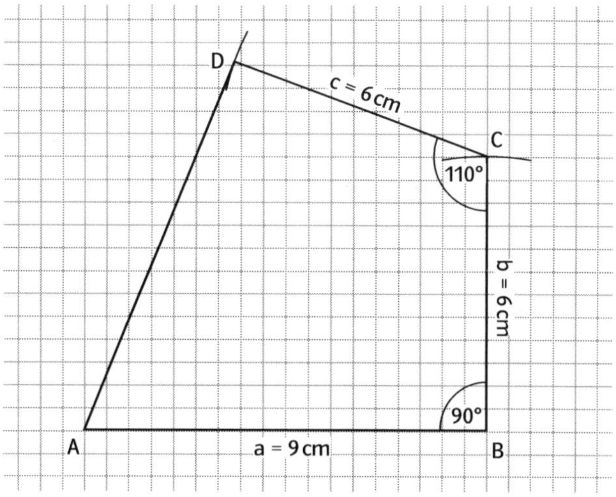

d)

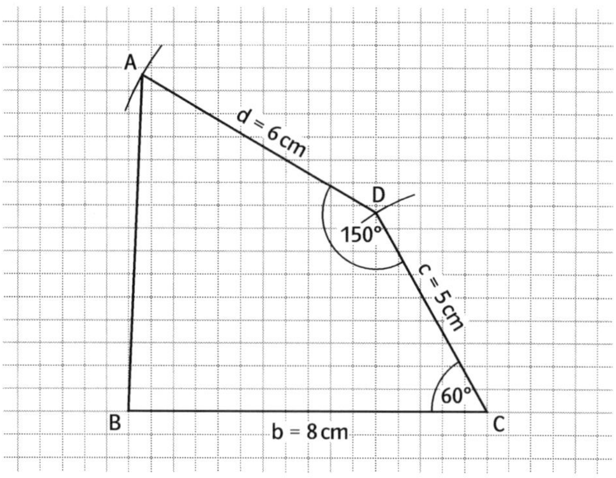

2 a)

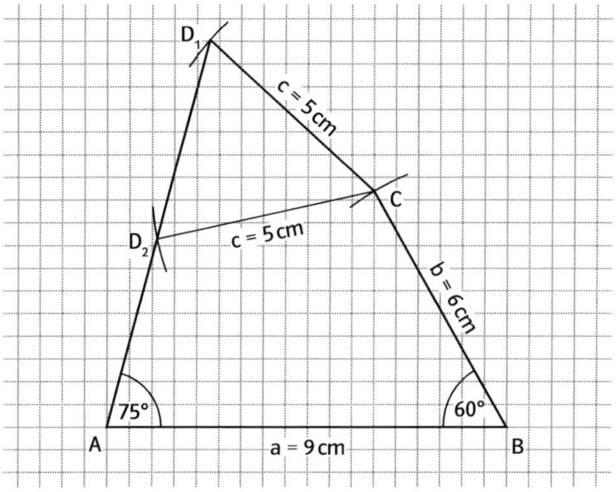
D1
c = 5 cm
C
D2
c = 5 cm
b = 6 cm
75°
60°
A
a = 9 cm
B

b)

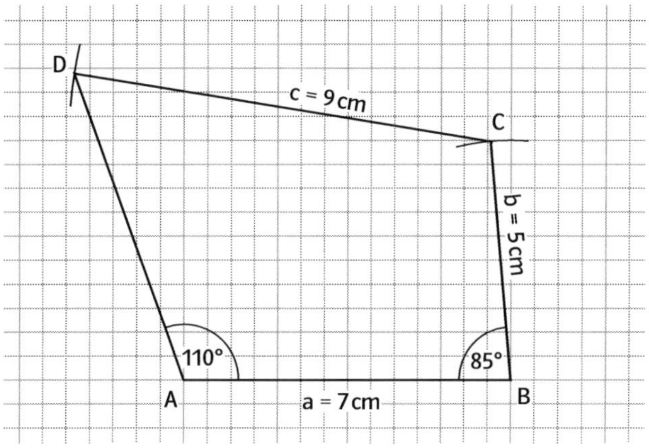
D
c = 9 cm
C
b = 5 cm
110°
85°
A
a = 7 cm
B

c)

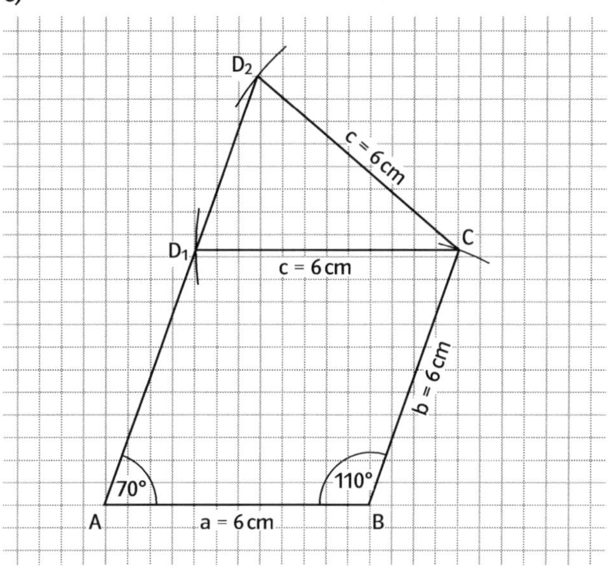
D2
c = 6 cm
D1
C
c = 6 cm
b = 6 cm
70°
110°
A
a = 6 cm
B

3 a)

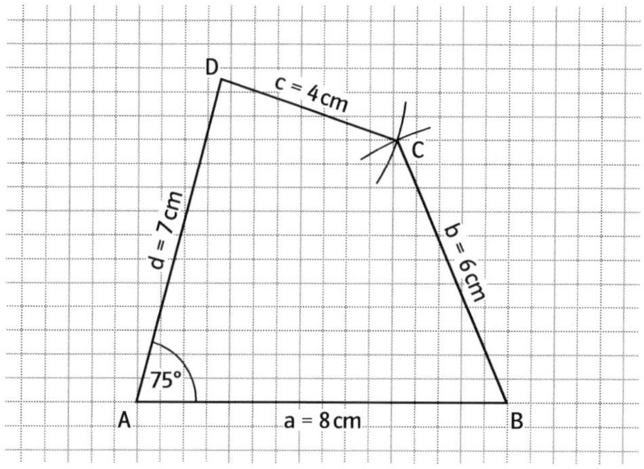
D
c = 4 cm
C
d = 7 cm
b = 6 cm
75°
A
a = 8 cm
B

b)

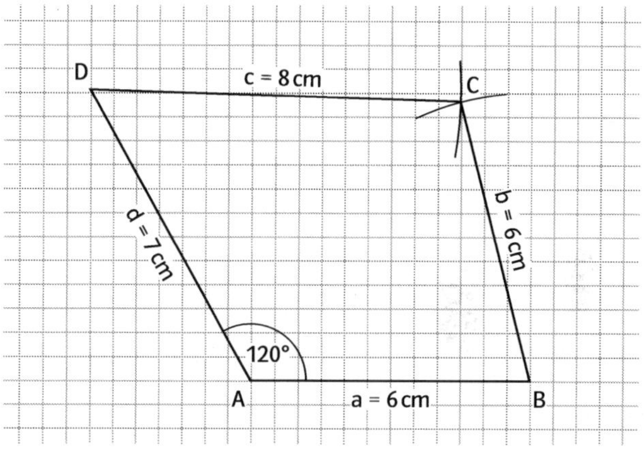
D
c = 8 cm
C
d = 7 cm
b = 6 cm
120°
A
a = 6 cm
B

4

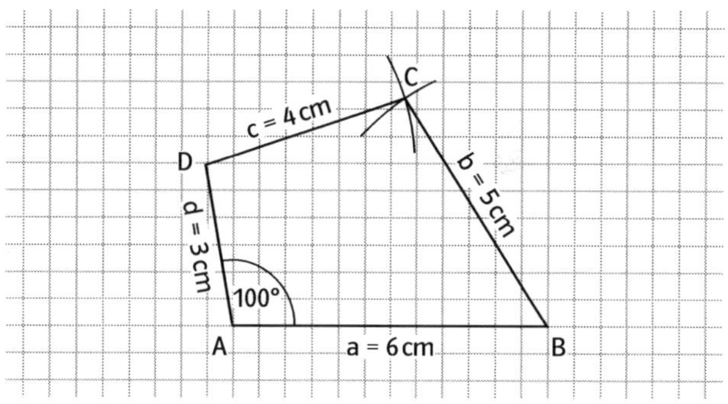
C
c = 4 cm
D
b = 5 cm
d = 3 cm
100°
A
a = 6 cm
B

5 a)

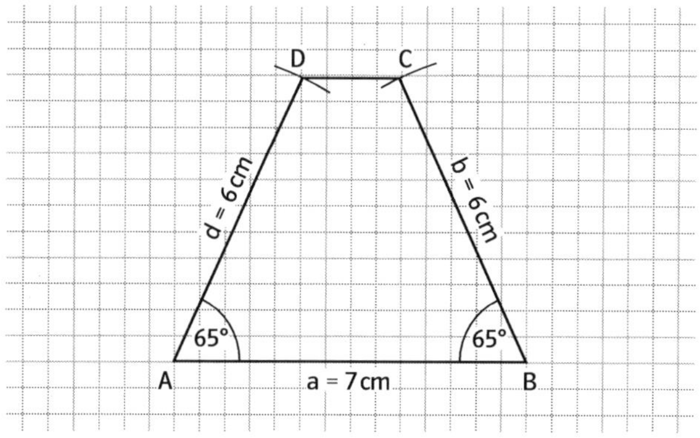
D
C
d = 6 cm
b = 6 cm
65°
65°
A
a = 7 cm
B

b)

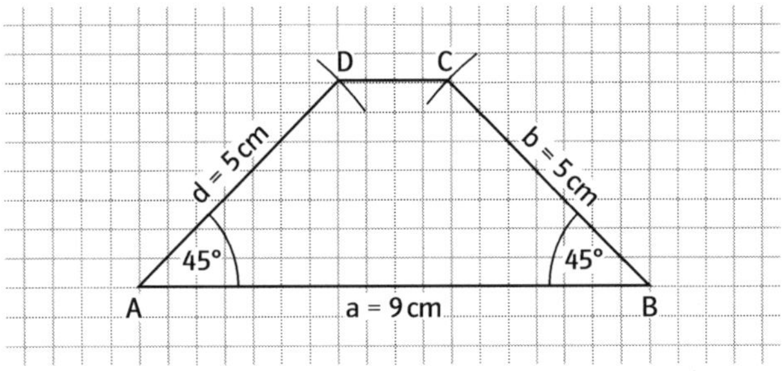

c)

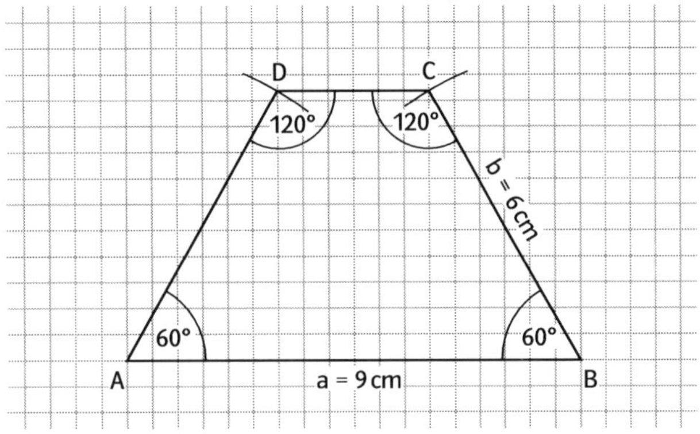

c)

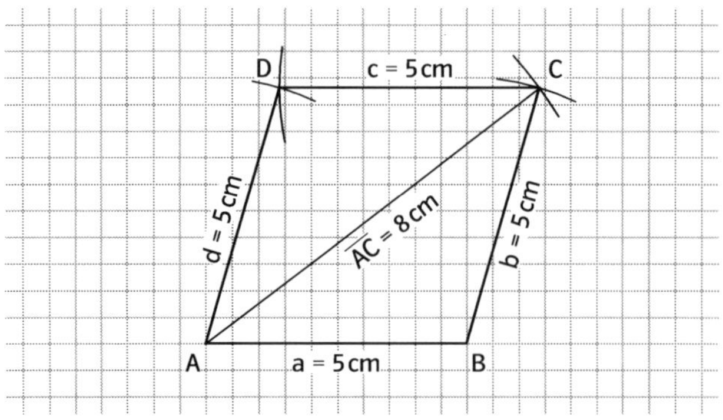

d)

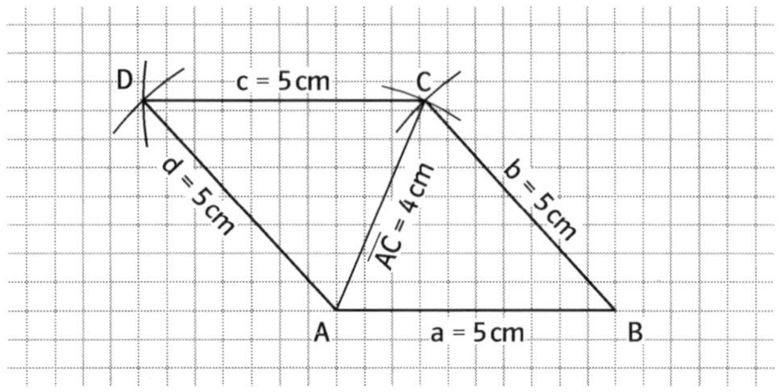

Seite 81

6 a)

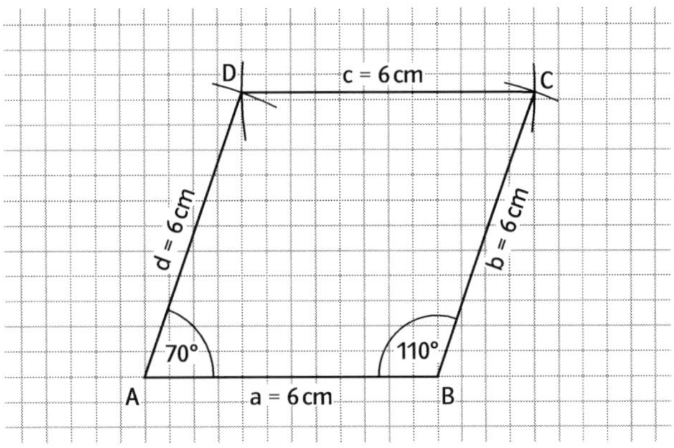

b)

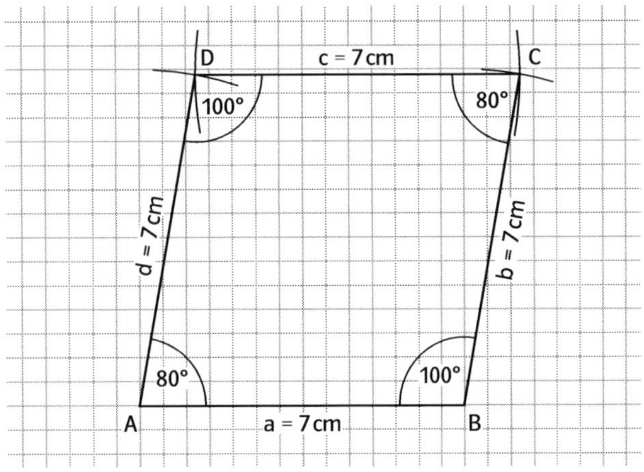

7 a)

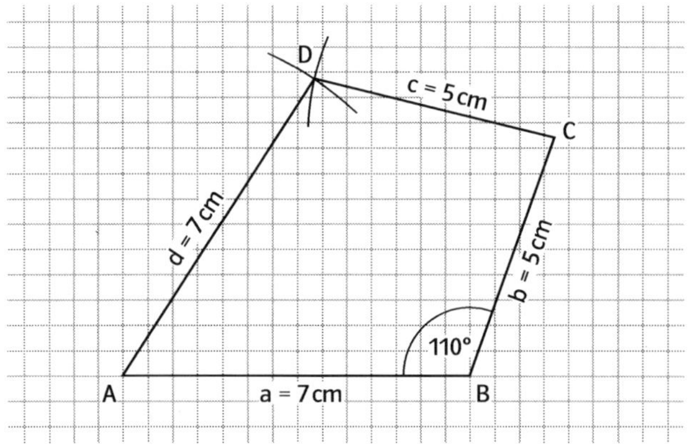

b)

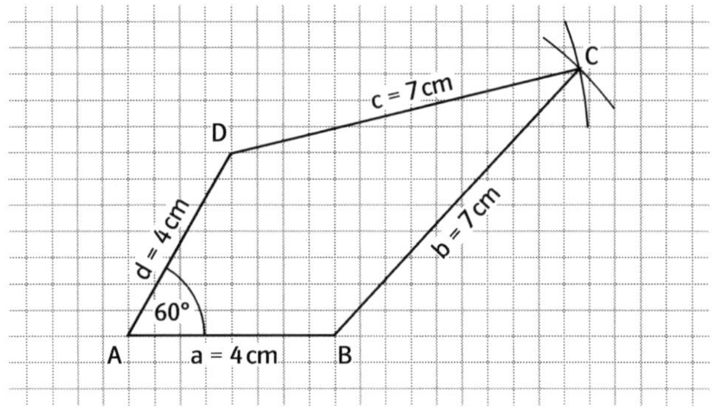

c)

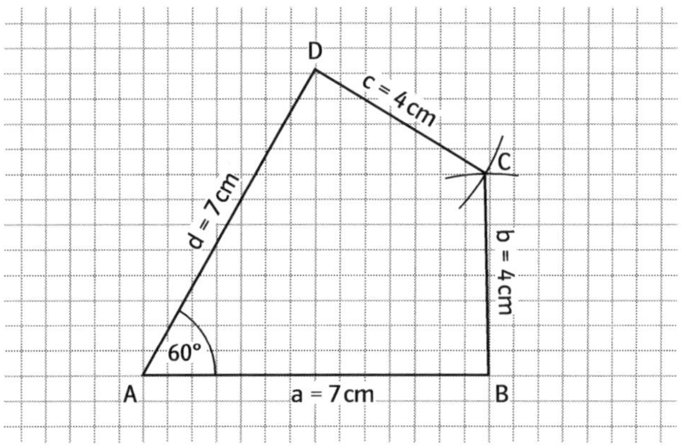

d)

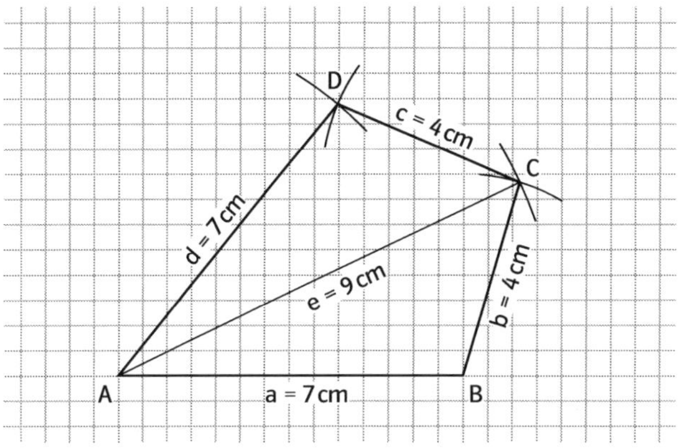

e)

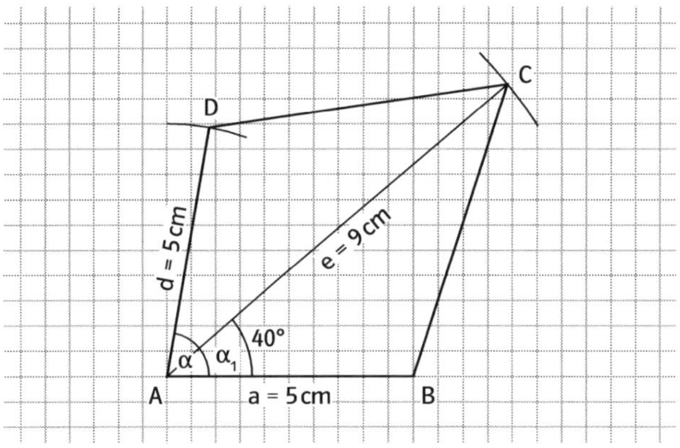

f)

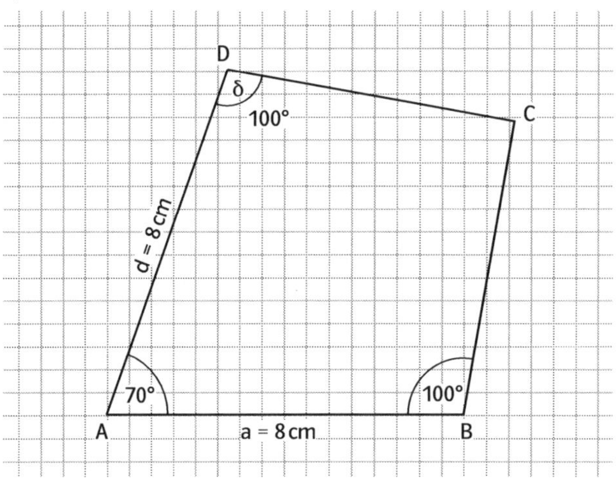

8 Die Länge der Deichkrone beträgt etwa 4,5 m und die Höhe etwa 3,25 m.

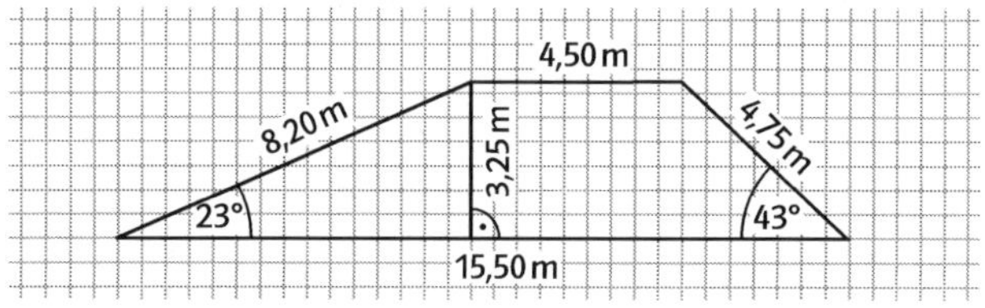

9 Die Strecke $\overline{AB}$ ist etwa 2,9 km lang.

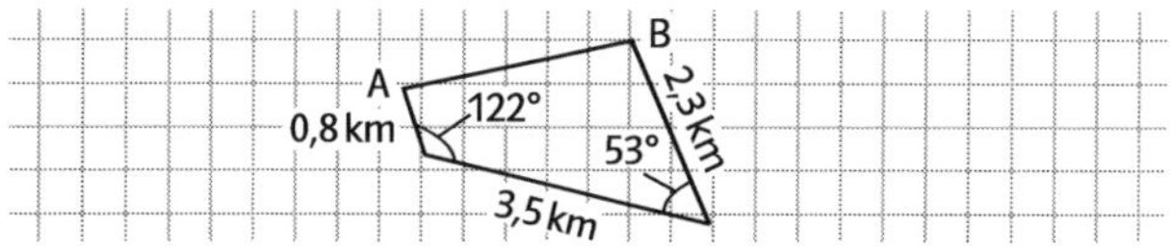

W-Vierecke

- Das W-Viereck eines allgemeinen Vierecks ist wieder ein W-Viereck.
- Stehen die Diagonalen senkrecht aufeinander, schneiden sich die Winkelhalbierenden in einem Punkt.
- Beim symmetrischen Trapez entstehen Drachen, beim Parallelogramm entstehen Rechtecke und beim Rechteck Quadrate, d.h., die entstehenden Vierecke besitzen eine Besonderheit mehr.
- $2\alpha + 2\beta = 360°$, also ist $\alpha + \beta = 180°$. Daraus folgt $\frac{\alpha}{2} + \frac{\beta}{2} = 90°$.

4 Regelmäßige Vielecke*

Seite 82

Einstiegsaufgabe

→ individuelle Lösungen

→ Die Streckenlänge s und der Winkel δ sind vorgegeben. Zunächst zeichnet man die Strecke s = 5 cm. Der Winkel wird an der Verlängerung der Strecke s abgetragen. Dadurch entsteht eine neue Strecke s′, die ebenfalls 5 cm lang sein soll. Und so weiter.

→ individuelle Lösungen

→ Ist die Gradzahl des Winkels δ ein Teiler von 360, entstehen regelmäßige Vielecke.

Seite 83

1 individuelle Lösungen

2 a) 360° : 6 = 60°   α = 180° − 60° = 120°

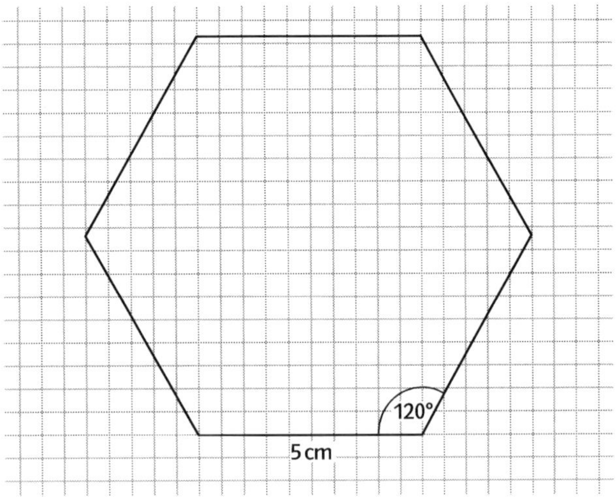

b) 360° : 8 = 45°   180° − 45° = 135°

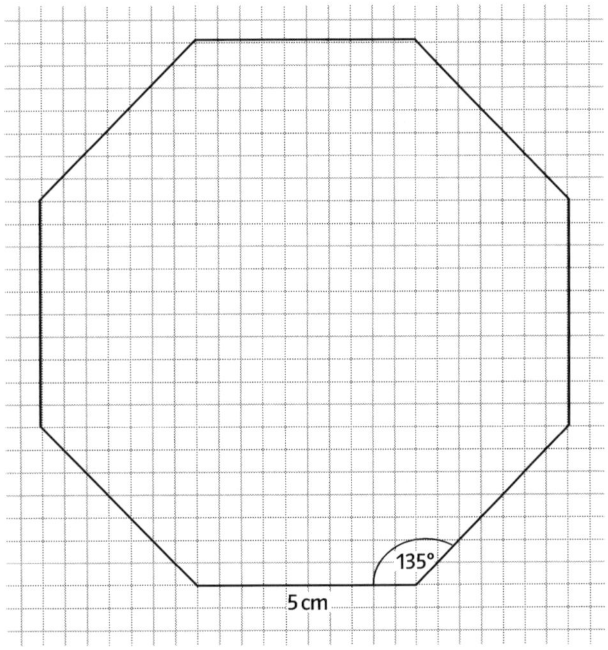

c) 360° : 5 = 72°   180° − 72° = 108°

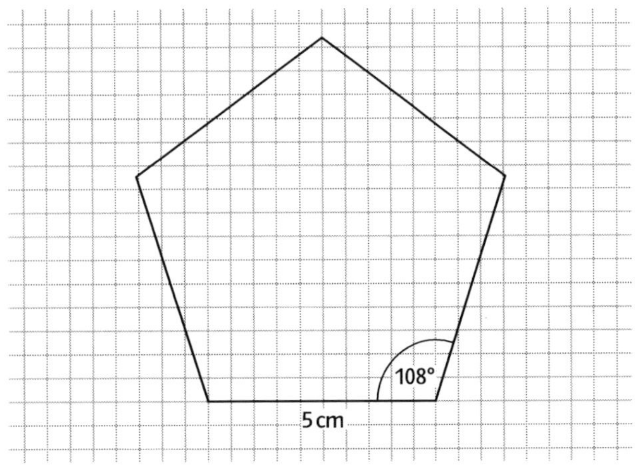

d) 360° : 9 = 40°   180° − 40° = 140°

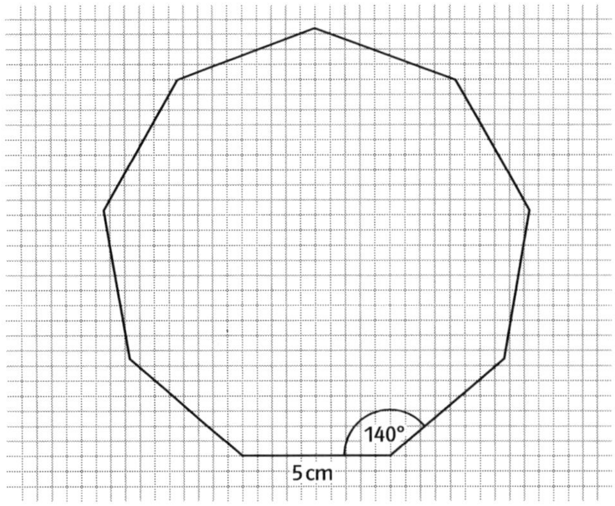

3 a)

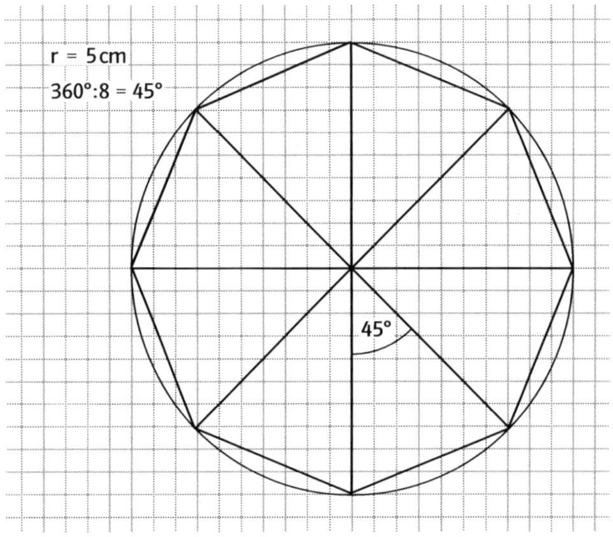

b)

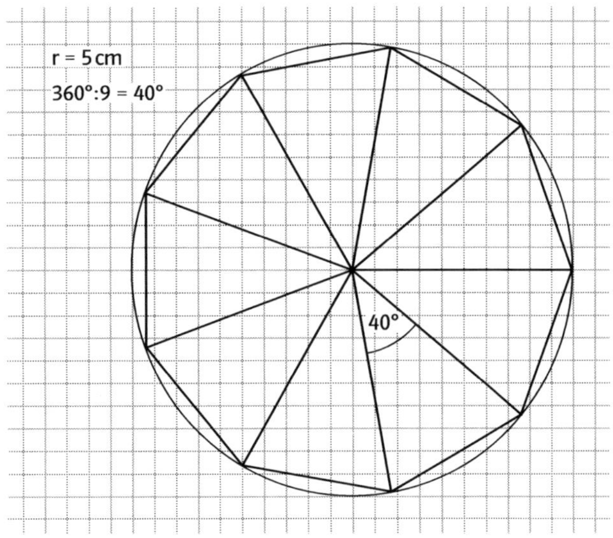

c)

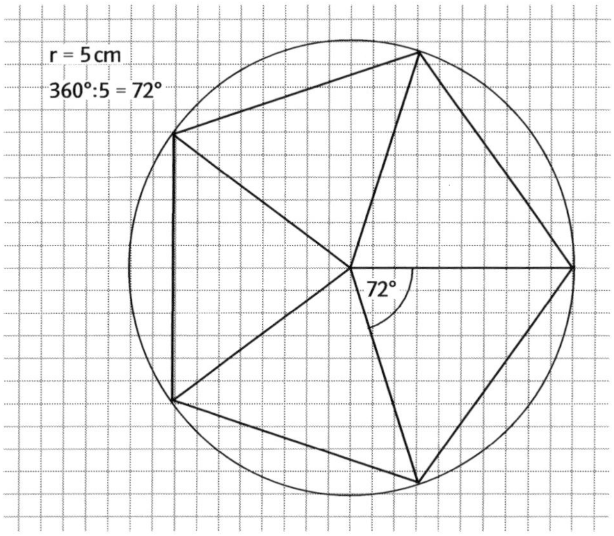
r = 5 cm
360°:5 = 72°
72°

d)

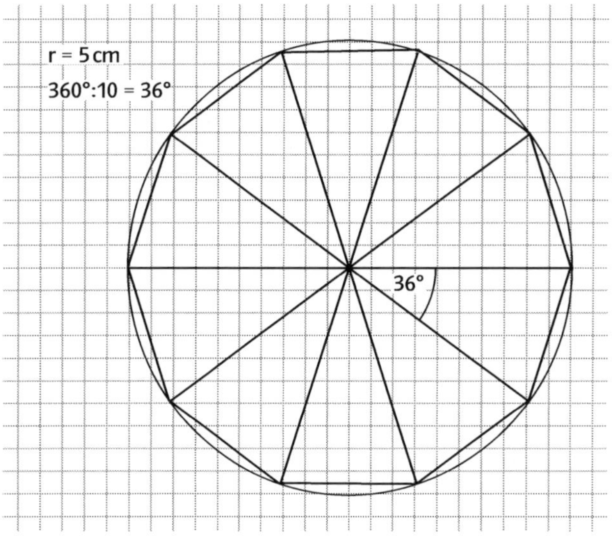
r = 5 cm
360°:10 = 36°
36°

4 a)

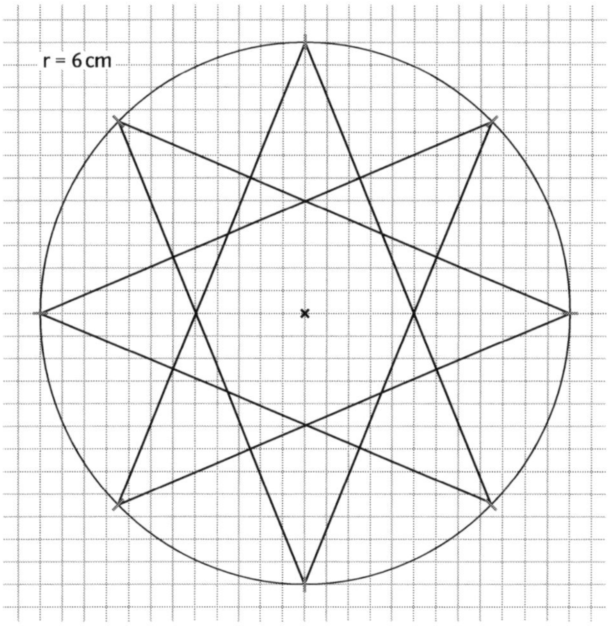
r = 6 cm

b)

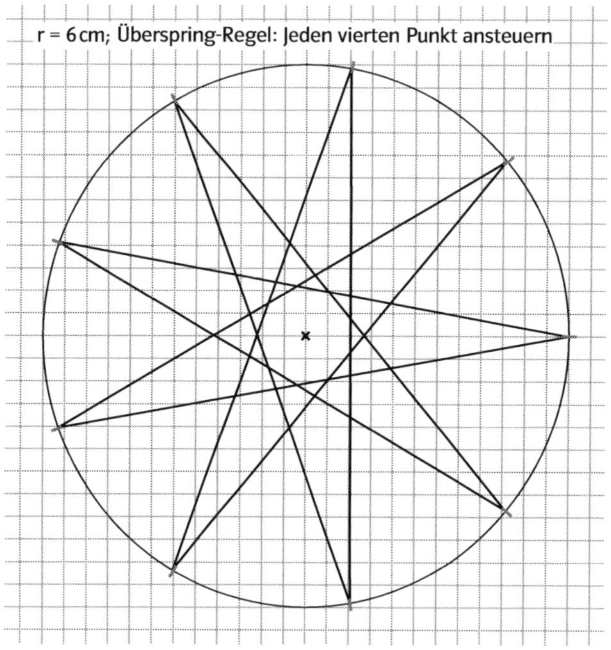
r = 6 cm; Überspring-Regel: Jeden vierten Punkt ansteuern

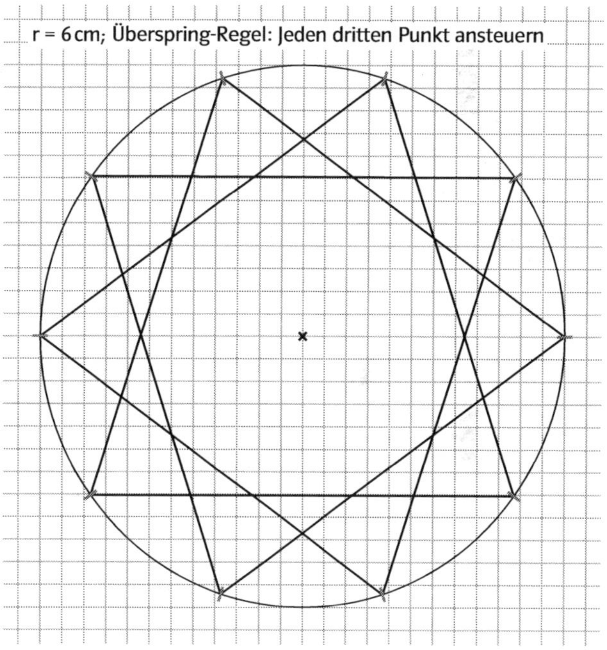
r = 6 cm; Überspring-Regel: Jeden dritten Punkt ansteuern

c)

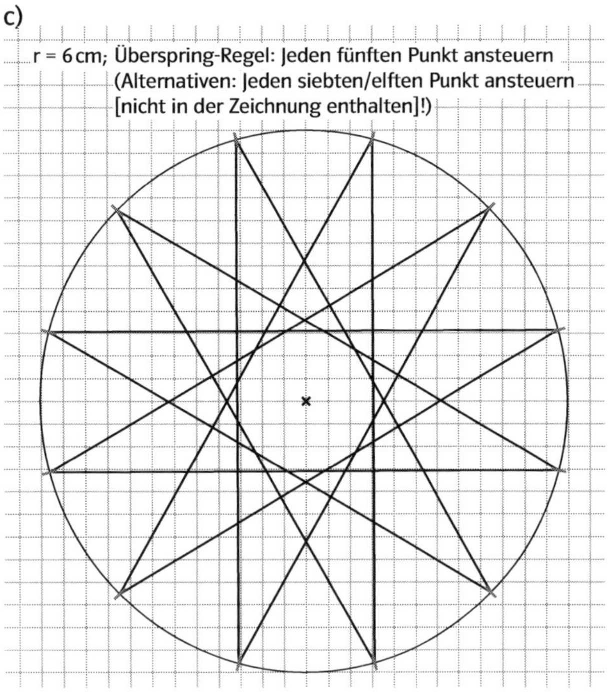

5 a) und b)

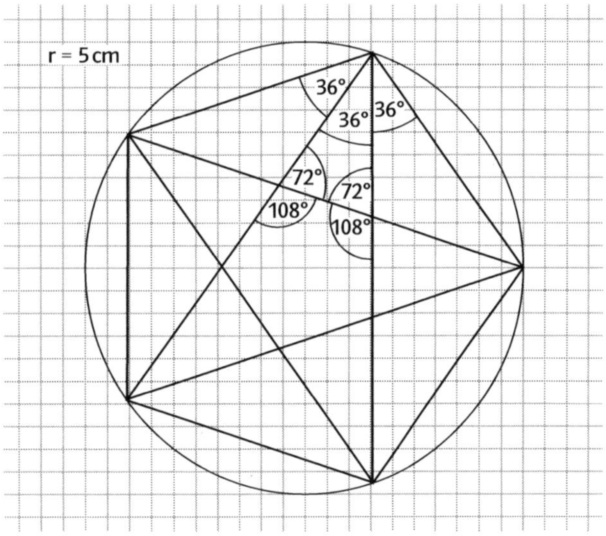

6

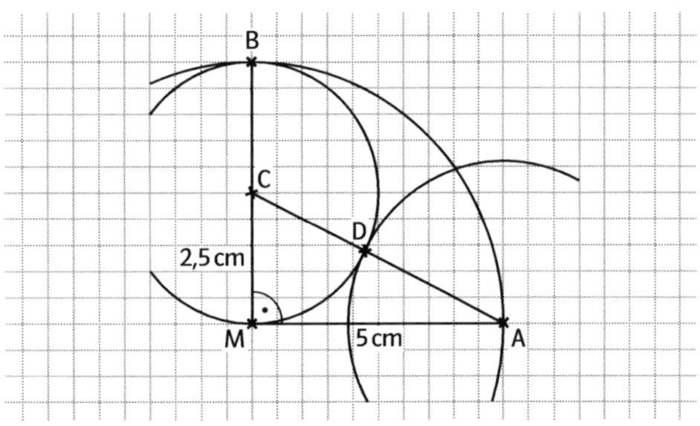

Zunächst konstruiere einen Kreis um M mit dem Radius 5 cm. Zeichne dann eine Strecke von M zu einem Kreispunkt A und im 90°-Winkel eine zweite zum Kreispunkt B (beide Strecken sind somit 5 cm lang). Konstruiere den Mittelpunkt C der Strecke $\overline{MB}$ und zeichne von C eine Strecke zu A. Schlage nun einen Kreis um C mit dem Radius 2,5 cm. Dieser verläuft durch M und schneidet $\overline{AC}$ in D. Schlage anschließend einen Kreis um A mit dem Radius $\overline{AD}$. Die Schnittpunkte dieses Kreises mit dem ursprünglichen Kreis bilden die nächsten beiden Ecken des regelmäßigen Zehnecks.
Von diesen Schnittpunkten ausgehend konstruiere die weiteren Ecken des regelmäßigen Zehnecks, indem du jeweils Kreise mit dem Radius AD um die bereits konstruierten Eckpunkte schlägst.
So könnte es am Ende aussehen:

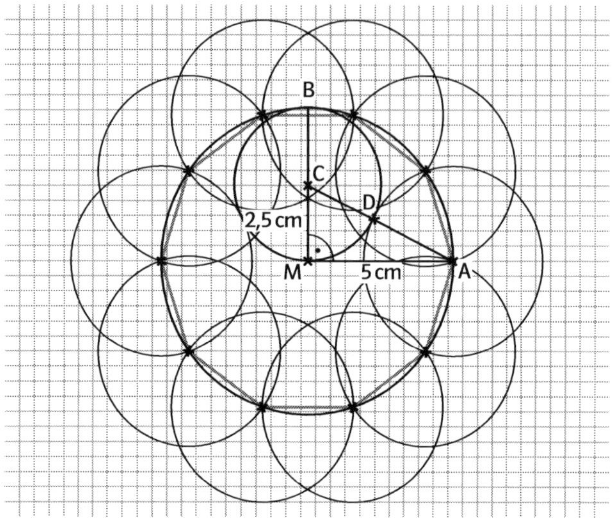

7 individuelle Lösung

Seite 84

8 a)

n	3	4	5	6	8	9	10
δ	120°	90°	72°	60°	45°	40°	36°
α	60°	90°	108°	120°	135°	140°	144°
W	180°	360°	540°	720°	1080°	1260°	1440°

n	12	15	16	18	20	24
δ	30°	24°	22,5°	20°	18°	15°
α	150°	156°	157,5°	160°	162°	165°
W	1800°	2340°	2520°	2880°	3240°	3960°

b) 2 Fünfecke und ein Zehneck. Ja, es funktioniert, denn 108° + 108° + 144° = 360°.
Fünfeck, Sechseck, Achteck: Die drei lassen sich nicht lückenlos aneinanderlegen, denn:
108° + 120° + 135° = 363° ≠ 360°.

9 $180° \cdot 8 - 360° = 1080°$

10 In jedem n-Eck ist die Winkelsumme gleich $(n - 2) \cdot 180°$, da man jedes n-Eck in $(n - 2)$ Dreiecke zerlegen kann.

Sechseck-Puzzles

-
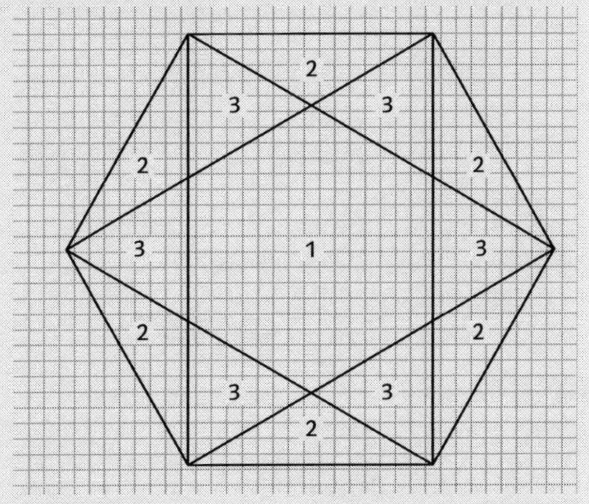

- linker Stern

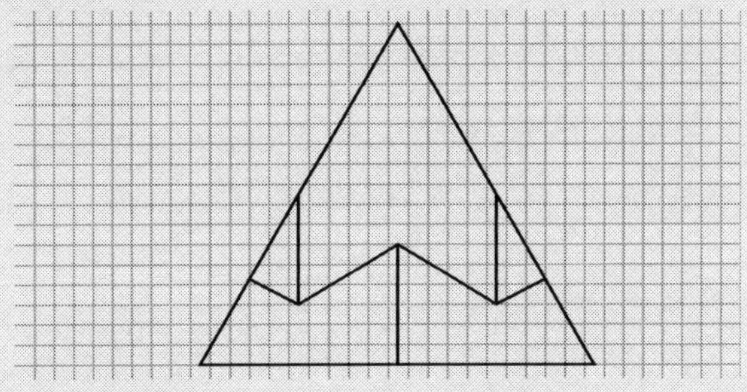

rechter Stern

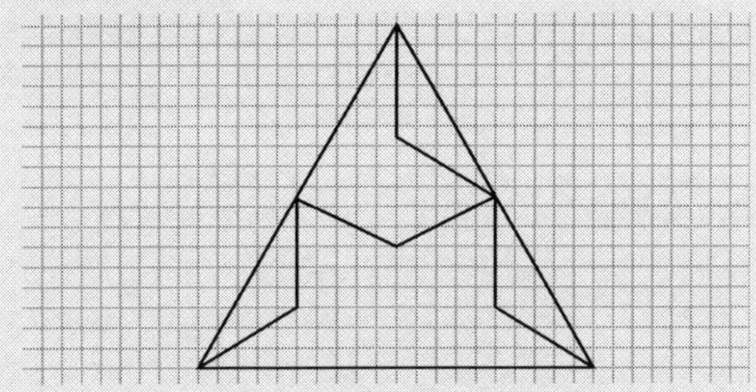

-
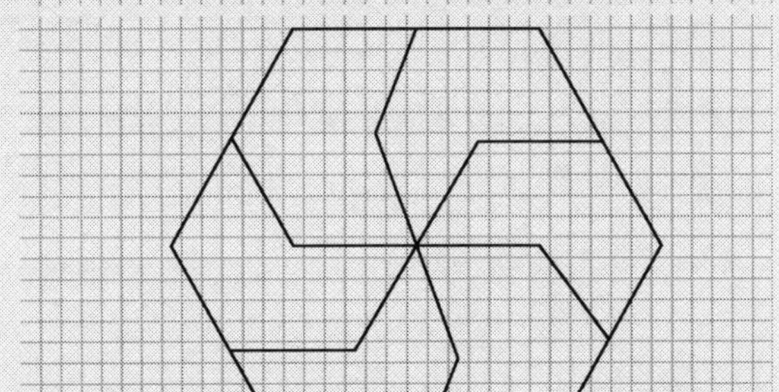

-
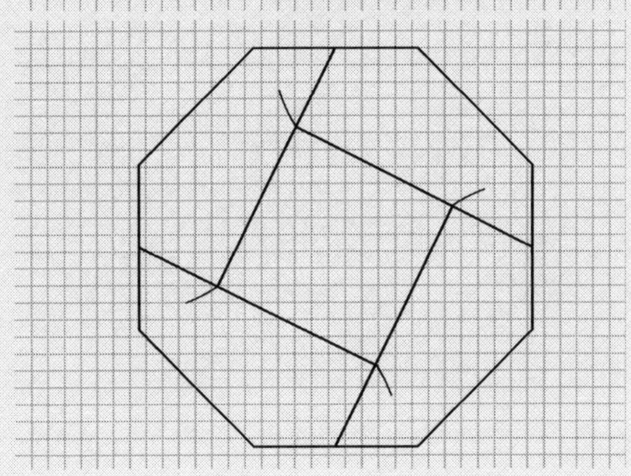

Üben • Anwenden • Nachdenken

Seite 86

1 a)

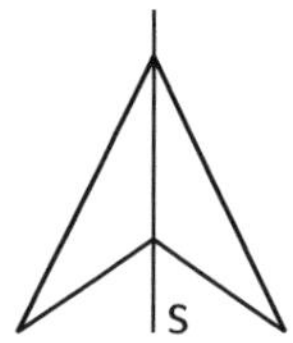

b)

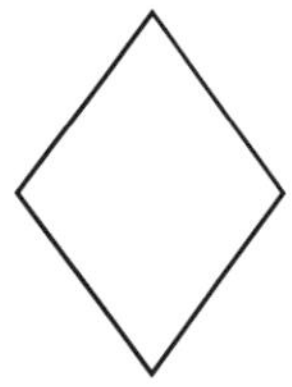

c)

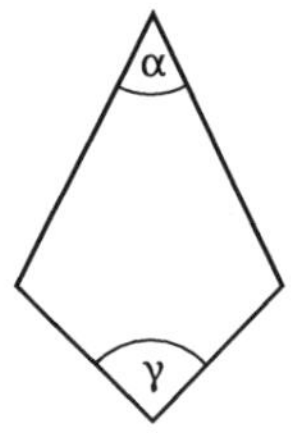

$\alpha \neq \gamma$

d)

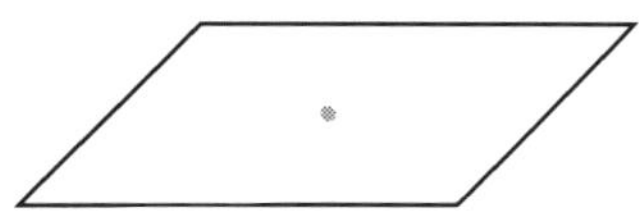

e)

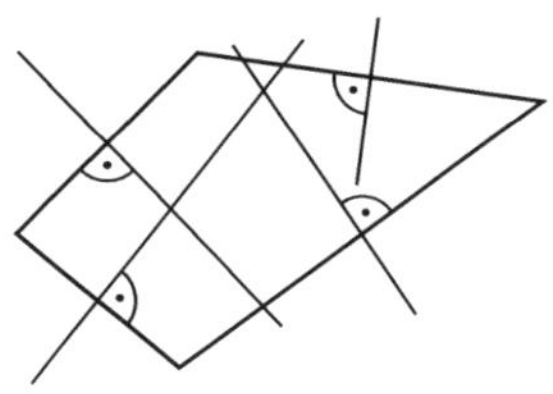

2 individuelle Lösungen

3 Quadrat, Raute, Drachen

4 Geht man von jeweils zwei kongruenten Dreiecken aus, dann müssen folgende Bedingungen erfüllt sein:
a) keine
b) rechtwinklige Dreiecke
c) rechtwinklige und gleichschenklige Dreiecke
d) gleichschenklige Dreiecke
e) geht nicht f) keine

5

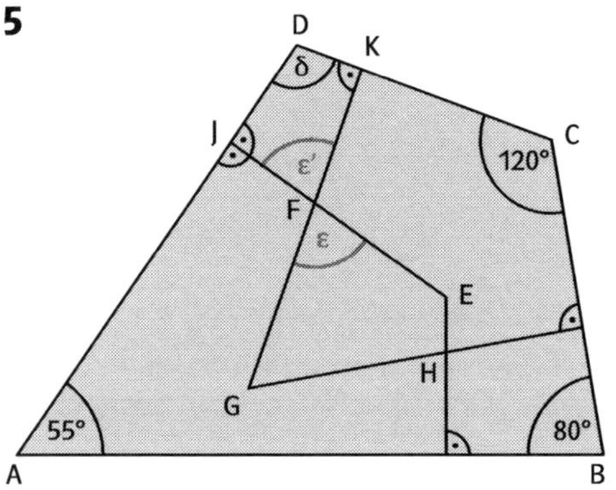

1. Das Viereck ABCD hat eine Winkelsumme von 360°. Mit den gegebenen Winkeln α, β und γ ergibt sich: δ = 360° – 55° – 80° – 120° = 105°.
2. Die Winkel ε und ε' sind gleich groß (Scheitelwinkel).
3. ε' lässt sich berechnen, da das Viereck DIFK zwei rechte Winkel hat. ε' = 360° – 90° – 90° – 105° = 75°
4. Es folgt mit 3. ε = 75°

6 a)

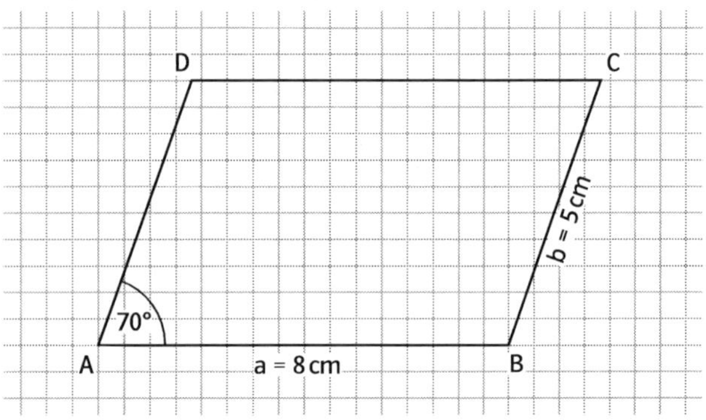

b)

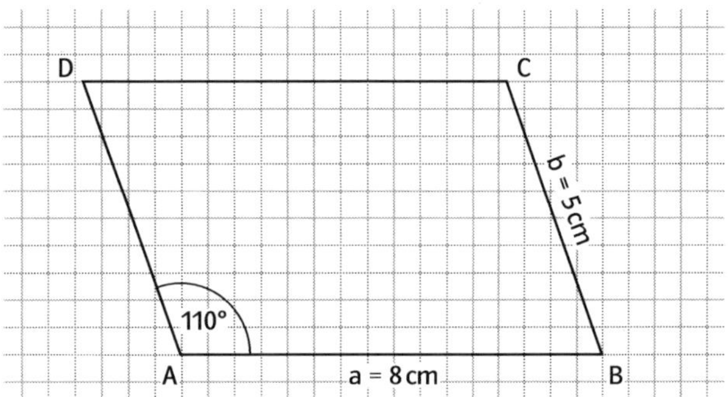

Das Parallelogramm ist gespiegelt: 70° + 110° = 180°.

7

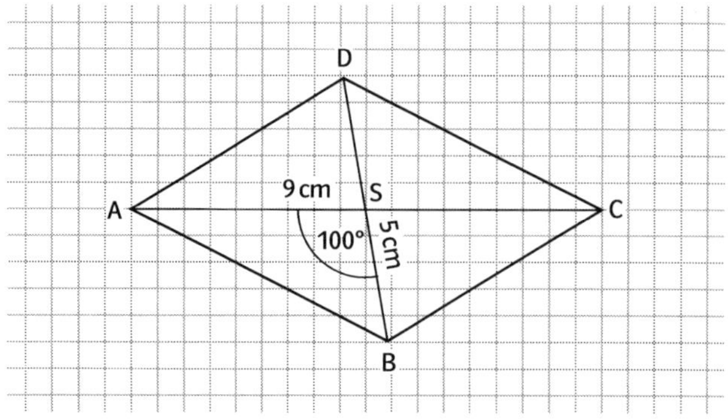

8 a)

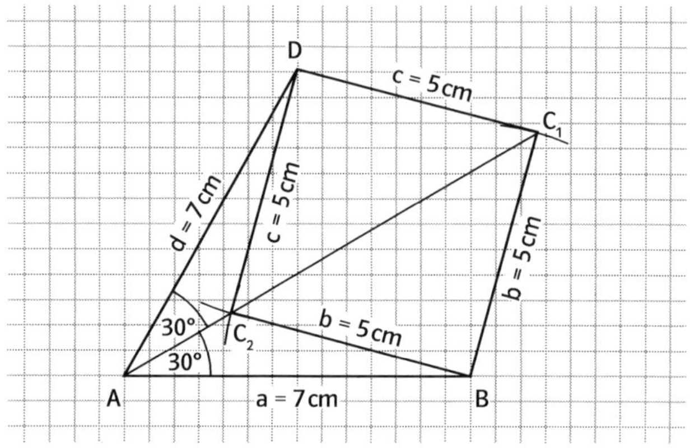

b)

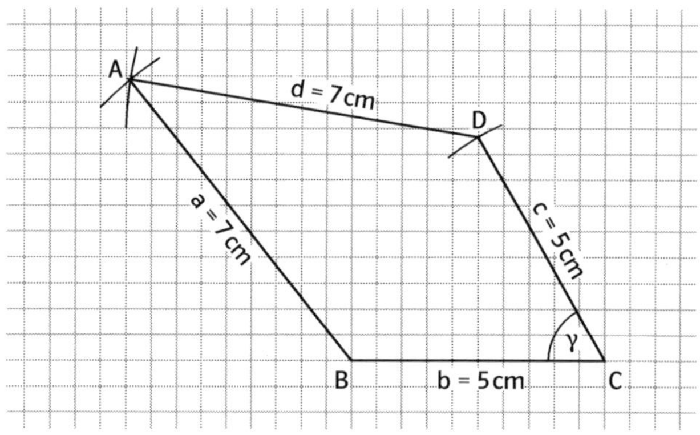

c)

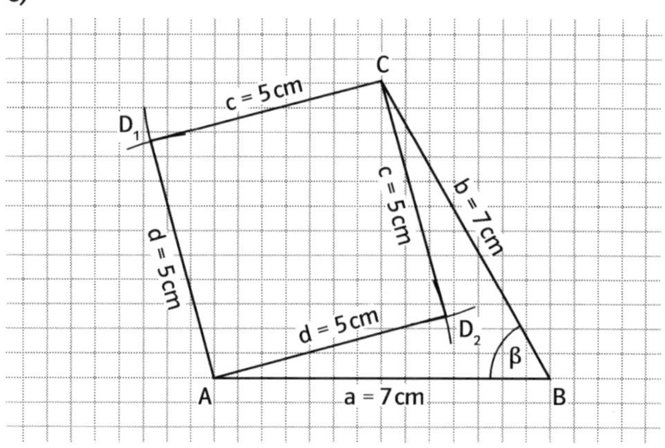

9

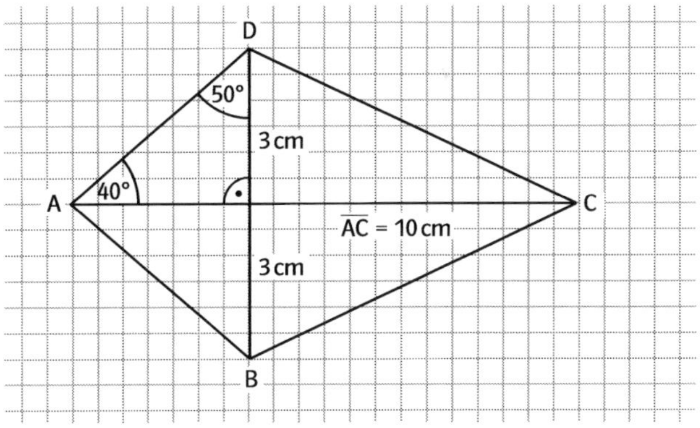

10 a)

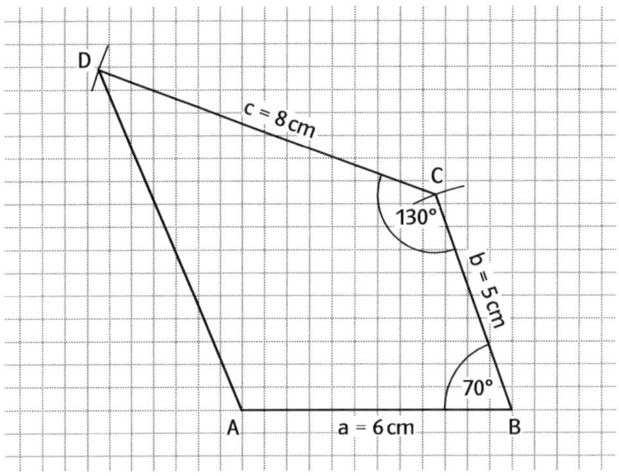

b)

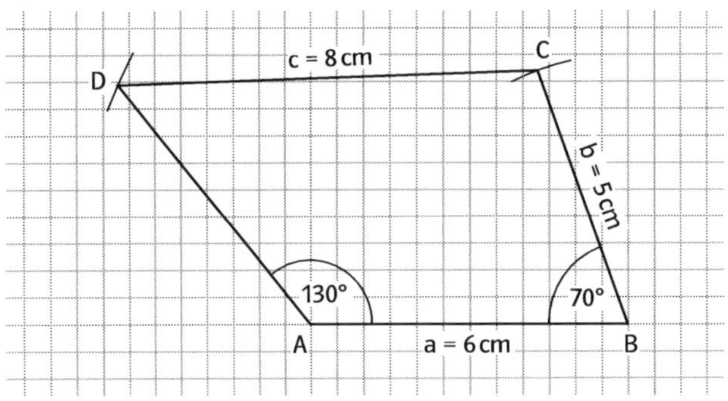

11 a) bis c)

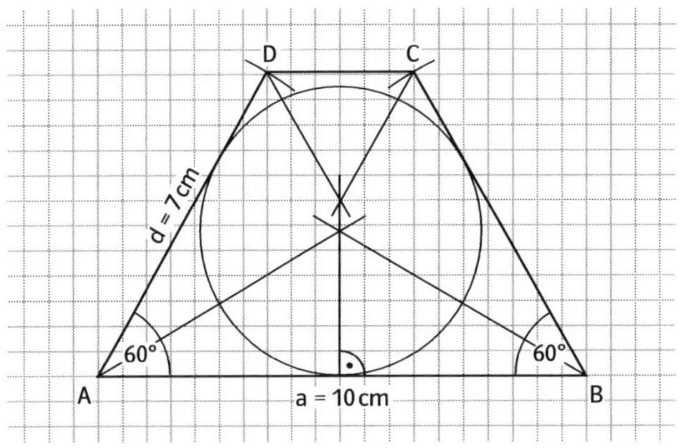

b) Die Schnittpunkte der Winkelhalbierenden von α und β sowie von γ und δ liegen auf der Symmetrieachse.

c) Der „Inkreis“, dessen Mittelpunkt der Schnittpunkt der Winkelhalbierenden von α und β ist, ist kein „echter“ Inkreis, da er die Seite $\overline{CD}$ nicht berührt. Auf die gleiche Art und Weise kann man einen unechten Inkreis zeichnen, dessen Mittelpunkt der Schnittpunkt der beiden Winkelhalbierenden von γ und δ ist.

12

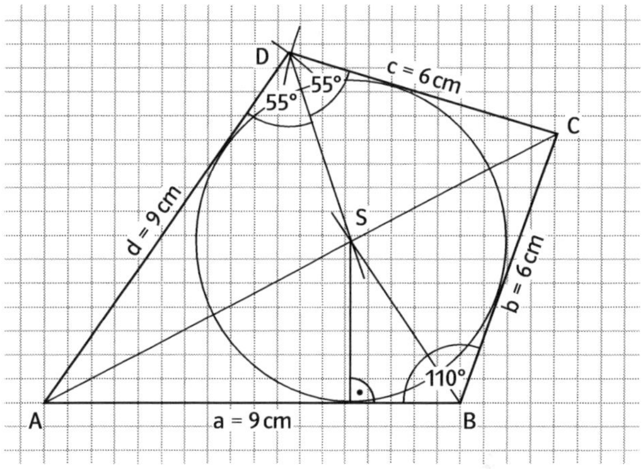

Seite 87

13 a) individuelle Lösungen
b) individuelle Lösungen

14 a)

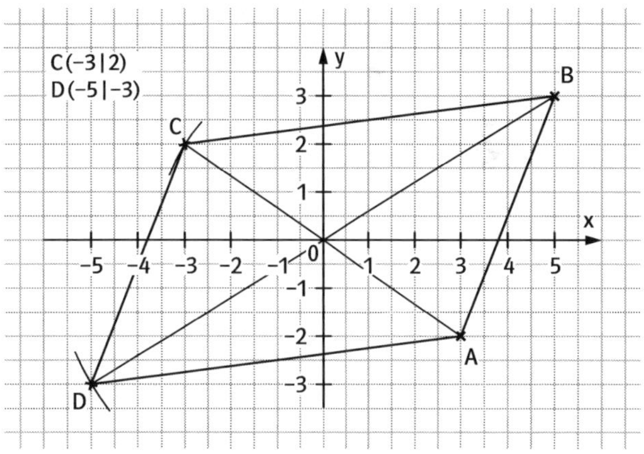

b) individuelle Lösung
Die Punkte C und D haben bzgl. der x- und y-Koordinate das entgegengesetzte Vorzeichen von A und B.

15 a) D(−3 | 4)

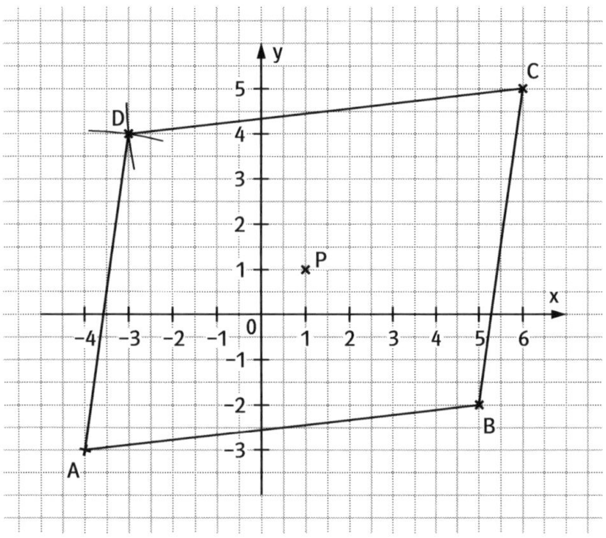

b) Die Mittelwerte p aller vier x-Koordinaten und q aller y-Koordinaten sind 1.
Man erhält somit den Punkt P(1 | 1) und dieser ist der Diagonalenschnittpunkt des Parallelogramms.

16 a) M(2 | 4)

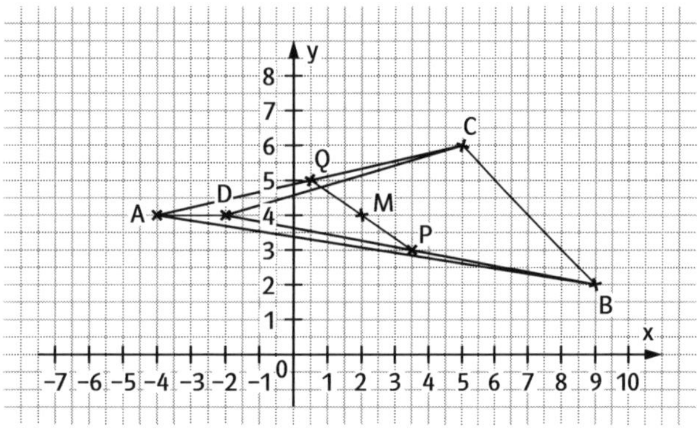

b) von A, B, C, D
c) individuelle Lösungen

17
Konstruktionsbeschreibung:
Zeichne $a = 7\,cm$, trage in A den Winkel $\alpha = 60°$ ab. Wähle auf dem freien Schenkel von α einen Punkt D′ und trage daran den Winkel $\delta = 80°$ ab. Trage von D′ aus auf dem freien Schenkel von δ die Seite $c = 5\,cm$ ab. Der Endpunkt ist C′. Zeichne eine Parallele zu $\overline{AD'}$ durch C′ und einen Kreisbogen um B mit dem Radius $r = 8\,cm$. Der Kreisbogen schneidet die Parallele in C. Verbinde B mit C. Zeichne eine Parallele zu $\overline{D'C'}$ durch C. Sie schneidet den freien Schenkel von α im Punkt D. Das Viereck ABCD ist somit konstruiert.

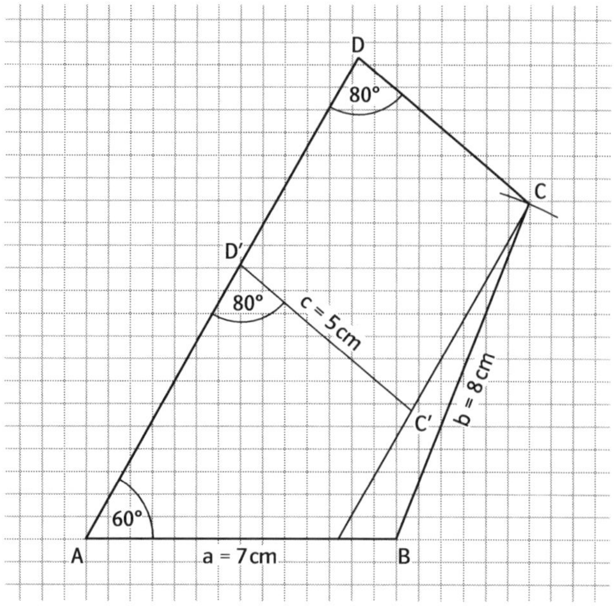

Rätselhafte Winkel ?!

▪

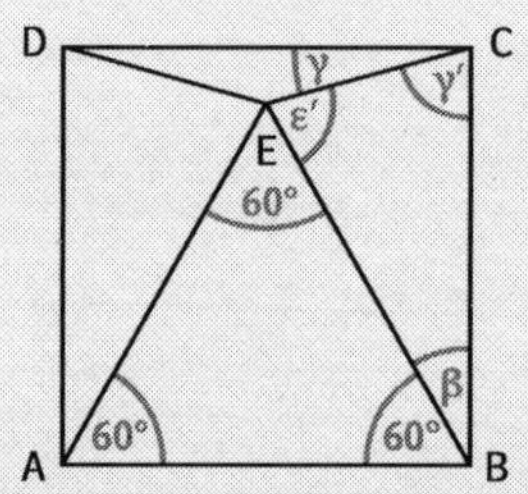

1. Da das Dreieck ABE gleichseitig ist, sind alle drei Winkel 60° groß.
2. Da das Dreieck ABE gleichseitig ist, gilt: $\overline{AB} = \overline{BE}$. Da aber ABCD ein Quadrat ist, gilt: $\overline{AB} = \overline{BC}$. Daraus folgt: $\overline{BE} = \overline{BC}$.
3. Für den eingetragenen Winkel β gilt: $\beta = 90° - 60° = 30°$.
4. Aus 2. folgt, dass BCE ein gleichschenkliges Dreieck ist. Es gilt: $\gamma' = \varepsilon'$. Mit 3. folgt dann: $180° = 30° + 2 \cdot \gamma'$ bzw. $\gamma' = 75°$.
5. Da γ und γ′ sich zu 90° ergänzen, folgt: $\gamma = 15°$.

▪

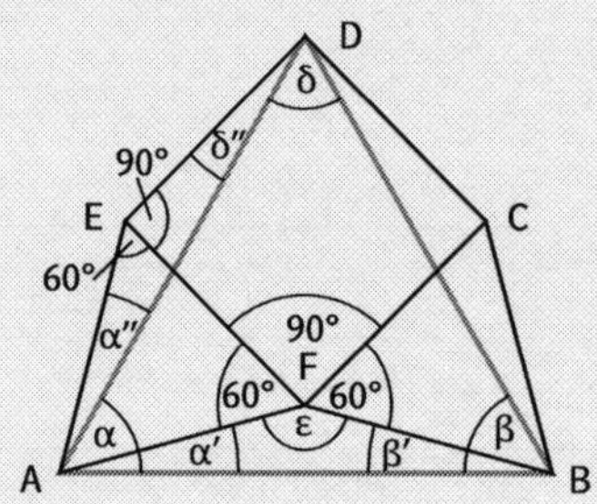

– Ein Dreieck ist dann gleichseitig, wenn alle drei Winkel gleich groß sind, das heißt hier: $\alpha = \beta = \delta = 60°$.
– Alle Winkel in den Dreiecken AFE und BCF sind 60° groß, alle Winkel im Viereck EFCD sind 90° groß.

– Der noch fragliche Winkel am Punkt F ist
$\varepsilon = 360° - 60° - 60° - 90° = 150°$.
– Daraus folgt (da $\overline{AF} = \overline{BF}$):
$\alpha' = \beta' = \frac{180° - 150°}{2} = 15°$.
– Da auch das Dreieck ADE gleichseitig ist, folgt: $\alpha'' = \delta'' = \frac{180° - 60° - 90°}{2} = 15°$.
– Es folgt: $\sphericalangle$ DAF = 60° – 15° = 45°.
– Und: $\alpha = \sphericalangle$ DAF + α' = 45° + 15° = 60°. Analog zeigt man, dass auch β = 60°. Daraus folgt δ = 60°.

Seite 88–89

Parkette ?!

- individuelle Lösung
- individuelle Lösung
- An die erste Seite des Fünfecks wird ein Zehneck angelegt. Da sich ein Restwinkel von 108° ergibt, muss daneben ein Fünfeck liegen. Daneben passt nur ein Zehneck, usw. An die letzte Seite des Fünfecks passt jedoch weder ein Fünf- noch ein Zehneck.
-

n	3	4	5	6	8	9	10
α	60°	90°	108°	120°	135°	140°	144°

n	12	15	16	18	20	24
α	150°	156°	157,5°	160°	162°	165°

Anna könnte die 270° z.B. mit einem 20-Eck und einem 5-Eck vervollständigen. Es gibt viele Möglichkeiten, von denen aber nur wenige zu einem Parkett führen.
- Zum Beispiel 60° + 120°; 3·60°; …
- individuelle Lösungen
- Die kleinstmögliche Winkelsumme beträgt dann 60° + 90° + 108° + 120° = 378°. Tobias hat Recht.
- individuelle Lösung
- Information
- individuelle Lösungen

Seite 90

18 1: 1 Symmetrieachse
2: 1 Symmetriepunkt mit Winkel 120° und 240°
3: 1 Symmetrieachse, 1 Symmetriepunkt mit 120° und 240°
4: 1 Symmetrieachse
5: 2 Symmetrieachsen
6: 3 Symmetrieachsen und 1 Symmetriepunkt mit 120° und 240°
7: 1 Symmetriepunkt mit 180°

19 a) Der Winkel BCD ist 50°, da er der gegenüberliegende Winkel zum gegebenen Winkel in der Raute ist. Der Winkel BED ist 250°. Er ist der Ergänzungswinkel des gegebenen Winkels 110° zum Vollwinkel. Das Viereck BCDE ist ein Drachen, damit sind die Winkel EBD und CDE gleich groß. Also kann man rechnen: $\varepsilon = \frac{1}{2} \cdot (360° - 250° - 50°) = 30°$.
b) – Winkel CDA = 120° (gegenüberliegende Winkel in der Raute sind gleich groß)
– Winkel BAD = 60° (Ergänzungswinkel zu 180° von Winkel 120°)
– Winkel DAH = 80° (140° – 60°)
– Winkel ADG = Winkel DAH = 80° (Basiswinkel im symmetrischen Trapez sind gleich groß)
– Winkel FDC = 80° (Basiswinkel im zweiten symmetrischen Trapez)
– Winkel FDG = 360° – 120° – 2 · 80° = 80° (Ergänzungswinkel zum Vollwinkel)
– Winkel $\varepsilon = \frac{1}{2} \cdot (180° - 80°) = 50°$ (Basiswinkel im gleichschenkligen Dreieck sind gleich groß)

Figuren verformen am PC

- 4 Symmetrieachsen, 1 Symmetriepunkt mit 90°, 180°, 270°
- 4 Symmetrieachsen, 1 Symmetriepunkt mit 90°, 180°, 270°
- individuelle Lösungen

5 Umfang und Flächeninhalt

Auftaktseite: Figuren und Flächen

Seite 92–93

Figuren legen

- Das Tangram besteht aus einem Quadrat, einem Parallelogramm und fünf gleichschenkligen Dreiecken, die einen rechten Winkel zwischen den zwei gleich langen Seiten besitzen. Davon gibt es zwei große, zwei kleine und ein mittleres Dreieck.
- Parallelogramm:
  Vom gelegten Rechteck ausgehen. Großes rotes Dreieck wegnehmen und an der anderen Seite wieder anlegen.
  Dreieck:
  Vom gelegten Quadrat ausgehen. Das große blaue Dreieck wegnehmen und an die rechte Seite des Quadrats anlegen, das große rote Dreieck um 180° drehen und unten an das blaue anlegen.
- Trapez:
  Vom gelegten Rechteck ausgehen. Großes rotes Dreieck wegnehmen und an der anderen Seite wieder anlegen, großes blaues Dreieck umdrehen und an die gleiche Seite wieder anlegen.

Linien begrenzen Flächen

Das Rechteck mit dem größten Flächeninhalt ist das, dessen Seiten alle aus sechs Streichhölzern bestehen (also ein Quadrat).

1 Quadrat und Rechteck

Seite 94

Einstiegsaufgabe

➔ Tobias Schwester zählt die Steine in einer Reihe und dann die Anzahl der Reihen. Multipliziert man beide Ergebnisse, ergibt dies die Gesamtzahl der Steine. Die Anzahl der Steine muss man nun mit dem Flächeninhalt eines Steines multiplizieren, um den Flächeninhalt des rechteckigen Parkplatzes zu bestimmen.

Seite 95

1 Flächeninhalt mindestens: 4050 m²; höchstens: 10 800 m².
Umfang mindestens: 270 m; höchstens: 420 m.

2 a) 1,6 cm b) 23,9 m c) 1,8375 dm
d) 6 cm e) 9 dm f) 13 m

3

a	5 cm	30 cm	12,8 m	300,7 cm
b	8 cm	8,5 cm	6,5 m	41,3 cm
u	26 cm	77 cm	38,6 m	6,84 m
A	40,0 cm²	2,55 dm²	83,2 m²	1,241 891 m²

4 a) Küche: 21 m² Kind 1: 21,25 m²
Kind 2: 17 m² Wohnen: 28 m²
Bad: 10 m² Eltern: 16 m²
Flur: 20,25 m²
Gesamtwohnfläche: 133,5 m² plus ca. 21 m² Terrasse
b) Wohnzimmer: 22 m Kind 1: 19,3 m
Kind 2: 16,8 m gesamt: 58,1 m

5 individuelle Lösung (Länge und Breite des Klassenzimmers bestimmen)

6 Wände insgesamt: 40,545 m²; Tapetenrolle: 5 m²; Ina muss 9 Rollen kaufen (falls sie Fenster und Türen ein wenig berücksichtigt, kommt sie auch mit 8 Rollen aus)

7 a) A = 413 m² u = 88 m
b) A = 1441 m² u = 182 m
c) A = 16,62 m² u = 18,6 m
d) A = 64,6 m² u = 40,4 m

8 individuelle Lösungen

Rechtecke vervielfachen ?!

▪

Faktor	2	3	4
Rechteckfläche	4-mal so groß	9-mal so groß	16-mal so groß

Die Rechteckfläche verändert sich immer um das Quadrat des Faktors, mit dem die Seitenlängen vervielfacht wurden.
▪ Die Rechteckfläche verändert sich immer um das Produkt der beiden Faktoren, mit denen die Seitenlängen vervielfacht wurden.
▪ Ja.
▪ Das Produkt der beiden Faktoren muss 1 ergeben.

2 Parallelogramm und Raute

Seite 96

Einstiegsaufgabe

➔ Alle Vierecke haben einen Flächeninhalt von 6 Einheitsquadraten.

➔ Sowohl Grundseiten als auch Höhen sind bei allen Vierecken gleich.

Seite 97

1 individuelle Lösungen (Zeichnung und Berechnung wie auf Seite 96)

2 a) $A = 24\,cm^2$ $u = 28\,cm$
b) $A = 83{,}7\,m^2$ $u = 60{,}2\,m$
c) $A = 27\,dm^2$ $u = 202\,cm$

3 eingezeichnetes Parallelogramm: A = 2 Nagelquadrate; individuelle Lösungen

4 a) $A = 40\,cm^2$ $u = 28\,cm$
b) $A = 48\,cm^2$ $u = 32{,}8\,cm$
c) $A = 32{,}4\,cm^2$ $u = 24\,cm$

5 Je nach Messgenauigkeit können die Lösungen leicht variieren.
a) $A = 15\,cm^2$ b) $A \approx 23\,cm^2$
c) $A \approx 40{,}5\,cm^2$ d) $A \approx 16{,}5\,cm^2$

6

a	9,0 cm	35 cm	40 m	15 m	12 m
b	12 cm	18 cm	40 m	7,5 m	8 m
h_a	6,0 cm	9 cm	12 m	5 m	6 m
h_b	4,5 cm	17,5 cm	12 m	10 m	9 m
u	42 cm	106 cm	160 m	45,0 m	40 m
A	$54\,cm^2$	$315\,cm^2$	$480\,m^2$	$75{,}0\,m^2$	$72\,m^2$

7 Je nach Messgenauigkeit können die Lösungen leicht variieren.
a)

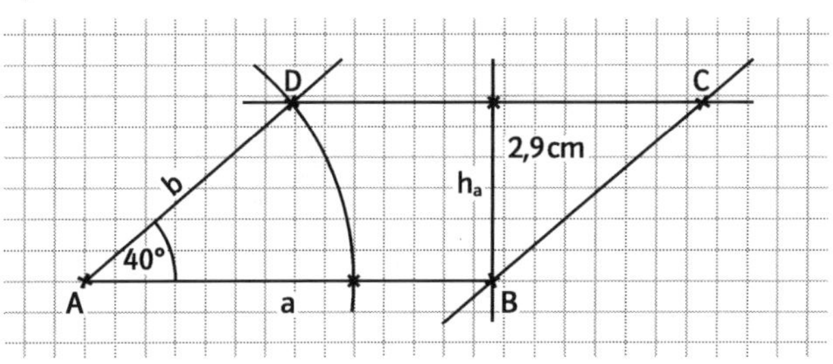

$A = 19{,}72\,cm^2$

b)

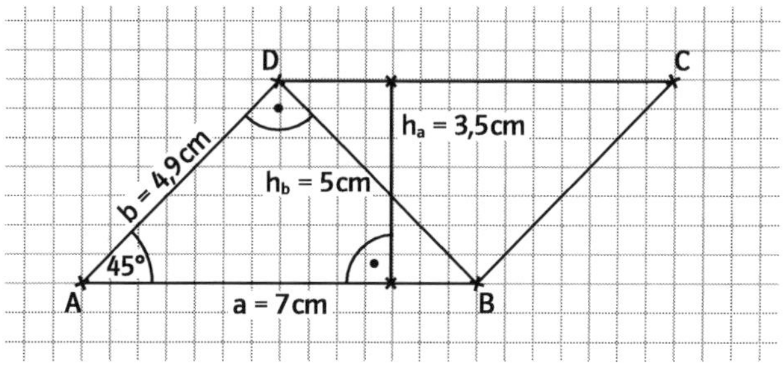

$A = 24{,}5\,cm^2$

8 a) mögliche Lösungen:

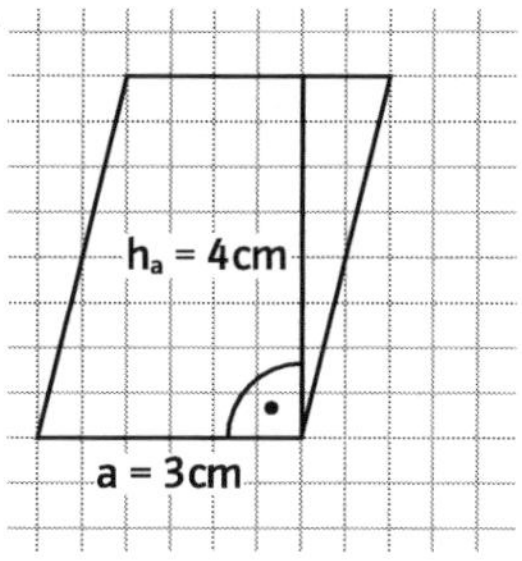

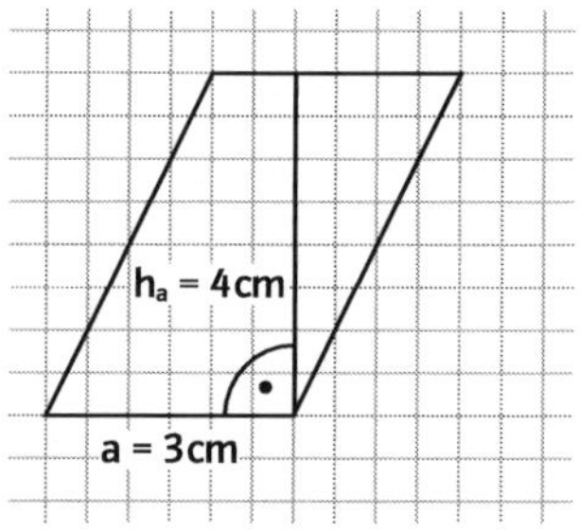

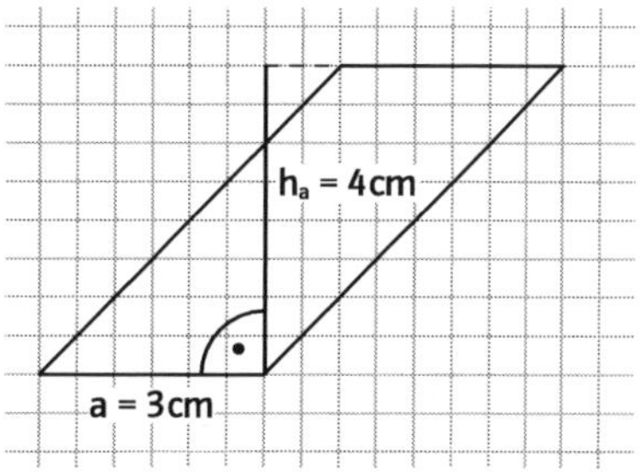

b) Die Raute hätte also vier 3 cm lange Seiten und müsste auch eine Höhe von 4 cm besitzen. Da aber das Quadrat die flächengrößte Raute ist und diese in diesem Fall nur eine Höhe von 3 cm hat (Höhe = Breite), kann es eine solche Raute nicht geben.

9 Die Höhe zur langen Seite des Parallelogramms beträgt 1,7 cm.
Die Höhe zur kurzen Seite des Parallelogramms beträgt 7,1 cm.

Parallelogramme falten ?!

- Das Parallelogramm ist doppelt so groß wie das Rechteck, denn das ursprüngliche Parallelogramm wird durch das Falten zu einem „doppelten" Rechteck.
-

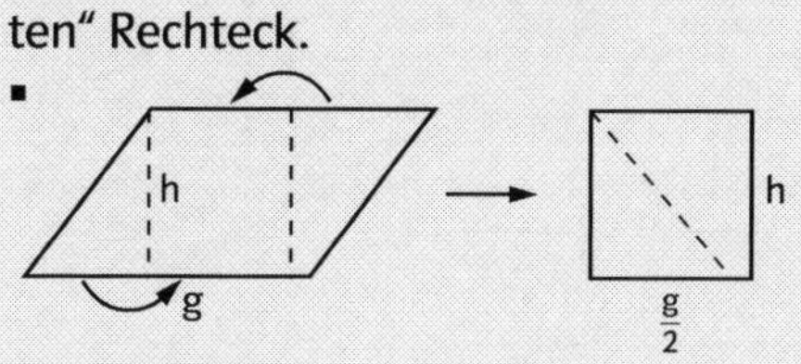

Der Flächeninhalt des Rechtecks berechnet sich durch: $A_R = \frac{g}{2} \cdot h$
Für das Parallelogramm gilt also:
$A_P = 2 \cdot \frac{g}{2} \cdot h = g \cdot h$

- Es gibt noch viele weitere Möglichkeiten, denn man muss die linke Faltung nicht zwingend in der oberen Ecke des Parallelogramms vornehmen. Ein Beispiel:

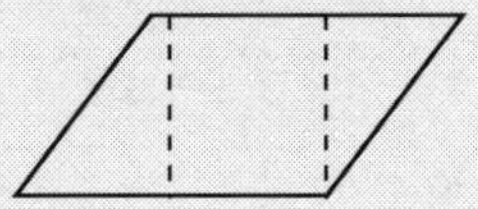

Seite 98

10 Der Praktikant hat bei der Berechnung der Fläche nicht die Höhe der langen Seite zugrunde gelegt, sondern die kurze Seite. Dadurch wird die Gesamtfläche vergrößert. Die Höhe zur langen Seite beträgt ungefähr 1 m, so dass die Gesamtfläche insgesamt ca. 7 m^2 umfasst. Dadurch spart ein interessierter Werbepartner 300 Euro.

11 $A_{Straße} = 28\,m \cdot 30\,m = 840\,m^2$

12 $A_{markierte\ Fläche} = 3{,}30\,m \cdot 2{,}00\,m = 6{,}60\,m^2$
$6{,}60 \cdot 45{,}30\,€ = 298{,}98\,€$

13 $A_{gefärbter\ Teil} = 6{,}00\,m \cdot 4{,}25\,m + 4{,}00\,m \cdot 4{,}25\,m$
$= 42{,}5\,m^2$
$42{,}5 \cdot 35 = 1487{,}5$
Es werden mindestens 1488 Ziegel benötigt.

14

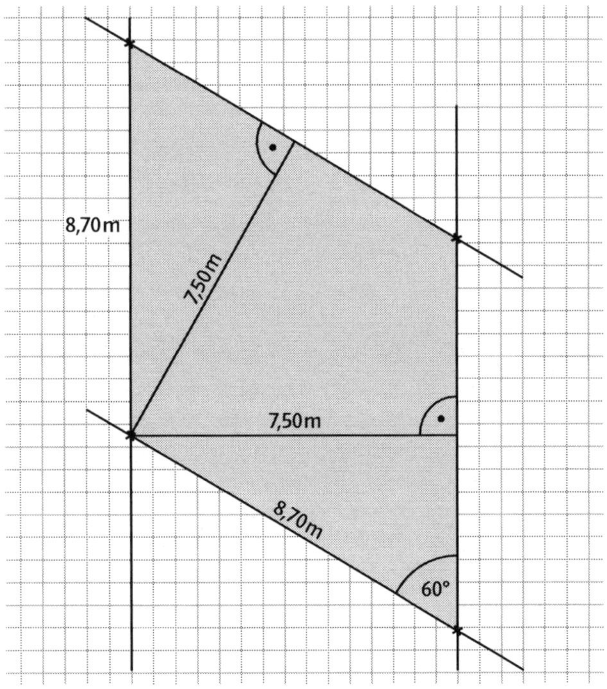

$A_{markierte\ Fläche} = 8{,}70\,m \cdot 7{,}50\,m = 65{,}25\,m^2$

15 Der Umfang wird immer größer, je weiter rechts die Figur steht. Der Flächeninhalt ist jedoch bei allen Figuren gleich, da a und h_a immer gleich bleiben.

16 Das rote Parallelogramm hat denselben Flächeninhalt wie das schwarze, da eine Seite und die Höhe darüber übereinstimmen. Ebenso hat auch das blaue Parallelogramm denselben Flächeninhalt wie das schwarze, da eine Seite und die Höhe darüber übereinstimmen. Folglich haben das rote und das blaue Parallelogramm denselben Flächeninhalt.

17 Je nach Messgenauigkeit können die Lösungen leicht variieren.

a) u = 8,6 cm	A = 3 cm^2
b) u = 9,2 cm	A = 3,75 cm^2
c) u = 15,6 cm	A = 10 cm^2
d) u = 16,6 cm	A = 9,25 cm^2

3 Dreieck

Seite 99

Einstiegsaufgabe

➔ Der Flächeninhalt ist nur halb so groß, d. h.
$A_{Dreieck} = \frac{1}{2} \cdot a \cdot h_a$

Seite 100

1 individuelle Lösung (Bei einem Vergleich der Ergebnisse lassen sich evtl. geringfügige Ergebnisunterschiede aufgrund von Mess- und Zeichenungenauigkeiten feststellen.)

2 a) A = 17,5 cm^2 b) A = 16,5 cm^2
c) A = 51,85 cm^2 d) A = 11,6 dm^2
e) A = 20,14 cm^2 f) A = 1,7 m^2

3 a) A = 6,88 cm^2 b) A = 5,94 cm^2
c) A = 8,64 cm^2

4 Je nach Messgenauigkeit können die Lösungen leicht variieren.

a)

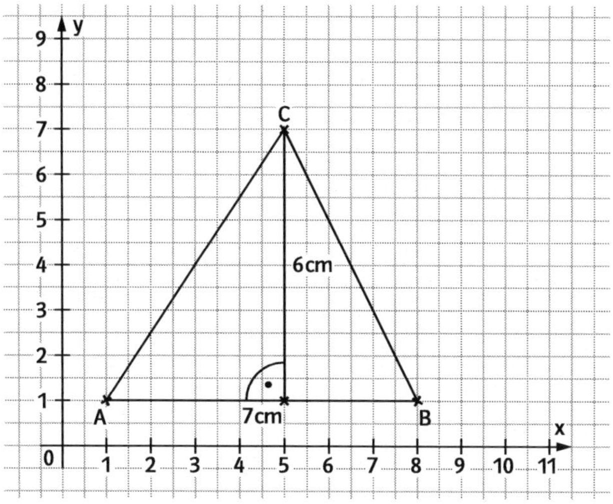

A = 21 cm²; u = 20,9 cm

b)

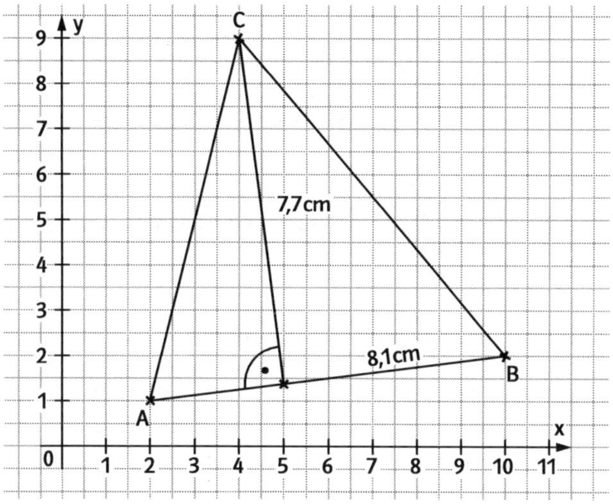

A ≈ 31,2 cm²; u = 25,5 cm

c)

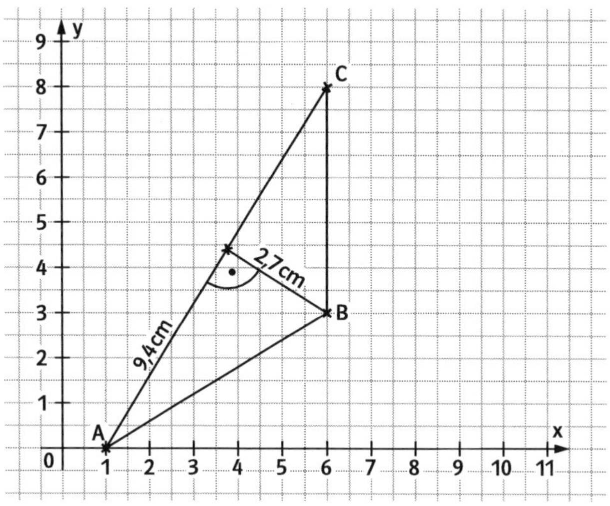

A ≈ 12,7 cm²; u = 20,2 cm

d)

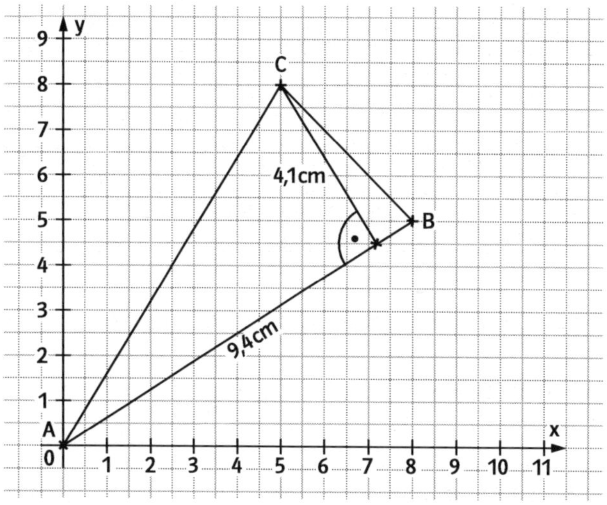

A ≈ 19,27 cm²; u = 23 cm

e)

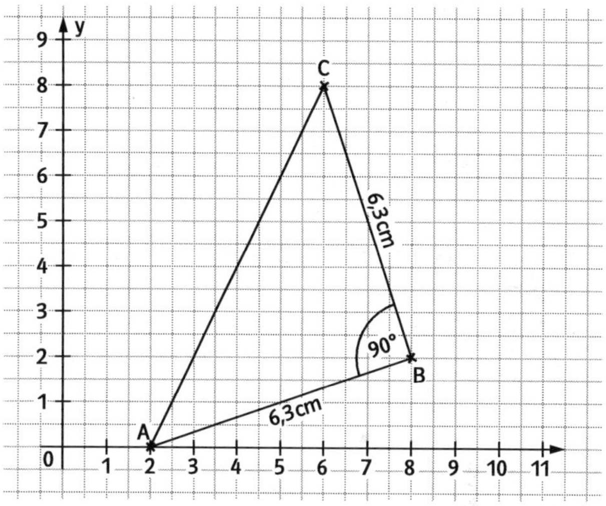

A ≈ 19,85 cm²; u = 21,5 cm

5 Je nach Messgenauigkeit können die Lösungen leicht variieren.

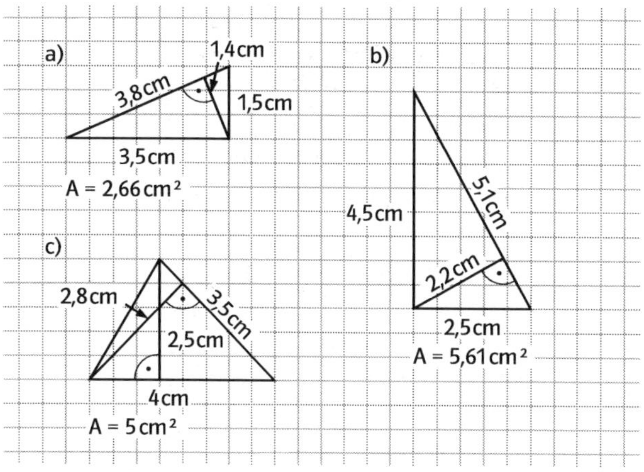

6 Je nach Messgenauigkeit können die Lösungen variieren.

a)

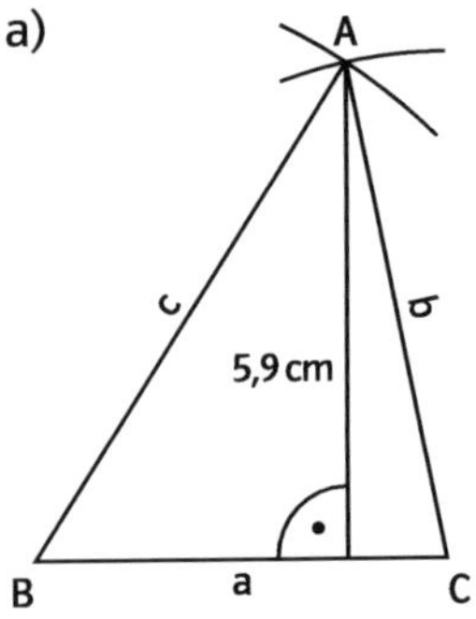

A = 14,75 cm²
u = 18 cm

b)

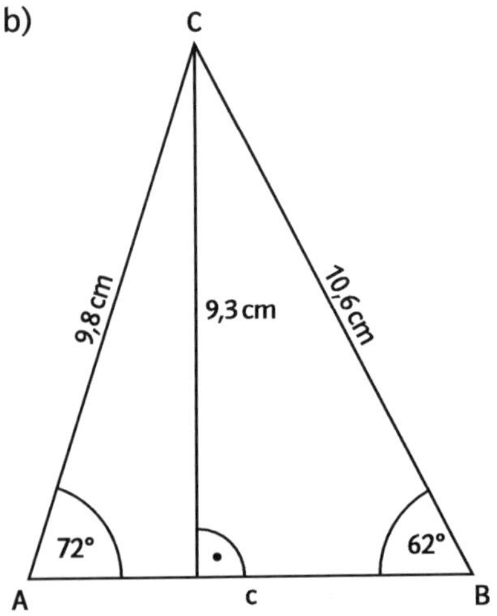

A = 37,2 cm²
u = 28,4 cm

c)

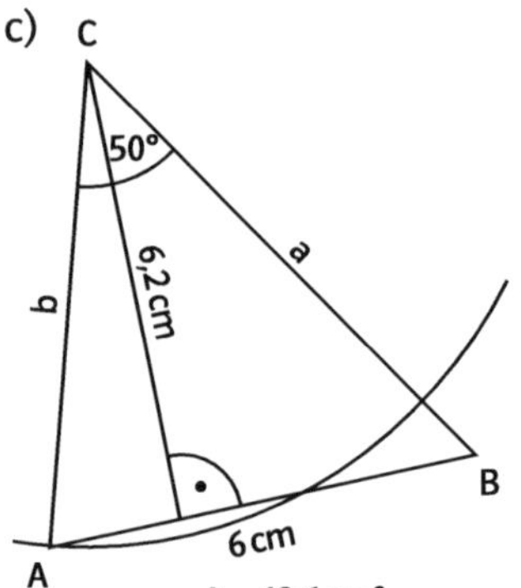

A = 18,6 cm²
u = 20 cm

d)

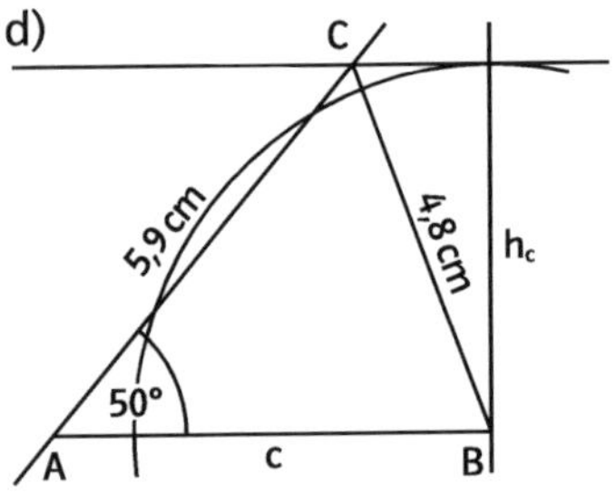

A = 12,4 cm²
u = 16,2 cm

7

a	6 cm	7,5 m	6 dm	70 dm
b	8 cm	12 m	0,4 m	36 dm
h_a	14 cm	80 dm	0,9 m	18 dm
h_b	10,5 cm	50 dm	13,5 dm	35 dm
A	42 cm²	30 m²	27 dm²	6,3 m²

8 mögliche Lösungen:

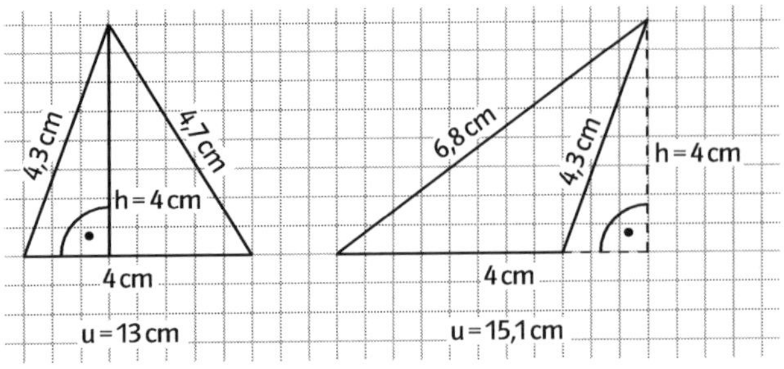

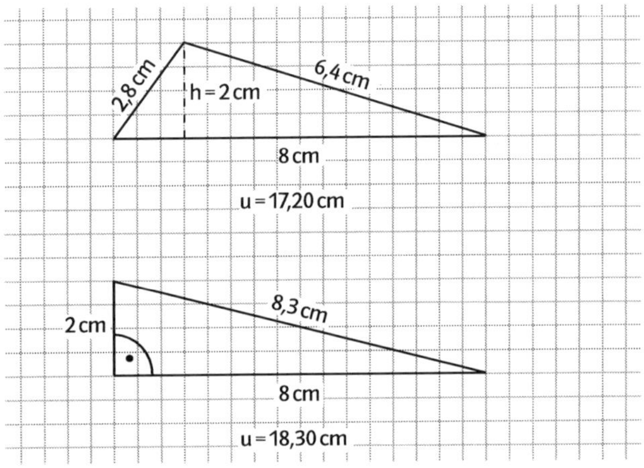

Randspalte
oben:
individuelle Lösungen; abgebildetes Dreieck:
A = 3 Nagelquadrate
unten:
breiteres Dreieck: $A = \frac{1}{2} \cdot 1{,}4\,cm \cdot 2{,}2\,cm \approx 1{,}5\,cm^2$
dünneres Dreieck: $A = \frac{1}{2} \cdot 0{,}4\,cm \cdot 7{,}4\,cm \approx 1{,}5\,cm^2$

Seite 101

9 $h_b = (24\,cm^2 : 6\,cm) \cdot 2 = 8\,cm = a$
$u = a + b + c = 8\,cm + 6\,cm + 10\,cm = 24\,cm$
$h_c = (24\,cm^2 : 10\,cm) \cdot 2 = 4{,}8\,cm$

10 $A_{Parallelogramm} = A_{Rechteck} - A_{Dreiecke}$
$= 7 \cdot 5\,cm^2 - 2 \cdot \frac{1}{2} \cdot 4 \cdot 3\,cm^2 - 2 \cdot \frac{1}{2} \cdot 3 \cdot 2\,cm^2$
$= 35\,cm^2 - 18\,cm^2 = 17\,cm^2$

11 a) $A = \frac{1}{2} \cdot e \cdot e = \frac{1}{2} \cdot e^2$ b) $A = \frac{1}{2} \cdot e \cdot 2e = e^2$
c) $A = \frac{1}{2} \cdot e \cdot e = \frac{1}{2} \cdot e^2$
d) $A = \frac{1}{2} \cdot e \cdot \frac{e}{2} + \frac{1}{2} \cdot \frac{e}{2} \cdot \frac{e}{2} = \frac{e^2}{4} + \frac{e^2}{8} = \frac{3 \cdot e^2}{8}$

12 Holz: $\frac{1}{2} \cdot 1{,}5\,m \cdot 1{,}5\,m = 1{,}125\,m^2$
$1{,}125 \cdot 22{,}50\,€ = 25\,313 \approx 25{,}31\,€$
Glas: $2{,}60\,m \cdot 2{,}20\,m = 5{,}72\,m^2$
$5{,}72 \cdot 65\,€ = 371{,}80\,€$
Gesamt: $25{,}31\,€ + 371{,}80\,€ = 397{,}11\,€$

13 Die Gesamtfläche des Kirchendaches berechnet sich aus dem vierfachen Flächeninhalt einer Dreiecksfläche:
$A_D = \frac{5{,}2 \cdot 7{,}35}{2}\,m^2 = 19{,}11\,m^2$
$4 \cdot A_D = 76{,}44\,m^2$
Kosten $= 76{,}44 \cdot 29{,}50\,€ = 2254{,}98\,€$
Da man aber vermutlich für den Preis von $77\,m^2$ aufkommt, hat man 2271,50 € zu zahlen.

14 Dreieck mit Gebäude: $A = \frac{1}{2} \cdot 44{,}8\,m \cdot 58{,}5\,m = 1310{,}4\,m^2$ (in der oberen linken Ecke liegt ein rechter Winkel vor)
Gebäude im Dreieck: $A = 22{,}5\,m \cdot 10{,}5\,m = 236{,}25\,m^2$

Dreieck (Schulhof): $A = 1310{,}4\,m^2 - 236{,}25\,m^2 = 1074{,}15\,m^2$

15 Die weiße Fläche ist ungefähr ein Drittel größer als die rote Fläche.

Immer höher, immer breiter? ?!

- Tim und Lea wollen untersuchen, wie sich der Flächeninhalt des roten Dreiecks ändert, wenn man die Grundseite bzw. die Höhe verändert. Tim behält die Länge der Grundseite bei und verdoppelt bzw. halbiert die Höhe, Lea halbiert und verdoppelt die Länge der Grundseite und bleibt bei der gleichen Höhe.
- Wenn die Grundseite bzw. die Höhe verdoppelt, halbiert, … wird, dann wird auch der Flächeninhalt verdoppelt, halbiert, …
- Der Flächeninhalt ändert sich um den Faktor der Veränderung der Grundseite und Höhe. Beispiel: Verdoppelt man Grundseite und Höhe, vervierfacht sich der Flächeninhalt $(2 \cdot 2 = 4)$.
- Man verdoppelt beispielsweise die Grundseite und halbiert die Höhe.

4 Trapez

Seite 102

Einstiegsaufgabe
➔ Der Flächeninhalt muss mindestens $16\,cm \cdot 10\,cm = 160\,cm^2$ sein.

Seite 103

1 a) $85{,}5\,cm^2$ b) $63\,cm^2$
c) $812{,}67\,cm^2$ d) $20{,}4\,dm^2$

2 a) $28\,cm^2$ b) $52{,}25\,cm^2$
c) $46{,}48\,cm^2$ d) $32{,}97\,cm^2$

3 individuelle Lösungen (eingezeichnetes Trapez: A = 4 Nagelquadrate)

4

a	11,8 cm	6 cm	12 cm	2,5 m
c	6,2 cm	4 cm	9 cm	4,5 m
h	8,4 cm	14 cm	8 cm	3,2 m
A	$75{,}6\,cm^2$	$70\,cm^2$	$84\,cm^2$	$11{,}2\,m^2$

5

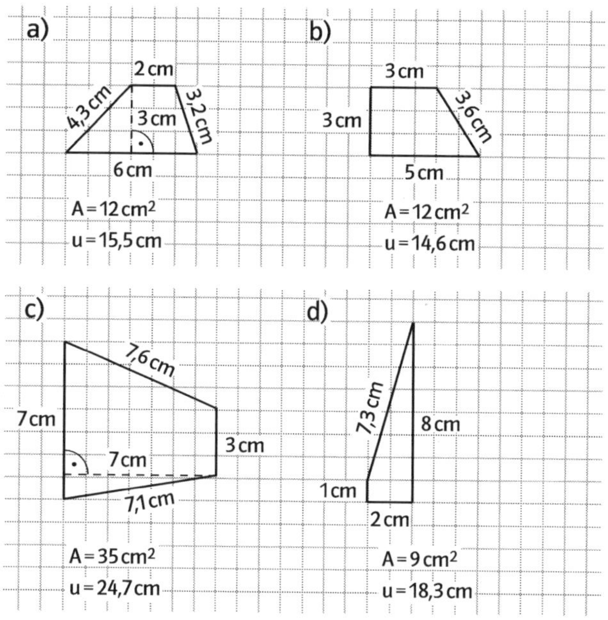

6 a)

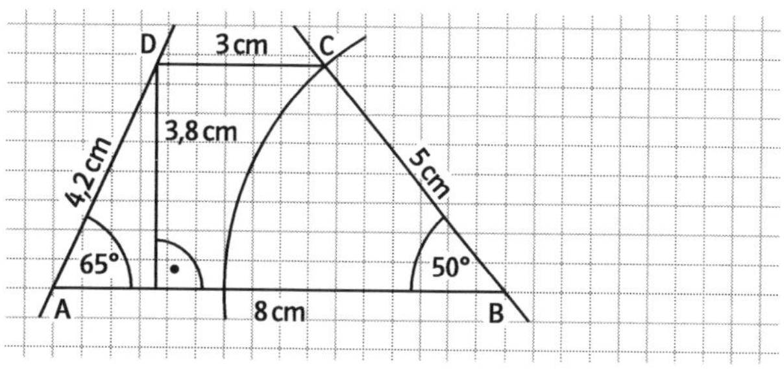

$A = 20{,}9\,cm^2$; $u = 20{,}2\,cm$

b)

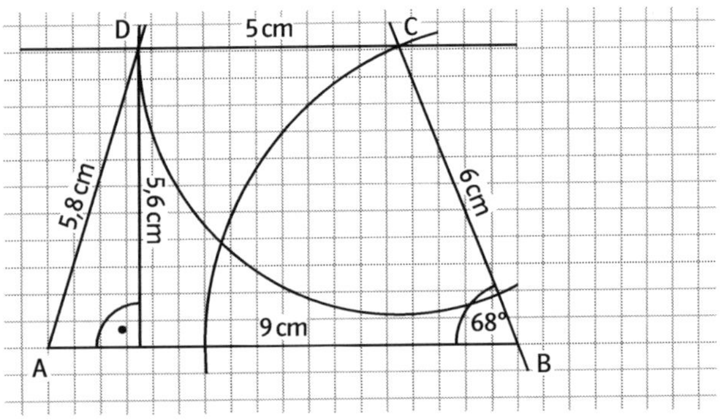

$A = 39{,}2\,cm^2$; $u = 25{,}8\,cm$

c)

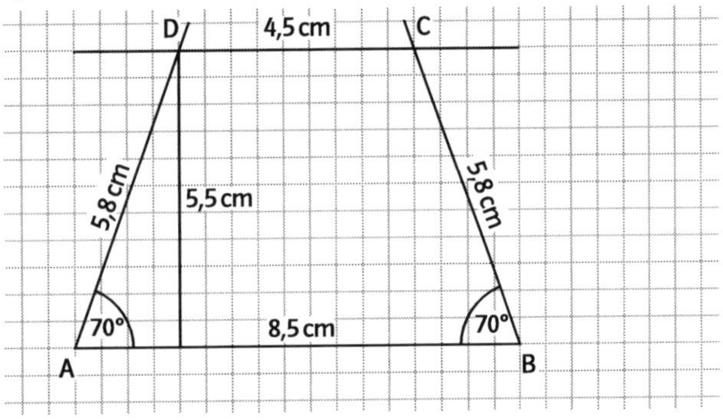

$A = 35{,}75\,cm^2$; $u = 24{,}6\,cm$

d)

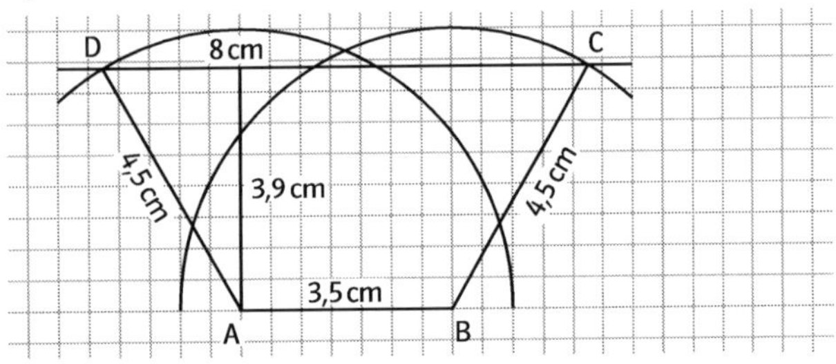

$A = 22{,}425\,cm^2$; $u = 20{,}5\,cm$

7 $A = 0{,}84\,m^2$ $\quad 0{,}84 \cdot 75\,€ = 63\,€$

8 $A_{Wohnung} = A_{Gebäudegrundriss} - A_{Balkon}$

Maße: Seite Balkon-Wohnen: 7,5 m

Seite Balkon-Flur (Höhe des Trapezes): 10 m

Seite Wohnen-Essen-Küche: 10 m

Größe Balkon: 5 m × 5 m

(die Wandstärken werden nicht mit berechnet bzw. rausgerechnet)

$A_{Gebäudegrundriss} = \frac{7{,}5 + 10}{2} \cdot 10\,m^2 = 87{,}5\,m^2$

$A_{Balkon} = 25\,m^2$

$A_{Wohnung} = 87{,}5\,m^2 - 25\,m^2 = 62{,}5\,m^2$

Seite 104

9 $A = \frac{1}{2} \cdot (18{,}5\,m + 9{,}3\,m) \cdot 5{,}2\,m = 72{,}28\,m^2$

10 $A = \frac{1}{2} \cdot (90\,m + 162\,m) \cdot 11\,m = 1386\,m^2$ (Fläche im Querschnitt durch den Kanal)

11 $A_{eines\ Steines} = 16\,cm \cdot 20\,cm - 2 \cdot \frac{1}{2}(13\,cm + 9\,cm) \cdot 2{,}5\,cm = 320\,cm^2 - 55\,cm^2 = 265\,cm^2$

$1\,m^2 : 265\,cm^2 \approx 37{,}74$

Es werden ca. 38 Steine pro Quadratmeter benötigt.

12 $A_{hinten} = 700\,cm^2$ $\quad A_{vorn} = 560\,cm^2$

$A_{Seite} = 913{,}5\,cm^2$ $\quad A_{Deckel} = 700\,cm^2$

$A_{Boden} = 680\,cm^2$

$A_{gesamt} = A_{hinten} + A_{vorn} + 2 \cdot A_{Seite} + A_{Deckel} + A_{Boden}$
$= 4467\,cm^2 = 0{,}4467\,m^2$

13 $A_{Dach} = 6 \cdot \frac{1}{2}(140\,cm + 40\,cm) \cdot 100\,cm = 54\,000\,cm^2$

$A_{Sitz} = 6 \cdot \frac{1}{2}(106\,cm + 60\,cm) \cdot 40\,cm = 19\,920\,cm^2$

$A_{gesamt} = 73\,920\,cm^2 = 7{,}392\,m^2$

Kosten der Firma Otten:

$7{,}392 \cdot 32{,}50\,€ = 240{,}24\,€$.

Insgesamt entstehen Kosten von 490,24 €.

Bei der Firma Doege sind es 543,31 €.

Trapeze falten

- individuelle Lösung
- individuelle Lösung
- Das Trapez wird durch die Faltungen zu einem „doppelten" Rechteck. Die „doppelte" Länge des Rechtecks setzt sich zusammen aus den beiden parallelen Seiten a und c des ursprünglichen Trapezes. Die „einfache" Länge des Rechtecks beträgt $\frac{1}{2}(a + c)$.
  Die Höhe h des Trapezes wird durch die Faltung halbiert und ergibt die Rechteckbreite $b = \frac{1}{2}h$.
- Der Flächeninhalt des Rechtecks wird aus dem Produkt seiner Seitenlängen berechnet:
  $A_R = \frac{1}{2}(a + c) \cdot \frac{1}{2}h$
  Die Fläche des Trapezes ist doppelt so groß wie die Fläche des gefalteten Rechtecks. Es gilt:
  $A_T = 2 \cdot \frac{1}{2}(a + c) \cdot \frac{1}{2}h$
  $A_T = 2 \cdot \frac{1}{2} \cdot \frac{1}{2}(a + c) \cdot h$
  $A_T = \frac{1}{2}(a + c) \cdot h$

5 Vielecke

Seite 105

Einstiegsaufgabe

➔ $A = 200{,}88\,m^2$

➔ Wohnfläche einer Etage in zwei Trapeze zerlegen ($a = 6{,}2\,m$; $c = 12{,}4\,m$; $h = 5{,}4\,m$); Flächeninhalt des Trapezes berechnen ($A = 50{,}22\,m^2$); Flächeninhalt mit 4 multiplizieren, da der Familie zwei Etagen mit je zwei Trapezen zur Verfügung stehen

Alternative: Wohnfläche einer Etage in sechs gleichseitige Dreiecke zerlegen ($a = 6{,}2\,m$; $h = 5{,}4\,m$); Flächeninhalt eines Dreiecks berechnen ($A = 16{,}74\,m^2$);

Flächeninhalt mit 12 multiplizieren, da der Familie zwei Etagen mit je sechs Dreiecken zur Verfügung stehen.

Seite 106

1 a) $A = \frac{1}{2} \cdot 20\,cm \cdot 12\,cm + \frac{1}{2} \cdot (32\,cm + 20\,cm) \cdot 12\,cm = 432\,cm^2$

b) $A = \frac{1}{2} \cdot 8\,cm \cdot 14\,cm + \frac{1}{2}(14\,cm + 18\,cm) \cdot 16\,cm + \frac{1}{2} \cdot 12\,cm \cdot 18\,cm = 420\,cm^2$

c) $A = \frac{1}{2}(5\,cm + 3\,cm) \cdot 6\,cm + 18\,cm \cdot 5\,cm + \frac{1}{2} \cdot 18\,cm \cdot 6\,cm = 168\,cm^2$

2

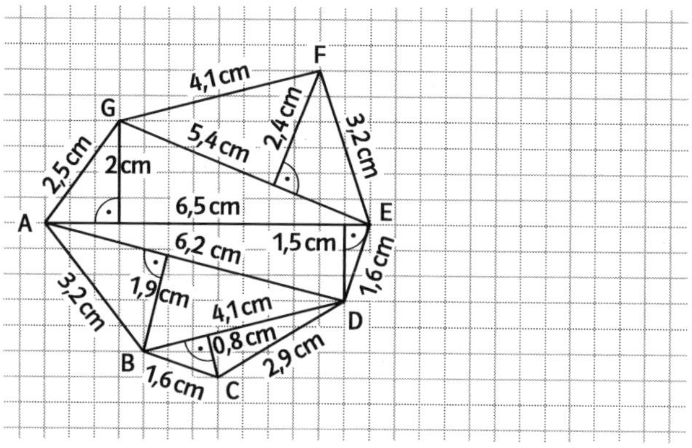

$A = 25{,}385\,cm^2$; $u = 19{,}1\,cm$

3

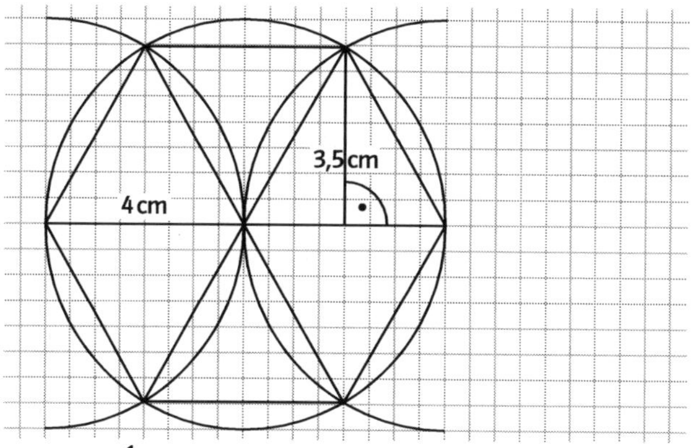

$A_{Dreieck} = \frac{1}{2} \cdot 4\,cm \cdot 3{,}5\,cm = 7\,cm^2$

$A_{gesamt} = 42\,cm^2$; $u = 6 \cdot 4\,cm = 24\,cm$

4 $A = \frac{1}{2} \cdot 76\,m \cdot 28\,m + \frac{1}{2} \cdot 85\,m \cdot 45\,m + \frac{1}{2} \cdot 85\,m \cdot 40\,m + \frac{1}{2} \cdot 64\,m \cdot 17\,m = 5220{,}5\,m^2$

5 $A = 72\,cm^2 - (5\,cm^2 + 2{,}5\,cm^2 + 4\,cm^2 + 3\,cm^2) = 57{,}5\,cm^2$

6 a)

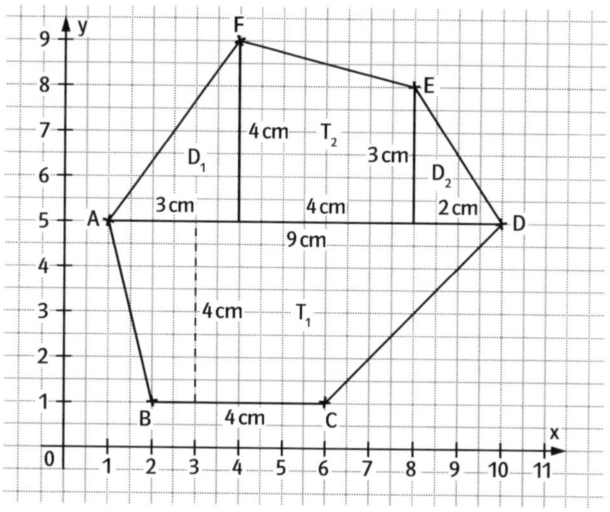

$A = A_{T_1} + A_{T_2} + A_{D_1} + A_{D_2} = (26 + 14 + 6 + 3)\,cm^2 = 49\,cm^2$; $u \approx 26{,}5\,cm$

b)

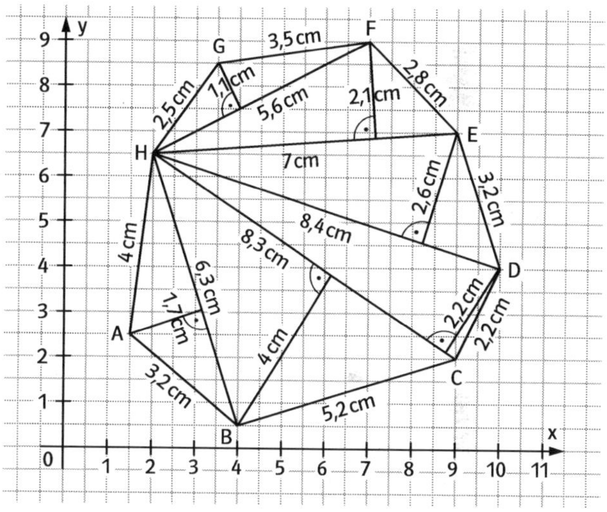

$A \approx 52{,}43\,cm^2$; $u = 26{,}6\,cm$

Üben • Anwenden • Nachdenken

Seite 108

1

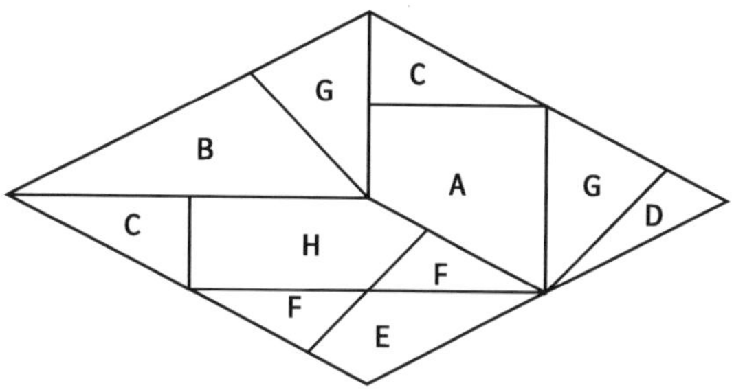

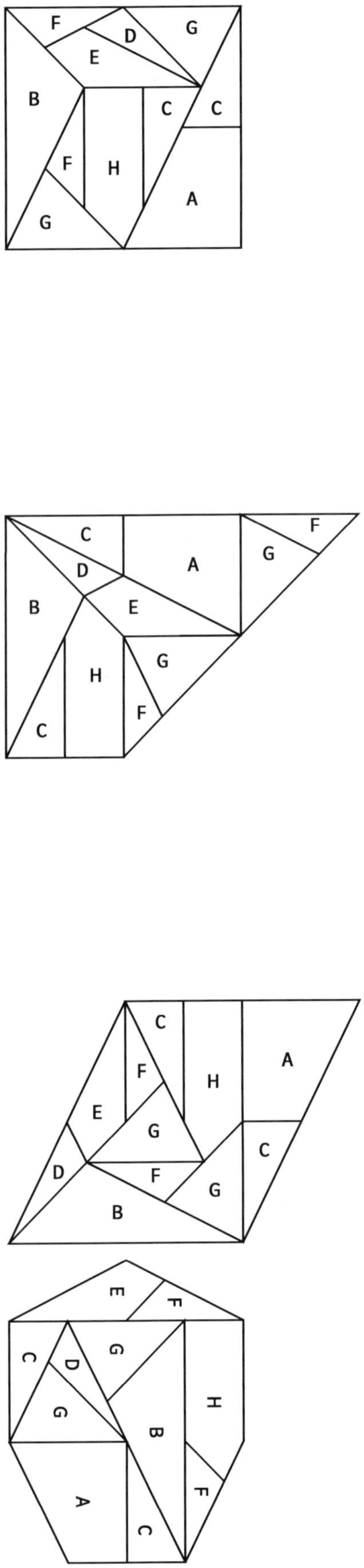

2 a) Rechteck

a	12 cm	6,2 m	4,8 cm	13,5 m
b	7 cm	3,5 m	3,5 cm	25,2 m
u	38 cm	19,4 m	16,6 cm	77,4 m
A	84 cm²	21,7 m²	16,8 cm²	340,2 m²

b) Parallelogramm

a	8 cm	18 cm	3,2 m	7,2 cm
b	6 cm	15 cm	6,4 m	27,9 cm
h_a	5,25 cm	10 cm	5,2 m	25,2 cm
h_b	7 cm	12 cm	2,6 m	6,5 cm
u	28 cm	66 cm	19,2 m	63,4 cm
A	42 cm²	180 cm²	16,64 m²	181,44 cm²

c) Dreieck

c	32 cm	5,5 cm	47 m	7 m
h_c	45 cm	6,8 cm	58 m	156 cm
A	720 cm²	18,7 cm²	13,63 a	5,46 m²

d) Trapez

a	38 cm	2,5 m	7,2 cm	1,8 m
c	14 cm	0,9 m	5,4 cm	140 cm
h	25 cm	2,8 m	3,5 cm	3,1 m
A	650 cm²	4,76 m²	22,05 cm²	496 dm²

Drachen und Raute ?!

- Zerlegt man einen Drachen bzw. eine Raute in vier Dreiecke, so lässt sich durch Umlegen von zwei dieser Dreiecke ein Rechteck erstellen. Dieses hat die Seitenlängen e und $\frac{f}{2}$.
-

e	11 cm	16 cm	380 cm	13 dm
f	16 cm	9,5 cm	11 m	14,5 dm
A	88 cm²	76 cm²	20,9 m²	0,9425 m²

-

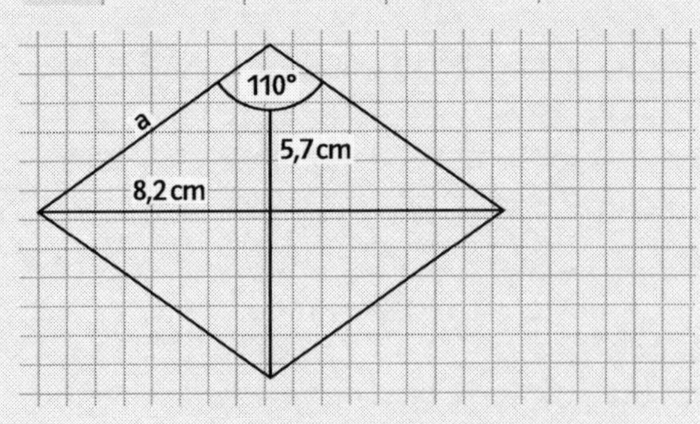

$A = \frac{1}{2} \cdot e \cdot f = \frac{1}{2} \cdot 8{,}2\,\text{cm} \cdot 5{,}7\,\text{cm} = 23{,}37\,\text{cm}^2$
oder
$A = a \cdot h_a = 5\,\text{cm} \cdot 4{,}7\,\text{cm} = 23{,}5\,\text{cm}^2$
Die beiden Ergebnisse unterscheiden sich etwas, da bei der Formel für die Raute zwei Messwerte (und damit evtl. zwei Messfehler) in die Berechnung einfließen.

Seite 109

3 a)

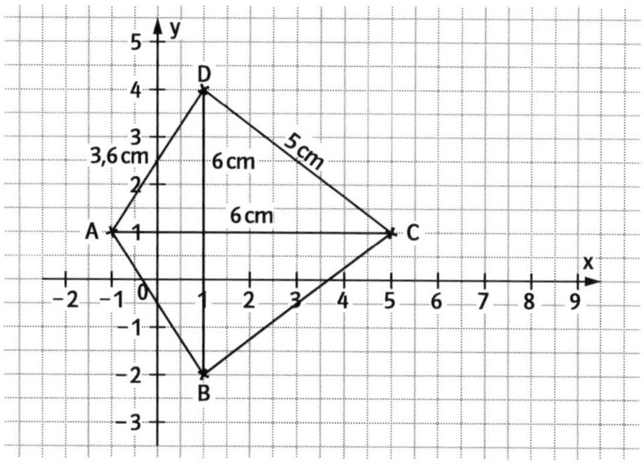

$A = 18\,cm^2$; $u = 17{,}2\,cm$

b) Abstand zwischen A und C: 4 cm

$15\,cm^2 = \frac{1}{2} \cdot 4\,cm \cdot e$

$\Leftrightarrow e = 7{,}5\,cm \rightarrow D(-1|2)$; $B(-1|-5{,}5)$ oder $B(-1|-2{,}5)$; $D(-1|-10)$

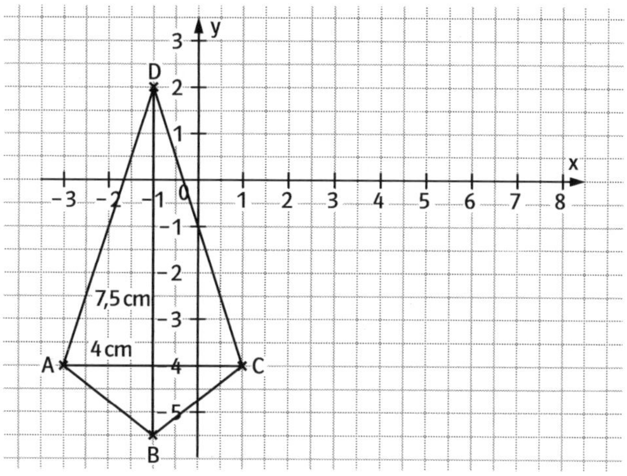

4 individuelle Lösungen (eingezeichnete Figur: A = 3,5 Nagelquadrate, unregelmäßiges Viereck)

5 a) $h = 3e$ b) $c = 3e$

6 $A_{Rechteck} = 2\,cm \cdot 2{,}5\,cm = 5\,cm^2$

Die obere Figur besteht aus einem Quadrat mit der Seitenlänge $a = 2\,cm$, d.h. $A = 4\,cm^2$, bei dem an jeder Seite ein Dreieck mit $A = \frac{1}{4}\,cm^2$ angefügt wird. Also besitzt die ganze Figur einen Flächeninhalt von $A = 5\,cm^2$.

7 a) $A = 35{,}68\,cm^2$ b) $A = 78{,}4\,cm^2$
c) $A = 47{,}3\,cm^2$

8 $A_1 = 704\,m^2$ $A_2 = 520\,m^2$ $A_3 = 820\,m^2$
$A_4 = 361\,m^2$ $A_5 = 952\,m^2$ $A_6 = 675\,m^2$
$A_7 = 899\,m^2$ $A_{gesamt} = 4931\,m^2$
$4931 \cdot 262{,}50\,€ = 1\,294\,387{,}50\,€$

Seite 110

9 $\frac{147\,m^2 + 134{,}75\,m^2 + 134{,}75\,m^2}{1984{,}5\,m^2} = \frac{416{,}5\,m^2}{1984{,}5\,m^2} \approx 0{,}20987$

Ungefähr 21 % Gesamtgrundstücksfläche sind bebaut, somit sind 79 % unbebaut.

10 a) $A = 2 \cdot \frac{1}{2}(10{,}5\,m + 6{,}4\,m) \cdot 5{,}8\,m + 2 \cdot \frac{1}{2} \cdot 7{,}3\,m \cdot 6{,}15\,m = 142{,}915\,m^2$

$142{,}915 \cdot 32{,}50\,€ \approx 4644{,}74\,€$

b) $A = 2 \cdot \frac{1}{2}(11{,}45\,m + 10{,}2\,m) \cdot 5{,}2\,m + 2 \cdot \frac{1}{2}(10{,}2\,m + 6{,}9\,m) \cdot 3{,}55\,m + 2 \cdot \frac{1}{2} \cdot 3{,}95\,m \cdot 3{,}8\,m = 188{,}295\,m^2$

$188{,}295 \cdot 32{,}50\,€ \approx 6119{,}59\,€$

11 a) $A = 598{,}56\,m^2$

b) $8\left(\frac{1}{2} \cdot b \cdot h_2\right) + 4\left(\frac{1}{2} \cdot b \cdot h_3\right) + 4\left(\frac{1}{2} \cdot (a + b) \cdot h_1\right)$
$= 4bh_2 + 2bh_3 + 2bh_1 + 2ah_1$
$= 2b(2h_2 + h_3 + h_1) + 2ah_1$

Büromöbel ?!

- individuelle Lösungen
- Die Seitenlängen der verschiedenen Tischarten müssen gleich lang sein.
- Je nachdem, wie die Tische kombiniert werden, können zwei oder drei Stühle an einem solchen Trapeztisch Platz finden. Steht ein Tisch allein, passen maximal fünf Stühle an den Tisch. Allerdings hätten die Personen sehr wenig Platz.

Seite 111

Flächen schätzen

- Man legt die Karte mit einem Rechteck, einem Parallelogramm und einem Trapez aus:

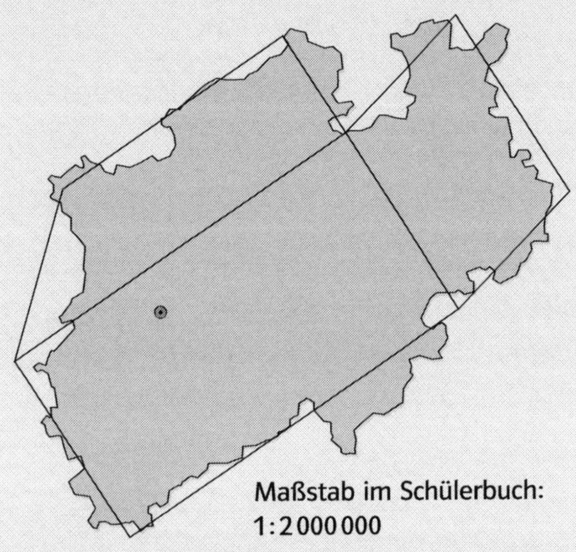

Berechnung der Flächeninhalte (Maße sind den Messungen im Schülerbuch entnommen):

Rechteck: a = 9 cm, b = 4,5 cm — $A_R = 16\,200\,km^2$

Parallelogramm: g = 4,5 cm, h = 3,5 — $A_P = 6300\,km^2$

Trapez: a = 8 cm, c = 6 cm, h = 3 cm — $A_T = 8400\,km^2$

$A_R + A_P + A_T = 30\,900\,km^2$

- Tatsächliche Größe von NRW: $34\,078\,km^2$.
- Die Größe der Bundesrepublik beträgt $357\,020\,km^2$.
- Der Kontinent Australien ist mit etwa 9 Mio. km^2 ca. 25-mal so groß wie Deutschland.

Seite 112

Umfang und Flächeninhalt am PC

linke Spalte:

- Quadrat von 3 cm: $A = 9\,cm^2$
- Das Quadrat mit der Seitenlänge von etwa 2,8 cm.
- Je „schmaler" das Rechteck wird, desto größer wird der Umfang. Das heißt: Je größer die Differenz der Längen der beiden Seiten, desto größer wird der Umfang. Beispiel:
a = 1 cm; b = 16 cm; u = 34 cm
a = 0,5 cm; b = 32 cm; u = 65 cm

rechte Spalte:

- Der Flächeninhalt bleibt gleich, da sich die Höhe nicht verändert.
- Der Umfang verändert sich im Unterschied zum Flächeninhalt.
- Der Umfang des Dreiecks ist am kleinsten, wenn das Dreieck gleichschenklig ist. Je weiter die Spitze nach rechts oder links wandert, desto größer wird der Umfang.

Mitte:

Wenn die Bahnschranke mit dem Schutzgitter unten ist, ist ihre Fläche am größten. Je weiter sie nach oben steigt, desto kleiner wird ihre Fläche, bis sie nur noch die Fläche der Schranke ohne Schutzgitter umfasst, sobald sie senkrecht steht.

unten:

- mögliche Lösung: a = 4 cm; b = 8 cm oder a = 3 cm; b = 9 cm
- Der Umfang ist am kleinsten, wenn das Trapez zu einem Quadrat wird.

6 Prozent- und Zinsrechnung

Auftaktseite: Prozente, Prozente ...

Seite 114

Alles Sonderangebote

- Bei Sport & Fit sollte man das Sweatshirt und die Schuhe kaufen, bei FUNSPORT die Hose und den Hometrainer, weil die Preise dort jeweils die günstigsten sind (vorausgesetzt, die Qualität der Produkte ist gleichwertig).

Interessantes aus der Zeitung

- Züricher Zeitung, Schnellfahrer: „Jeder fünfte Autofahrer" bedeutet, dass einer von fünf Fahrern, also $\frac{1}{5}$ aller Fahrer, zu schnell ist. Dies entspricht einem Prozentsatz von 20%, nicht von 5%.
- Züricher Zeitung, Sport: „Jeder 15. Zuschauer" bedeutet einer von 15 Zuschauern, also $\frac{1}{15}$ (ca. 6,7%). Der Mittelstürmer bekäme also mit seiner Forderung nur etwa die Hälfte von dem, was er bekommen würde, wenn er 12% bekäme.
- Extra-Blatt: Ein Rückgang der Preise um 100% bedeutet einen Preis von Null. Vermutlich ist hier eine Halbierung des Preises gemeint, also ein Rückgang um 50%.
- Tagesstern: Die Preiserhöhung von 28€ auf 56€ ist eine Preisverdopplung, also eine Erhöhung um 100% und nicht nur um 50%, wie in der Überschrift behauptet.
- Der Morgen: Wenn jeder neunte Befragte zufrieden ist, so entspricht dies einem Anteil von $\frac{1}{9}$, bzw. von rund 11,11%. Somit ist fragwürdig, ob dieses Ergebnis das beste der letzten zehn Jahre ist.

1 Grundwert. Prozentwert. Prozentsatz

Seite 116

Einstiegsaufgabe

➔ Das billigste Angebot bietet mit 735,00€ „Fliegen und Fahren". Bei „Fly away" musste die Familie 864,90€ zahlen, bei „Air-Contact" wären es 777,00€.
➔ Mit diesem Angebot von „Air-Contact" zahlt die Familie nur noch 582,75€.

Seite 117

1

Grundwert	Prozentsatz	Prozentwert
785 kg	36%	282,6 kg
120 km	35%	42 km
7000 g	24%	1680 g
400€	31,5%	126€
5,2 m	7,5%	0,39 m
1200€	3,5%	42€

2 Die Klasse 8b hat den Umweltengel verdient, da in dieser Klasse 75% der Schülerinnen und Schüler Recyclingpapier benutzen.

3 a)

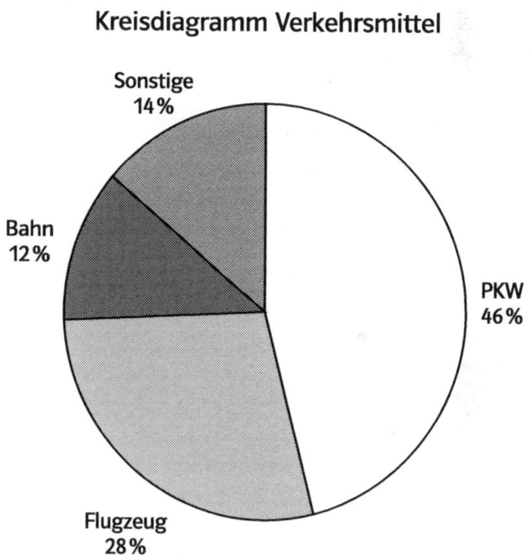

b) PKW: 6440000, Flugzeug: 3920000, Bahn: 1680000, Sonstige: 1960000
c) individuelle Lösung

4 a) Von Montag bis Donnerstag wird in etwa der gleiche Umsatz gemacht. Freitags und samstags werden die umfangreicheren Wochenendeinkäufe getätigt.
b) Montag: 12672500€, Dienstag: 12025000€, Mittwoch: 12025000€, Donnerstag: 13690000€, Freitag: 17760000€, Samstag: 24327500€.

c)

Kreisdiagramm Umsatz

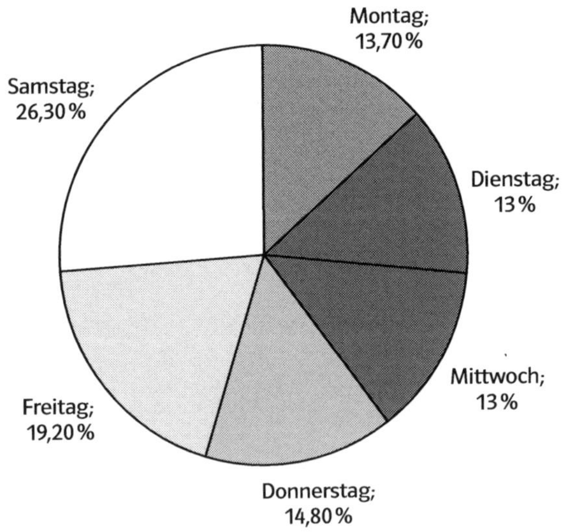

5 individuelle Lösungen

6 a) individuelle Lösung

b) Kfz-Mechatroniker: 108 800
Kaufmann im Einzelhandel: 86 400
Industriemechaniker: 44 800
IT-System-Elektroniker: 41 600
Industriekaufmann: 38 400

c) Die Werte sind auf zwei Nachkommastellen gerundet.
Arzthelferin: 24,44% ≈ 24%
Kauffrau im Einzelhandel: 23,74% ≈ 24%
Bürokauffrau: 22,21% ≈ 22%
Friseurin: 17,39% ≈ 17%
Mediengestalterin: 12,22% ≈ 12%

Kreisdiagramm Berufswunsch

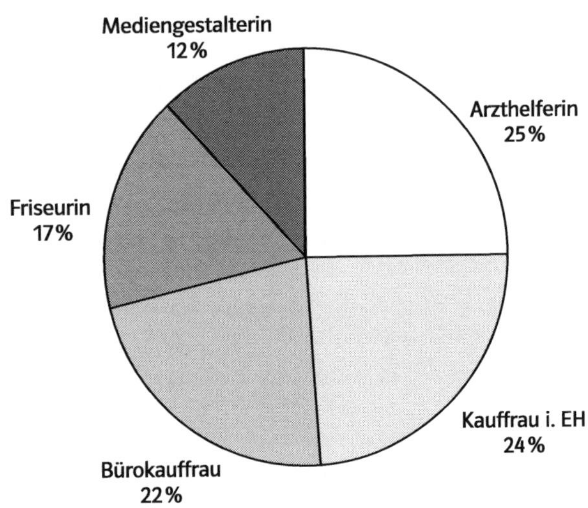

Seite 118

Promille – Gefahr in kleinen Mengen

- Die Angaben 5% und 5‰ unterscheiden sich um den Faktor 10. 5‰ und 0,5% dagegen sind gleich.
- 0,25% wären bei einem 8-l-Eimer 0,02 l; 0,25‰ wären 0,002 l.

- Bei Trunkenheit am Steuer (0,5‰) wäre in 5 l Blut 2,5 ml Alkohol enthalten.
- individuelle Lösungen

-

	Alkoholmenge in 0,5 l	Alkoholmenge in 0,7 l
Biere	19,2 g	26,9 g
Weine	28 g–56 g	39,2 g–78,4 g
Spirituosen	120 g–384 g	168 g–537,6 g
Alkoholfr. Bier	2 g	2,8 g
Apfelsaft	1,6 g	2,24 g
Traubensaft	2,4 g	3,36 g
reifer Kefir	4 g	5,6 g

- Für Brot und Banane lässt sich das Volumen, das für die Formel benötigt wird, nur schwer bestimmen.
- Frauen haben bei gleicher konsumierter Alkoholmenge eine höhere Blutalkoholkonzentration.
- Ein Mann mit 75 kg muss beispielsweise 5,5 l Bier getrunken haben, um 4‰ zu haben.
- Bis 4:40 Uhr macht sie sich noch strafbar. Bis 6 Uhr macht sie sich bei einem Unfall strafbar. Grenzwert: 0,3‰. Nüchtern ist sie erst wieder um 8 Uhr morgens.
- Bei 0,1‰ erhält man die Zeiten 7 Uhr, 9 Uhr und 12 Uhr; bei 0,3‰ gelten die Zeiten 2 Uhr, 3 Uhr und 4 Uhr.

2 Vermehrter und verminderter Grundwert

Seite 119

Einstiegsaufgabe

→ Der Aktionspreis des Mountainbikes beträgt 367,20 €.

→ Lisa hat nicht Recht. Erhöht man den neuen Preis wieder um 20%, erhält man als Preis 440,64 €. Das liegt daran, dass die neue Erhöhung um 20% sich auf einen anderen, niedrigeren Grundwert bezieht.

→ Der Preis liegt um 25% höher als der Preis, der zur Zeit der Werbeaktion galt.

Seite 120

1 a) $p^+\% = 130\% = 1{,}3$ b) $p^-\% = 98\% = 0{,}98$
c) $p^+\% = 119\% = 1{,}19$ d) $p^-\% = 65\% = 0{,}65$
e) $p^+\% = 122\% = 1{,}22$ f) $p^-\% = 95\% = 0{,}95$
g) $p^+\% = 104{,}5\% = 1{,}045$ h) $p^-\% = 92\% = 0{,}92$
i) $p^-\% = 75\% = 0{,}75$ j) $p^+\% = 133{,}33\% = 1{,}33$

2 Einrad: $G^- = 120$ €
Skistock: $G^- = 30{,}40$ €
Basketball: $G^- = 10$ €
Fußball: $G^- = 9{,}60$ €
Inliner: $G^- = 88$ €
Tennisbälle: $G^- = 8{,}16$ €
Schirmmütze: $G^- = 20$ €
Tennisschläger: $G^- = 79{,}20$ €
Turnschuhe grün: $G^- = 36$ €
Turnschuhe orange: $G^- = 48$ €
Reitstiefel: $G^- = 68{,}80$ €

3 a) $G+ = 399$ € b) $G^- = 192$ hl
c) $G^+ = 84{,}70$ kg d) $G^- = 110{,}08$ €
e) $G^+ = 56\,367{,}6$ km f) $G^- = 127{,}57$ kg
g) $G^- = 2003{,}45$ €

4 geschätzt: individuelle Lösung
Heimtrainer: 20%
Autoradio: 27,4%
Laufband: 41,7%
Trampolin: 20%
Crosstrainer: 16,7%

5 Beispiel: Ein DVD-Player kostet 120 €.
1. Möglichkeit: Der Kunde erhält 19% Rabatt und zahlt nur $G^- = 97{,}20$ €.
2. Möglichkeit: Die 120 € sind der Endpreis incl. 19% MwSt., dann entsprechen sie G^+ und $p^+\% = 119\%$. Der Grundpreis beträgt dann 100,84 €.

Ein Ziel – verschiedene Wege

- Jaqueline berechnete den Preis mit einem Dreisatz. Lana hingegen rechnete mit dem verminderten Prozentsatz und erhielt somit den verminderten Grundwert. Lutz berechnete zunächst den Wert des Rabattes und subtrahierte diesen von dem ursprünglichen Grundwert.
- Mit 55,78 € hat „DJ-Paradise" das beste Angebot. („Musicload": 55,97 €; „Polyfon": 57,11 €)
- individuelle Lösungen

6 Norman hat Recht. 189 € ist der reduzierte Preis. Er entspricht also nicht mehr dem Grundwert von 100%, sondern nach der Preissenkung um 24% nur noch dem Prozentwert von 76%. Der Ansatz von Sascha ist somit falsch.

7 Dan hat nicht Recht. Die Sonderedition enthält 30% mehr; das entspricht 75 g. Simone hat hingegen Recht: Die 75 g würden normalerweise 78 ct kosten.

8 a) Nadine hat nicht Recht. Durch die Preisnachlässe spart Robin 46 €. Dies entspricht etwa 38,3% des alten Gesamtpreises von 120 €. Nadine darf nicht einfach den Mittelwert der beiden Prozentsätze berechnen.
b) Wenn beide Artikel gleich viel kosten würden, würde Robin tatsächlich insgesamt 35% sparen. Hier kann man vereinfacht mithilfe des Mittelwerts der beiden Prozentsätze rechnen. Beispiel:
$80\,€ \cdot 0{,}55 + 80\,€ \cdot 0{,}75 = 80\,€ \cdot (0{,}55 + 0{,}75)$
$= 80\,€ \cdot 1{,}4 = 80\,€ \cdot (0{,}65 + 0{,}65)$
c) Werden mehrere Artikel verschiedener Grundpreise um einen bestimmten Prozentsatz reduziert, kann man die gesamte Ersparnis nur dann mit dem Mittelwert der verschiedenen Prozentsätze berechnen bzw. angeben, wenn die Grundpreise gleich sind.

Seite 122

Alles immer billiger! Fast geschenkt!

- Die zweite Reduzierung um 50% wird auf den neuen, bereits reduzierten Preis gerechnet, man spart also insgesamt 75%.
- Das stimmt beinahe. Der wirksame Prozentsatz beträgt dann $1{,}1 \cdot 0{,}9 = 0{,}99 = 99\%$.
Beispiel: $G = 100$ €, $G^+ = 110$ €, $G^- = 99$ €.
- 10%: $p^-\% = 1{,}1 \cdot 0{,}9 = 0{,}99 = 99\%$
20%: $p^-\% = 1{,}2 \cdot 0{,}8 = 0{,}96 = 96\%$
30%: $p^-\% = 1{,}3 \cdot 0{,}7 = 0{,}91 = 91\%$
x%: $p^-\% = (100 + x)\% \cdot (100 - x)\%$
- Der alte Preis beträgt insgesamt 386,40 €. Der neue, reduzierte Gesamtpreis beträgt 294,46 €. Man spart insgesamt natürlich nicht 100%, denn die einzelnen Prozentsätze beziehen sich auf unterschiedliche Grundwerte.
- Der Großvater hat nicht Recht. Eine Preissteigerung um 500% führt zu einem veränderten Prozentsatz von $p^+\% = 100\% + 500\% = 600\%$.

9 Im ersten Kaufhaus würde man für die Jacke und den MP3-Player zusammen 245,38 € zahlen (Jacke: 98,33 €).
Im zweiten Kaufhaus zahlt man zusammen 240 € (MP3-Player: 144 €).
Man sollte sich also für das zweite Angebot entscheiden.

10 Barzahlung: 1454,03 €; Zahlung innerhalb von 14 Tagen; 1469,02 €. Sie muss also bar zahlen.

11 a) Der Preis ohne Mehrwertsteuer und Rabatt beträgt 839,50 €.
b) Wird nur Skonto von 3% abgezogen, kostet der Flachbildschirm, der ursprünglich 999 € inklusive Mehrwertsteuer kostet, nur noch 969,03 €.

12 a) In der Musikhalle kostet die Anlage 726,53 €, bei Happy music müsste Sinja 759,31 € (783,00 € – 23,49 €) bezahlen.
b) Der Preis für das Gerät ist in der Musikhalle um 4,3% niedriger als bei Happy music.
c) Die Mehrwertsteuer beträgt in der Musikhalle 119,59 €, bei Happy music sind es 125,02 €.

13 Beim Trekkingbike macht der gesparte Betrag 33,4% aus, beim MTB-Fully sind es 22,3%.

3 Zinsrechnung

Seite 123

Einstiegsaufgabe

➔ Bianca könnte den Betrag auf einem sog. Tagesgeldkonto anlegen oder einen Sparvertrag abschließen.
➔ Man kann das Geld auf ein Konto oder ein Sparbuch einzahlen, man kann festverzinsliche Wertpapiere kaufen, in Aktien investieren oder sich an Fonds beteiligen.

Seite 124

1 a)

Kapital	400 €	650 €	275 €
Zinsen	10 €	16,25 €	6,88 €
Neuer Kontostand	410 €	666,25 €	281,88 €

b)

Kapital	756 €	1345 €	992,40 €
Zinsen	79,38 €	141,23 €	104,20 €
Gesamtbetrag	835,38	1486,23 €	1096,60 €

2 a)

Zinssatz	1,5%	1,75%	2%	2,25%	2,5%
Zinsen	7,50 €	8,75 €	10 €	11,25 €	12,50 €

b) Bei einem Zinssatz von 8,5% zahlt man 425 € Zinsen, bei einem Zinssatz von 10,75% sind es 537,50 € Zinsen. Die Differenz beträgt 112,50 €.

3 Die vier Personen verfügen über ein unterschiedlich hohes Kapital.

Zinsen	5 €	4,50 €	7,50 €	11,38 €
Kapital	200 €	180 €	300 €	455,20

4 Zinsen in Höhe von 212,50 € entsprechen einem Zinssatz von 4,25%, Zinsen von 235 € entsprechen 4,7% und 250 € Zinsen entsprechen einem Zinssatz von 5%.

5 Bei der Bank mit dem geringeren Zinssatz kann sie sich 1250 € leihen, bei der Bank mit dem Zinssatz 8,75% sind es nur 1142,86 €.

6 Frau Höne erhält 3% Zinsen, ihr Mann nur 2%. Wenn Herr Höne sein Geld auch bei der Bank seiner Frau anlegt, erhält er 75 € Zinsen.

7 Sie muss zu Beginn des Jahres 1946,47 € anlegen, um bei einem Zinssatz von 2,75% auf 2000 € zu kommen.

Seite 125

Sparen und Leihen

- individuelle Lösungen
- individuelle Lösungen
- Beim Jugendgirokonto entstehen keine Kosten. Bei dem Konto für Erwachsene zahlt sie bei einem Porto von 0,55 € jährlich 138,72 €.
- Das Geld, das eine Bank von einem Kunden bekommt, kann sie an einen anderen Kunden verleihen, also einen Kredit geben. Damit die Bank aber Gewinn macht, müssen die Kreditzinsen, die die Bank erhält, natürlich höher sein als die Sparzinsen, die sie auszahlt.
- Privatpersonen können bei ihrer Bank ihr Girokonto bis zu einem vereinbarten Limit überziehen. Dies nennt man Überziehungskredit. Sicherheiten sind hierfür nicht nötig. Die Zinsen bei solchen Krediten sind sehr hoch.
- individuelle Lösungen

8 a) Bei der ersten Bank ist der Zinssatz geringer, aber man hat eine fixe Gebühr von 400 €. Bei der zweiten Bank ist diese Gebühr vom Kreditbetrag abhängig. Je niedriger/höher der Kreditbetrag, desto niedriger/höher ist auch die Gebühr. Der Zinssatz der zweiten Bank ist etwas höher.
b) Nach einem Jahr muss man bei der ersten Bank insgesamt 11250 € zurückzahlen, bei der zweiten Bank sind es 11100 €. Das heißt trotz des höheren Zinssatzes ist das Angebot der zweiten Bank bei einem 10 000-€-Kredit günstiger.

9 a) Eurobank: p% = 8,5%, Stadtbank: p% = 9%, Firma: p% = 8,75%.
b) Das Angebot der Eurobank ist am günstigsten, da der Zinssatz dort am geringsten ist.
c) Die Zinsen betragen 850 €.

4 Monatszinsen. Tageszinsen

Seite 126

Einstiegsaufgabe

➔ Der von der Bank angegebene Zinssatz ist ein sogenannter Jahreszinssatz. Er wird von der Bank gewährt, wenn die Spareinlage ein ganzes Jahr auf der Bank liegt. Da Natalies Geld aber nur ein halbes Jahr lang verzinst wurde, bekommt sie nur die Hälfte der Zinsen.

Seite 127

1 a) Z = 23,92 € b) Z = 38 €
c) Z = 75 €

2 a) K = 600 € b) K = 306,82 €

3 a) p% = 6% b) p% = 10,83%
c) p% = 4,5%

4 a) i = $\frac{3}{4}$ (Jahr) = 9 Monate
b) t = 210 (Tage) c) t = 137 (Tage)

5 Z = 12,83 €
p% = 3,2%
K = 355,43 €
t = 23 (Tage)

6 p% = 2,75%
Mara erhält 35,52 € Zinsen.

7 Zinsen für 7 Monate: 792,46 €. Zinsen für 6 Monate: 679,25 €. Er hätte 113,21 € gespart.

Seite 128

Zinstage

- Erklärung der Rechenwege: individuelle Lösung; ein dritter Lösungsweg wäre der folgende:

3. Weg		
vom 17.05. bis 8.10.		
Mai bis Oktober	= 6 Monate	180 Tage
1. bis 17. Mai		-17 Tage
8. bis 30. Okt.		-22 Tage
zu verzinsen:		141 Tage

- individuelle Lösungen
- $750 \cdot 0{,}035 \cdot \frac{141}{360} \approx 10{,}28$

Sie haben also insgesamt nur 760,28 € und können damit nicht nach London fliegen.

8 a) 113 Tage b) 141 Tage c) 328 Tage

9 a) Zinsen für die einzelnen Zeiträume:
01.01.07 – 18.02.07: 2,12 €
18.02.07 – 04.09.07: 12,25 €
04.09.07 – 01.01.08: 2,44 €

Tag	Text	Umsatz in €	Guthaben in €
01.01.07	Einzahlung	–	650,00
18.02.07	Einzahlung	250,00 +	900,00
04.09.07	Auszahlung	600,00 –	300,00
01.01.08	Zinsen 2007	16,81 €	316,81

b) Anne kann sich den Flug nach Oslo für 315 € leisten.

10 a) Fehler im ersten Druck des Schülerbuches: Es muss heißen: „… für weitere 50 Tage zu einem Zinssatz von 6% …“ Es ist günstiger, das Skonto zu nutzen (Differenz: 257 € – 107,08 €).
b) Ab einem Zinssatz von 14,4% ist es günstiger, das Geld auf der Bank zu lassen.

11 Der Kontoüberzug lohnt sich, da er dafür lediglich 7,61 € zahlen muss.

Üben • Anwenden • Nachdenken

Seite 130

1 Auf die gesamten Zuschauer bezogen waren 41% oder 16 268 Zuschauer sehr zufrieden, 32% oder 12 697 Zuschauer waren zufrieden, 22,5% oder 8928 Zuschauer waren nicht zufrieden und keine Meinung hatten 4,5% oder 1785 Zuschauer.
Wenn man davon ausgeht, dass neben den zufriedenen Zuschauern auch die unentschlossenen wiederkommen, so sind dies 30 750 Zuschauer.

2 a) In der letzten Saison waren es 34 039 Zuschauer je Spiel.
b) Es muss nochmals eine Steigerung um rund 3,7% stattfinden.
c) Im Durchschnitt waren es 24714 Zuschauer in der zweiten Liga.

Prozentsatz und Prozentpunkte

- ... falsch
... wahr
... wahr
... wahr
... wahr
... falsch
- individuelle Lösungen

3 a) Man darf nicht einfach 35% abziehen. Die 25% Rabatt beziehen sich auf den ursprünglichen Preis. Die 10% Sonderrabatt beziehen sich jedoch auf den bereits reduzierten Preis.
b) Dann müsste er 201,49 € bezahlen.

4 Die Angebote A und C sind gleich gut, man spart dabei 4,8% vom Listenpreis.

5 Es macht keinen Unterschied, ob man zuerst das Skonto und dann den Rabatt abzieht oder umgekehrt.

Seite 131

6 a) Y ist 200% von X, also das Doppelte. In Bruchteilen: $\frac{1}{2} \cdot Y = X$.
b) Wenn X 10% von Y ist, dann gilt: $X = 0{,}1 \cdot Y$. Somit ist $Y = 10X$, also nicht 90% von X, sondern 1000%.

7 a) Beim Heimtrainer wurde relativ gesehen mehr gespart (20,08% im Vergleich zu 16,72% beim Crosstrainer.)
b) Die Preisreduzierung von 30 € entspricht einem Prozentsatz von 30,3%. Die Aussage ist also richtig.

8 Der Verkäufer erleidet einen Gesamtverlust von 303,04 €, da sich der Gewinn nicht mit dem Verlust aufhebt.

9 a) Die gestaffelte Steigerung ergibt einen Gesamtprozentsatz von 71,6% und ist somit günstiger als die einmalige Steigerung um 70%.
b) Eine fünfmalige Erhöhung um 10% entspricht einer Steigerung um 61,05% und ist daher besser als eine einmalige Steigerung um 60%.

10 Bei einer Teilnehmeranzahl von 20 Personen sind beide Angebote gleich gut. Bei 30 Teilnehmern ist Wandervogel mit 10% Rabatt günstiger als Travel mit zwei Freiplätzen.

11 a) Die Ersparnis beträgt 25%.
b) Die prozentuale Ersparnis wird geringer (20% bei „Nimm 5, zahl 4“ gegenüber 16,7% bei „Nimm 6, zahl 5“).

12 a) Bei einer Verlängerung der Seiten um 10% ändert sich der Umfang um 10% und der Flächeninhalt um 21%. Werden die Seiten verdoppelt, so verdoppelt sich der Umfang ebenfalls und der Flächeninhalt vervierfacht sich.
b) Werden die Kantenlängen des Würfels um 50% verlängert, so ist die Oberfläche des neuen Würfels 2,25-mal so groß wie vorher und das Volumen ist 3,375-mal so groß.
Werden die Kantenlängen des Würfels um 50% verkürzt, so ist die Oberfläche des neuen Würfels nur noch 0,25-mal so groß wie vorher; das Volumen verkleinert sich um den Faktor 0,125.

13 Katjas Guthaben beträgt 3000 €.

14 a) Im Monat sind es 2% Zinsen.
b) Die Jahreszinsen betragen dann 1200 €, dies entspricht einem Zinssatz von 24%.
c) Die niedrigen Monatszinsangaben erscheinen dem Kunden attraktiv. Aus Gründen der Transparenz wird der Jahreszinssatz angegeben, da Kredite oftmals eine längere Laufzeit haben.

15 a) Das Vermögen müsste 61 538 461,54 € betragen, wenn die Preisgelder nur aus den Zinserträgen bezahlt werden sollen.
b) Der Zinssatz betrug 8,42%.
c) Alfred Nobel, geb. 21.10.1833 in Stockholm, gest. 10.12.1896 in San Remo. Es gibt u.a. Nobelpreise für Physik, Chemie, Medizin, Literatur, Frieden, Wirtschaftswissenschaften ...

Seite 132

Zinsen – Tag für Tag und Jahr für Jahr

- individuelle Lösung
- Zins für den Zeitraum vom 20.7. bis 3.8.: 1,07 €

Zins für den Zeitraum vom 26.8. bis 5.9.: 3,93 €
Zins für den Zeitraum vom 5.9. bis 15.9.: 0,47 €
Insgesamt: 5,47 € Sollzinsen
Kontobewegungen: −1612,50 €; +1356,75 €, −2467,45 €, +1220,30 €, +825,35 €, −565,75 €

- individuelle Lösung
- Nach sechs Jahren hat er 1964,23 €.
- Im achten Jahr hat er erstmals mehr als 2500 €.
- Nach 10 Jahren hat er insgesamt 445 € Zinsen erhalten.

Formel: $Z = 300 \cdot (1{,}025^{10} + 1{,}025^{9} + 1{,}025^{8} + \ldots + 1{,}025^{2} + 1{,}025)\,€ - 10 \cdot 300\,€$

- **Entwicklung des Kapitals**

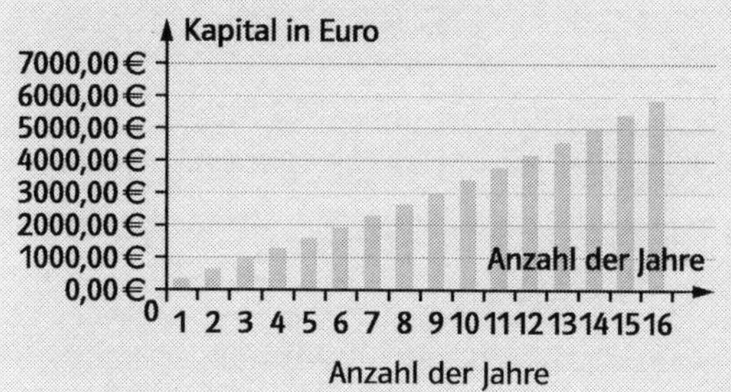

- **Entwicklung der Zinsen**

- individuelle Lösung
- **Verdoppelte Einzahlung**

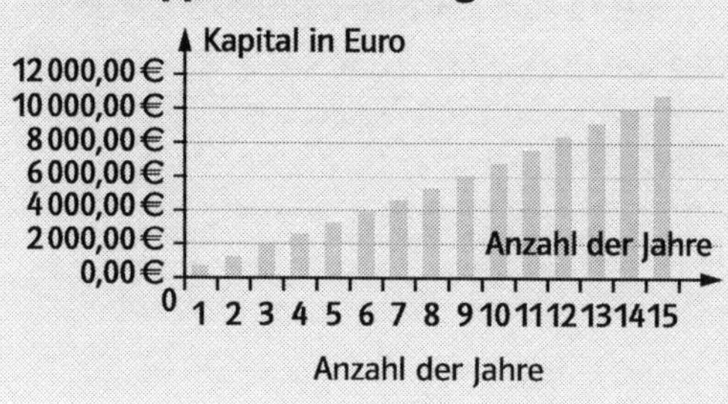

- **Verdoppelte Zinsen**

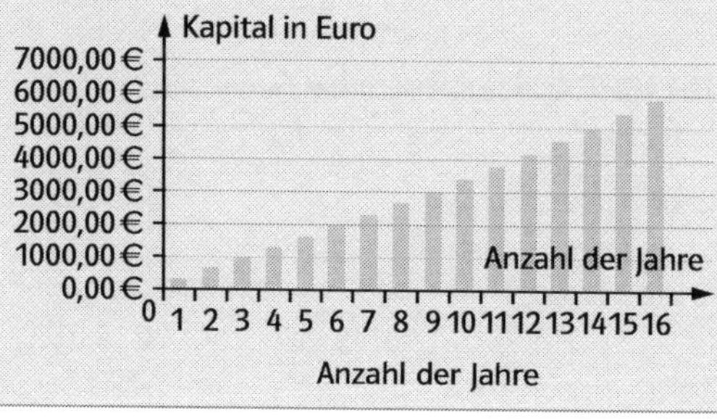

7 Lineare Funktionen

Auftaktseite: Handytarife

Seiten 134 bis 135

- Hat man die Tarife Einsteiger, Normal und Profi zur Auswahl, dann sollte man bei 70 SMS pro Monat das Tarifmodell „Einsteiger" wählen, da man dort $5€ + 30 \cdot 0{,}19€ = 10{,}70$ Euro bezahlt und der nächste Tarif teurer ist. Bis 100 SMS pro Monat lohnt sich jedoch der Tarif „Normal" für 15 Euro, denn mit dem Tarif „Einsteiger" würde man $5€ + 60 \cdot 0{,}19€ = 16{,}40$ Euro bezahlen. Versendet man im Monat 220 SMS, bezahlt man mit dem Tarif „Normal" $15€ + 70 \cdot 0{,}19€ = 28{,}30$ Euro. Man wählt dann also besser den Tarif „Profi".
- Da Nora durchschnittlich etwa 140 SMS pro Monat schreibt, sollte sie den Tarif „Normal" wählen. Mit dem Tarif „Einsteiger" müsste sie nämlich etwa 24 Euro bezahlen.

- Max sollte den Tarif „Normal" wählen, bei dem er zu den Anschlusskosten 9,95 Euro bezahlt, beim Tarif „Einsteiger" müsste er zu der Anschlussgebühr $4{,}95€ + 50 \cdot 0{,}19€ = 14{,}45$ Euro bezahlen.
- Die Grundgebühr ist beim Tarif „Normal" 5 Euro teurer. Dafür kann man 26 SMS verschicken. Ab 127 SMS pro Monat ist also der Tarif „Normal günstiger.
- In den Prospekten der Handyanbieter oder im Internet findet man die verschiedenen Tarife. Oft unterscheiden sich nicht nur die Grundgebühren, sondern auch die Kosten für das Versenden einer SMS oder die Anschlussgebühr bei den unterschiedlichen Anbietern.

- Die Kosten für die Hauptzeit, die Nebenzeit und das Wochenende sind Minutenpreise. Wählt Lara den Tarif „Basic" muss sie $9{,}95€ + 30 \cdot 0{,}49€ + 30 \cdot 0{,}19€ + 60 \cdot 0{,}09€ = 35{,}75$ Euro bezahlen. Sie sollte deshalb den Tarif „Quality" wählen, bei dem sie für die gleichen Gesprächszeiten $19{,}95€ + 30 \cdot 0{,}15€ + 30 \cdot 0{,}15€ + 60 \cdot 0{,}09€ = 34{,}35$ Euro bezahlt.
- Kann sie die Freiminuten für ihre Telefonate in der Haupt- und Nebenzeit nutzen, lohnt sich der Tarif Premium, da sie für die 15€ Zusatzkosten 60 Freiminuten bekommt. Normal muss sie beim Tarif Basic für 30 Minuten in der Hauptzeit und 30 Minuten in der Nebenzeit 20,40€ bezahlen.

- Dem Schaubild nach kommen auf jeden Bundesbürger etwa 251 versandte SMS. (Einwohnerzahl in Deutschland = ca. 82 Mio.)
- Keine konkrete Lösung. Dem Schaubild nach ist die Steigung in der Anzahl der SMS in Mrd. immer geringer.
  Ob dieser Trend sich weiterhin fortsetzt, kann nicht abgeschätzt werden. Daher hier individuelle Lösungen.

1 Funktionen

Seite 136

Einstiegsaufgabe

➔

Zeit in h	0,5	1	2	3	12	20	36
Gebühr in €	2,50	2,50	3,50	4,50	13,50	21,50	37,50

Das Tagesticket würde sich ab 11 Stunden lohnen.
➔ Frau Weber hat höchstens 8 Stunden geparkt.

Seite 137

1 a) Gefahrene Kilometer – Benzinverbrauch: Funktion, denn zu jeder gefahrenen Strecke kann man einen bestimmten Benzinverbrauch bestimmen.
Arbeitszeit – Lohn: Funktion, denn jeder Arbeitszeit kann ein Lohn zugeordnet werden.
Größe – Alter: keine Funktion, denn einer Größe kann kein eindeutiges Alter zugeordnet werden.
Verkaufte Eintrittskarten – erzielte Einnahmen: Funktion, denn jeder Zahl verkaufter Eintrittskarten gehört eine bestimmte Einnahme.
Heizölmenge – Rechnungsbetrag: Funktion, denn jede Heizölmenge kostet einen bestimmten Betrag.
Bahnkilometer – Fahrpreis bzw. Fahrpreis – Bahnkilometer: Zu jeder Anzahl von Bahnkilometern gehört ein bestimmter Fahrpreis und umgekehrt. Es ist keine Funktion, wenn man Spartarife etc. einbezieht, denn dann können 50 Bahnkilometer den regulären und einen Spartarifpreis haben.
Briefgewicht – Porto: Funktion, denn jedem Briefgewicht kann ein eindeutiges Porto zugeordnet werden.
Porto – Briefgewicht: keine Funktion, denn für einen Portobetrag kann man Briefe verschiedenen Gewichts abschicken.

2 a); b); d) und e) sind Funktionen. c); f) dagegen nicht, da nicht jedem x-Wert ein eindeutiger y-Wert zugeordnet wird.

3 individuelle Lösungen

4 a)

x	−3	−2	−1	0	1	2	3
y	−6	−4	−2	0	2	4	6

Ja, es liegt eine Funktion vor, da jedem x-Wert ein eindeutiger y-Wert zugeordnet wird.

b)

x	−3	−2	−1	0	1	2	3
y	−9	−6	−3	0	3	6	9

Ja, es liegt eine Funktion vor.

c)

x	−3	−2	−1	0	1	2	3
y	2	3	4	0	6	7	8

Ja, es liegt eine Funktion vor.

d)

x	−3	−2	−1	0	1	2	3
y	9	4	1	0	1	4	9

Ja, es liegt eine Funktion vor.

5 (2) stellt keine Funktion dar, denn dem x-Wert 2,4 wird kein eindeutiger y-Wert zugeordnet, sondern zwei verschiedene, nämlich: 0,9 und 2,0.

6 a

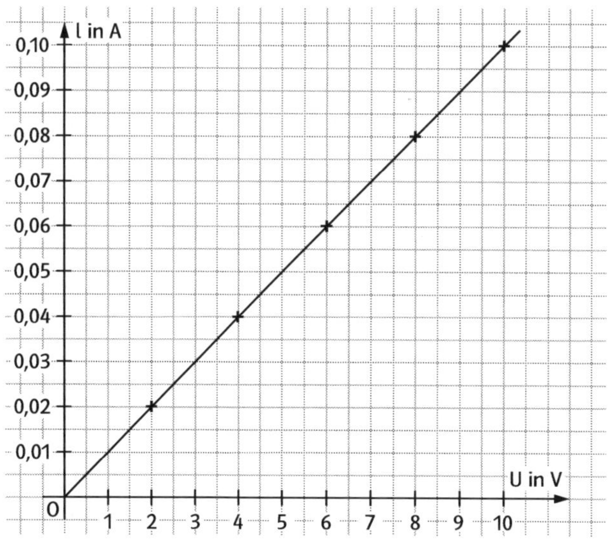

b) Ja, es liegt eine Funktion vor.

7

Breite in cm	10	12	15	18	20	24
Anzahl der Bretter	48	40	32	26,6	24	20

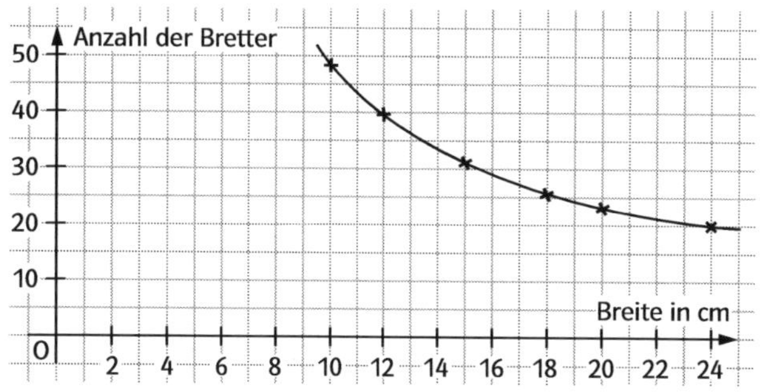

Seite 138

Schaubilder erzählen Geschichten

- Die rote Gerade zeigt, wo Forstmeister Fichte sich zu welcher Zeit befindet. Er läuft in einem gleichmäßigen Tempo vom Waldrand zur Jagdhütte. Die blaue Gerade zeigt, dass Bello in doppeltem Tempo zur Jagdhütte rast (Steigung doppelt so groß), und von dort mit gleicher Geschwindigkeit bis zu Forstmeister Fichte zurück läuft. Dann rennt er erneut zur Jagdhütte …
- Zum ersten Schaubild gehört der dritte Text. Kim sprintet los, läuft dann mit langsamem Tempo weiter, bleibt längere Zeit stehen, wobei Sarah an ihr vorbeiläuft, und sprintet noch einmal, aber nicht ganz so schnell wie am Anfang.
Zum zweiten Schaubild gehört der erste Text. Kim sprintet los, läuft langsam, sprintet erneut, läuft dann wieder langsam, sprintet noch einmal und bleibt dann stehen, bis Sarah kommt.
Zum dritten Schaubild gehört der zweite Text. Kim beginnt sehr langsam und steigert ihr Tempo viermal leicht.
- 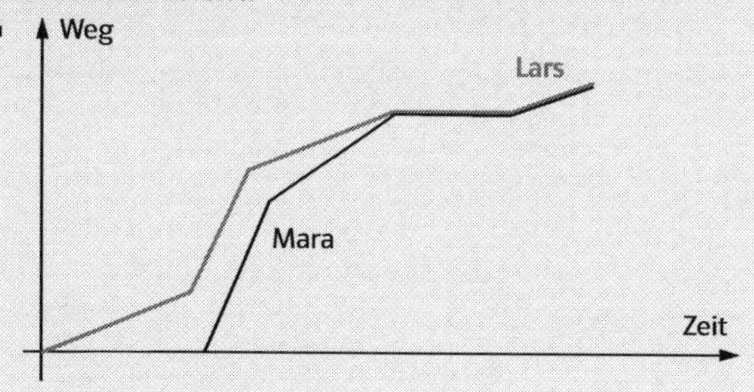

- individuelle Lösungen

2 Proportionale Funktionen

Seite 139

Einstiegsaufgabe

→ Es liegt eine proportionale Zuordnung vor.

→ Das liegt daran, dass die Gemeinden für die gleiche verbrauchte Menge unterschiedlich viel verlangen.

→ Die Gemeinde C verlangt 2 € pro m^3; Gemeinde B 2,50 € pro m^3 und Gemeinde A 3,34 € pro m^3. Vorgehen: Man sucht sich ein Wertepaar und berechnet damit den Preis pro m^3.

Seite 140

1 a) Das Schaubild der Funktion verläuft vom Ursprung nach rechts oben. Erhöht man den x-Wert um 2, so vergrößert sich der y-Wert um 4, das bedeutet, erhöht man den x-Wert um 1, so vergrößert sich der y-Wert um 2.
b) Das Schaubild der Funktion verläuft vom Ursprung nach rechts oben. Erhöht man den x-Wert um 6, so vergrößert sich der y-Wert um 1, das bedeutet, erhöht man den x-Wert um 1, so vergrößert sich der y-Wert um $\frac{1}{6}$.
c) Das Schaubild der Funktion verläuft vom Ursprung nach rechts oben. Erhöht man den x-Wert um 1, so vergrößert sich der y-Wert um 1.
d) Das Schaubild der Funktion verläuft vom Ursprung nach links oben. Erhöht man den x-Wert um 3, so vermindert sich der y-Wert um 2, das bedeutet, erhöht man den x-Wert um 1, so vermindert sich der y-Wert um $\frac{2}{3}$.
e) Das Schaubild der Funktion verläuft vom Ursprung nach links oben. Erhöht man den x-Wert um 1, so vermindert sich der y-Wert um 5.
f) Das Schaubild der Funktion verläuft vom Ursprung nach links oben. Erhöht man den x-Wert um 8, so vermindert sich der y-Wert um 2, das bedeutet, erhöht man den x-Wert um 1, so vermindert sich der y-Wert um $\frac{2}{8} = \frac{1}{4}$.

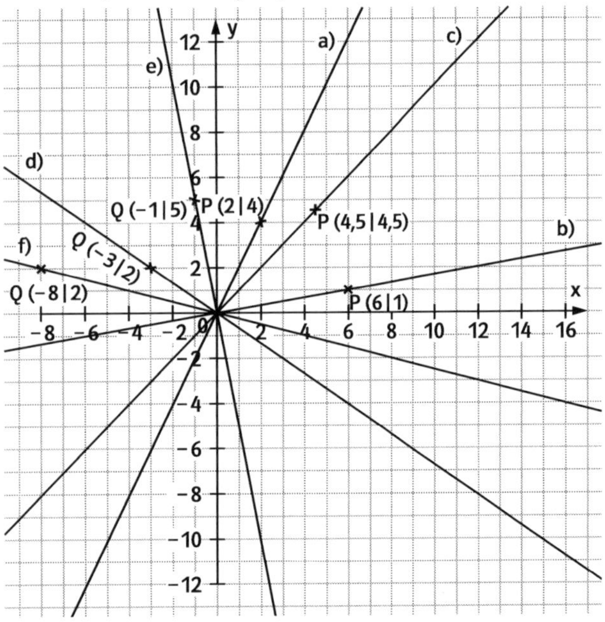

2 a)

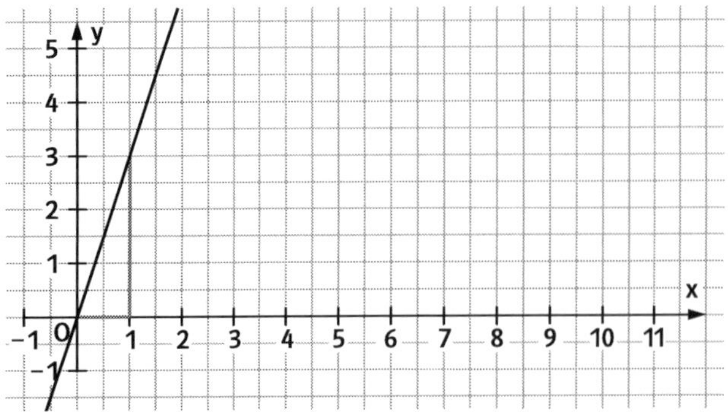

b) Die Ursprungsgerade verläuft durch den Punkt (1 | −2).
c) Die Ursprungsgerade verläuft durch den Punkt (3 | −6).
d) Die Ursprungsgerade verläuft durch den Punkt (−1 | −4).

3 a) Die Gerade verläuft durch den 1. und 3. Quadranten. Sie ist flacher als die Gerade $f(x) = x$.
b) Die Gerade verläuft durch den 2. und 4. Quadranten. Sie ist flacher als die Gerade $f(x) = -x$.
c) Die Gerade verläuft durch den 2. und 4. Quadranten. Sie ist steiler als die Gerade $f(x) = -x$.
d) Die Gerade verläuft durch den 1. und 3. Quadranten. Sie ist steiler als die Gerade $f(x) = x$.

4 Die Gerade g_1 hat die Gleichung 6: $f(x) = \frac{1}{4}x$.
Die Gerade g_2 hat die Gleichung 4: $f(x) = \frac{1}{2}x$.
Die Gerade g_3 hat die Gleichung 1: $f(x) = 2x$.
Die Gerade g_4 hat die Gleichung 7: $f(x) = -3x$.
Die Gerade g_5 hat die Gleichung 8: $f(x) = -\frac{3}{4}x$.

5 a)

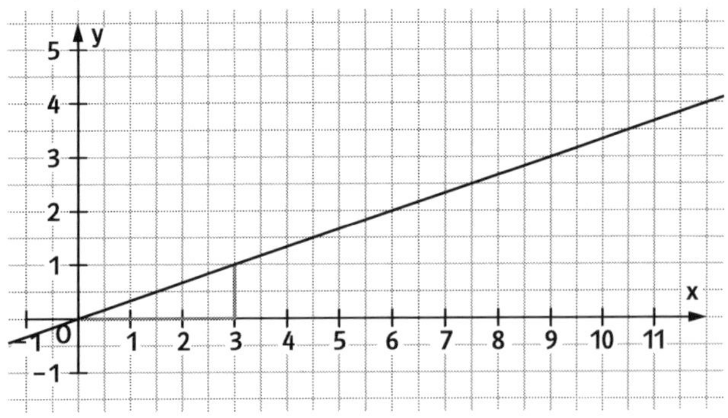

b) Die Ursprungsgerade verläuft durch (7 | 3).
c) Die Ursprungsgerade verläuft durch (3 | 4).
d) Die Ursprungsgerade verläuft durch (−5 | 4).
e) Die Ursprungsgerade verläuft durch (−5 | 1).
f) Die Ursprungsgerade verläuft durch (−2 | 7).

6 Die Gerade g_1 hat die Gleichung $f(x) = \frac{1}{3}x$.
Die Gerade g_2 hat die Gleichung $f(x) = \frac{3}{7}x$.
Die Gerade g_3 hat die Gleichung $f(x) = \frac{5}{6}x$.
Die Gerade g_4 hat die Gleichung $f(x) = 2x$.
Die Gerade g_5 hat die Gleichung $f(x) = -5x$.
Die Gerade g_6 hat die Gleichung $f(x) = -1x$.
Die Gerade g_7 hat die Gleichung $f(x) = -\frac{2}{5}x$

7 a) P(6 | 3): $f(x) = \frac{1}{2}x$
P(3 | 6): $f(x) = 2x$
P(6 | −3): $f(x) = -\frac{1}{2}x$
b) P(2 | 1): $f(x) = \frac{1}{2}x$
P(2 | −1): $f(x) = -\frac{1}{2}x$
P(−2 | −1): $f(x) = \frac{1}{2}x$
c) P(−2 | 4): $f(x) = -2x$
P(4 | −2): $f(x) = -\frac{1}{2}x$
P(−2 | −4): $f(x) = 2x$

8 a) Ja, denn der Quotient aus f(x)-Wert und x-Wert beträgt immer 3.
b) Ja, denn der Quotient aus f(x)-Wert und x-Wert beträgt immer $\frac{1}{2}$.

Randspalte

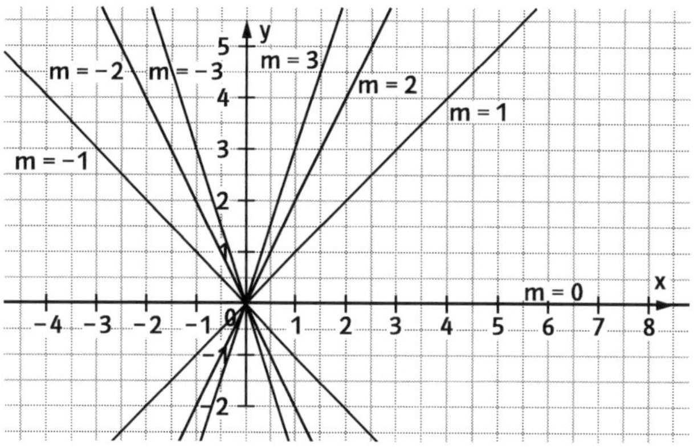

Ändert man das Vorzeichen der Steigung m, so erhält man die an der y-Achse gespiegelte Gerade.

Seite 141

9 a) $f(x) = \frac{7}{2}x = 3{,}5x$
b) $f(x) = \frac{7{,}5}{5}x = \frac{3}{2}x$
c) $f(x) = \frac{2{,}8}{8{,}4}x = \frac{1}{3}x$
Um die Steigung der Funktionsgleichung zu bestimmen, muss man den Quotienten aus dem y- und dem x-Wert des Punkts bilden. Durch Kürzen kann man den Wert der Steigung manchmal vereinfachen.

10 a) g_1: $f(x) = \frac{1}{2}x$. Weitere Gitterpunkte sind zum Beispiel (1; 0,5), (3; 1,5), (5; 2,5).
b) $f(x) = x$ verläuft durch die Punkte A, H, O und V.
c) $f(x) = x$

11 a) $f(x) = 5x$; $f(x) = \frac{4}{3}x$; $f(x) = 1{,}2x$; $f(x) = x$; $f(x) = \frac{1}{3}x$; $f(x) = 0{,}2x$
b) $f(x) = -0{,}5x$; $f(x) = -\frac{2}{3}x$; $f(x) = -x$; $f(x) = -\frac{5}{4}x$; $f(x) = -2{,}5x$; $f(x) = -3x$
c) f_1 ist steiler als f_2.
f_2 ist steiler als f_1.

12 Bestimme vom gegebenen Punkt den Quotienten des y- und x-Wertes. Bestimme die fehlende Koordinate des zweiten Punkts so, dass dieser Punkt den gleichen Quotienten besitzt.
a) T(−4 | 6)
b) T(1 | 2)
c) T(1,5 | −0,5)
d) T(6 | −1,5)
e) T(1,5 | 4,5)
f) B(6 | 9)

13 A liegt auf $f(x) = 1{,}5x$
B liegt auf $f(x) = \frac{1}{2}x$
C liegt auf $f(x) = 0{,}1x$
D liegt auf $f(x) = -2x$
E liegt auf $f(x) = -x$
F liegt auf $f(x) = \frac{2}{3}x$.

14 Der Graph, der flacher verläuft, gehört zu dem Gefäß mit rechteckiger Grundfläche, denn das Gefäß ändert seine Füllhöhe langsamer. Der Graph hat die Funktionsgleichung: $f(x) = \frac{4}{50}x = \frac{2}{25}x$. Der Graph des anderen Gefäßes hat die Funktionsgleichung $f(x) = \frac{4}{25}x$. Die Steigung des Graphen des quadratischen Gefäßes ist doppelt so groß wie die des rechteckigen. Die Füllhöhe steigt doppelt so schnell, also muss die quadratische Grundfläche halb so groß sein wie die rechteckige.

15 x: Zeit in s
f(x): zurückgelegte Strecke in m
Luft: $f(x) = 340x$
Wasser: $f(x) = 1450x$
Stahl: $f(x) = 5050x$

16 mögliche Lösungen

a) x: Anzahl der Zeitungen

f(x): Honorar in €

$f(x) = \frac{5}{100}x = \frac{1}{20}x$

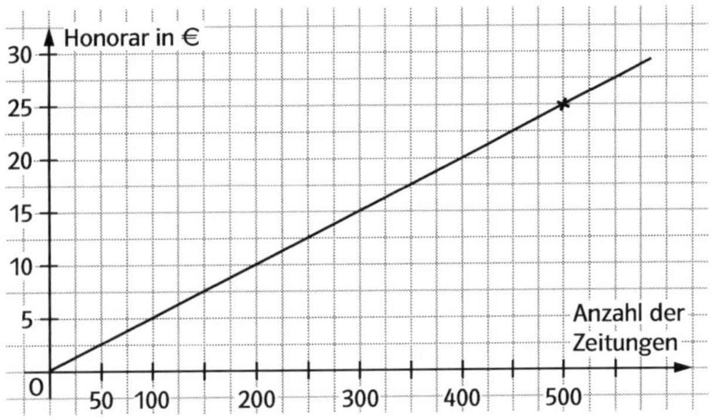

b) x: Stunden

f(x): Honorar in €

$f(x) = \frac{7{,}5}{3} \cdot x = 2{,}5 \cdot x$

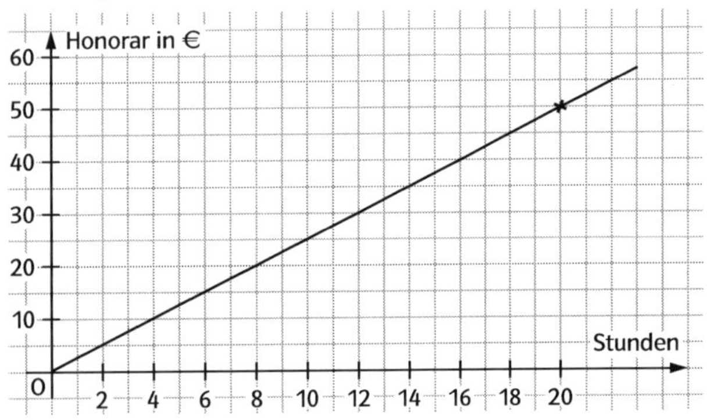

c) x: Arbeitszeit in h

f(x): Lohn in €

$f(x) = \frac{275}{25} \cdot x = 11x$

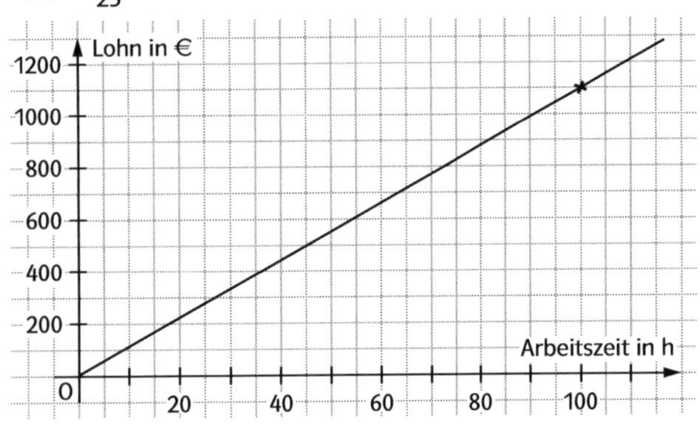

d) x: Anzahl der Brötchen

f(x): Preis in €

$f(x) = \frac{3{,}2}{8} \cdot x = 0{,}4 \cdot x$

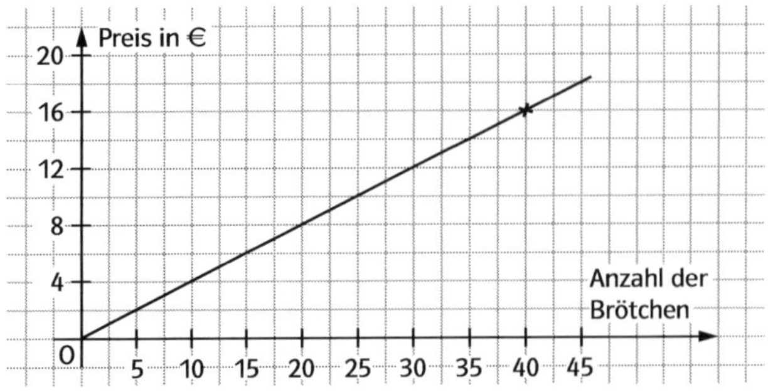

e) x: Anzahl der Eier

f(x): Preis in €

$f(x) = \frac{3}{12} \cdot x = \frac{1}{4} \cdot x$

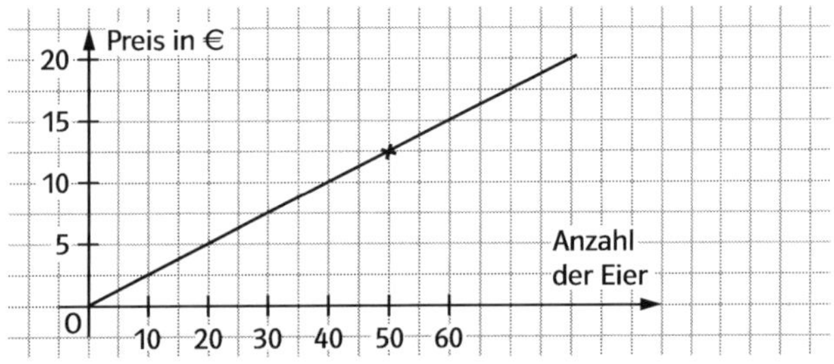

Randspalte

100 % Gefälle bedeutet, dass die Piste auf einem Zentimeter um einen Zentimeter fällt, sie fällt aber nur um etwa 0,6 Zentimeter und hat somit ein Gefälle von 60 %.

Seite 142

17 individuelle Lösungen

18 a) Funktionsgleichung: $f(x) = 2{,}75\,\% \cdot x$

Zins: $f(x) = 2{,}75\,\% \cdot 3750{,}50\,€ = 103{,}14\,€$

b) Funktionsgleichung: $f(x) = 2\,\% \cdot x$

Skonto: $f(x) = 2\,\% \cdot 756{,}40\,€ = 15{,}13\,€$

c) Funktionsgleichung: $f(x) = 5\,\% \cdot x$

Rabatt: $f(x) = 5\,\% \cdot 256{,}80\,€ = 12{,}84\,€$

d) Funktionsgleichung: $f(x) = 19\,\% \cdot x$

Mehrwertsteuer: $f(x) = 19\,\% \cdot 867{,}20\,€ = 164{,}77\,€$

19 Eisenbahn: $\frac{40}{1000} = \frac{4}{100} = 4\,\%$

Zahnradbahn: $\frac{280}{1000} = \frac{28}{100} = 28\,\%$

Standseilbahn: $\frac{750}{1000} = \frac{75}{100} = 75\,\%$

Schwebeseilbahn: $\frac{900}{1000} = \frac{90}{100} = 90\,\%$

20 Der Boden des Beckens hat einen Flächeninhalt von $40\,m^2$. Da in einer Minute 120 l bzw. in einer Stunde 7200 l in das Becken fließen, kann man folgende Gleichung aufstellen: $40\,m^2 \cdot h = 7200\,l = 7200\,dm^3$. h steht für die Höhe, bei der das Wasser nach einer Stunde steht. Es folgt: $h = 18\,cm$

a) x: Zeit in h

$f_1(x)$: Wasserstandshöhe in cm

$f_1(x) = 18x$

Alternativ kann man eine Funktionsgleichung für die Menge des Wassers in dem Becken aufstellen. Es gilt: $f_2(x) = 7200 \cdot x$ (x in h; f(x): Menge in l)

Graph für $f_1(x) = 18x$

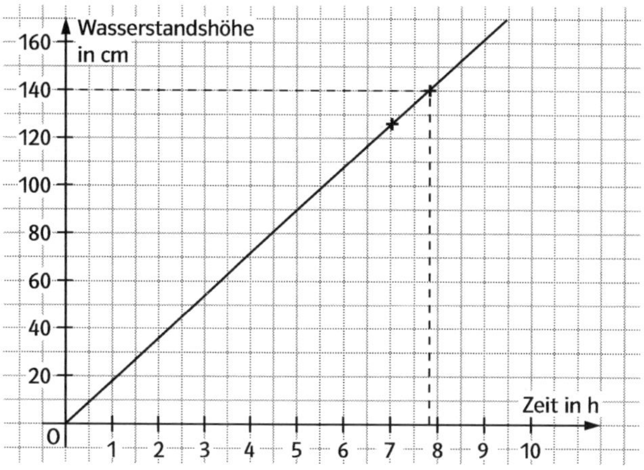

Graph für $f_2(x) = 7200x$

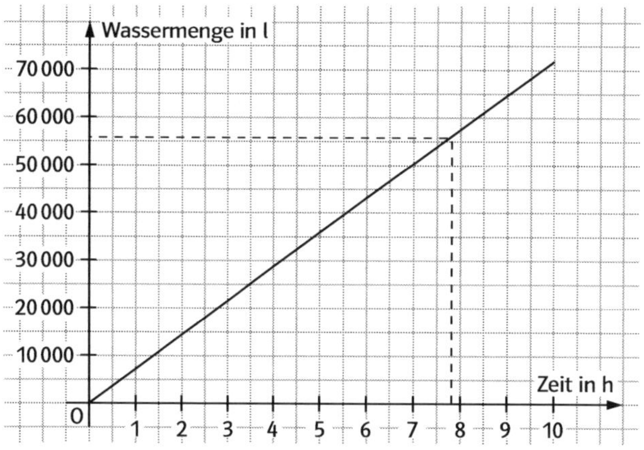

b) Siehe oben; 18 cm

c) Man liest dies aus dem Graphen von $f_1(x)$ ab und erhält den Wert von etwa 7,8 h. Löst man die Gleichung $140 = 18x$, erhält man $x = 7{,}\overline{7}$, also etwa 7 h 45 min.

Treppen steigen

- Steigung der Treppen:

A: $\frac{0{,}3}{0{,}3} = 1$

B: $\frac{0{,}25}{0{,}5} = 0{,}5$

C: $\frac{0{,}17}{0{,}51} = \frac{1}{3}$

Funktionsgleichungen:

A: $f(x) = 1 \cdot x$

B: $f(x) = 0{,}5 \cdot x$

C: $f(x) = \frac{1}{3} \cdot x$

- individuelle Lösungen
- individuelle Lösungen

3 Lineare Funktionen

Seite 143

Einstiegsaufgabe

➔

Entfernung in km	0	1	2	3	4	5
Preis in €	2,50	4,00	5,50	7,00	8,50	10,00

➔ Weil man zusätzlich zum Fahrpreis immer einen festen Zuschlag von 2,50 Euro bezahlen muss.

Seite 144

1 Kraftstoffmenge – Kraftstoffpreis: proportionale Funktion, da der Quotient immer gleich ist.
Wärmezufuhr – Wassertemperatur: lineare Funktion, da Wasser schon eine bestimmte Temperatur hat, bevor man es erhitzt (x = 0).
Bahnkilometer – Fahrpreis: proportionale Funktion, da der Quotient immer gleich ist, das bedeutet, der Fahrpreis nimmt pro Kilometer immer um denselben Betrag zu.
Länge einer Kerze – Brenndauer: lineare Funktion, denn die Kerze hat zu Beginn (x = 0) eine bestimmte Länge.
Arbeitsstunden – Handwerkerrechnung: proportionale Funktion, wenn der Handwerker nur seine Arbeitsstunden abrechnet oder lineare Funktion, wenn der Handwerker eine Pauschale für seine Anfahrt in Rechnung stellt.

2 Die Gerade g_1 hat die Gleichung $f(x) = 2x + 1$.
Die Gerade g_2 hat die Gleichung $f(x) = x + 1$.
Die Gerade g_3 hat die Gleichung $f(x) = \frac{1}{2}x - 1$.
Die Gerade g_4 hat die Gleichung $f(x) = -x - 1$.
Die Gerade g_5 hat die Gleichung $f(x) = -\frac{1}{2}x + 1$.
Die Gerade g_6 hat die Gleichung $f(x) = -2x + 2$.

3 a) (0 | 1); (2 | 5) b) (0 | −1); (2 | 3)
c) (0 | 1); (2 | −3) d) (0 | −1); (2 | −5)

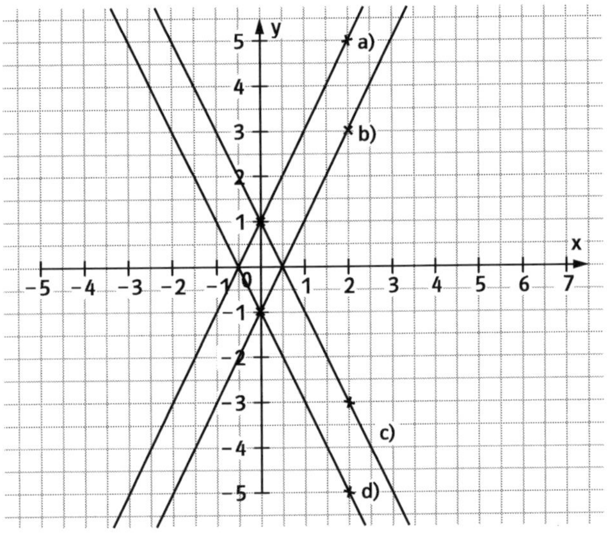

e) $(0|-1)$; $(2|-0{,}5)$
f) $(0|2)$; $\left(2|3\frac{1}{3}\right)$
g) $(0|2{,}5)$; $(2|4)$
h) $(0|-3{,}5)$; $(2|-1{,}9)$

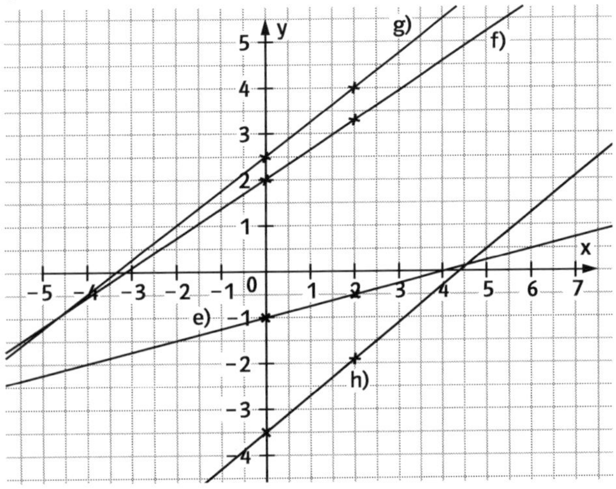

4

Gerade	Funktionsgleichung	y-Wert für x = 1,5	y-Wert für x = 3
g_1	$f(x) = \frac{2}{3}x - 2$	−1	0
g_2	$f(x) = \frac{2}{3}x - 1$	0	1
g_3	$f(x) = \frac{2}{3}x$	1	2
g_4	$f(x) = \frac{2}{3}x + 1$	2	3
g_5	$f(x) = \frac{2}{3}x + 2$	3	4
g_6	$f(x) = \frac{2}{3}x + 3$	4	5

Die Geradengleichungen unterscheiden sich lediglich im Wert für den y-Achsenabschnitt b. Vergleicht man y-Werte zu einem bestimmten x-Wert, so sieht man, dass sie sich um denselben Wert wie ihre y-Achsenabschnitte b unterscheiden.

5 Die Gerade g_1 hat die Gleichung $f(x) = \frac{1}{2}x + 1$.
Die Gerade g_2 hat die Gleichung $f(x) = x + 1$.
Die Gerade g_3 hat die Gleichung $f(x) = 2x + 1$.
Die Gerade g_4 hat die Gleichung $f(x) = -3x + 1$.
Die Gerade g_5 hat die Gleichung $f(x) = -x + 1$.
Alle Geraden haben denselben Wert für b.

Seite 145

6 a) $f(x) = \frac{3}{2}x - 1$
b) zum Beispiel:

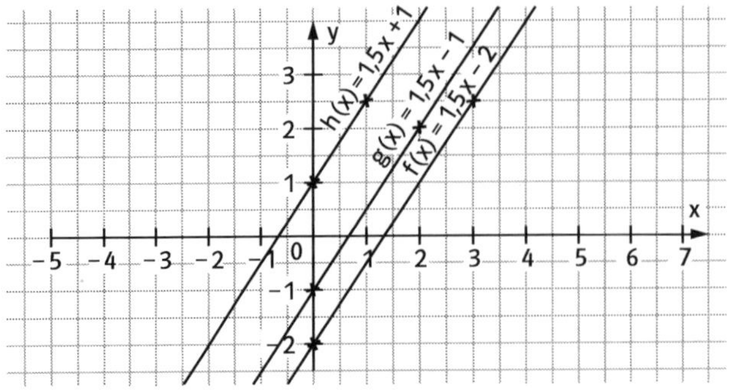

c) zum Beispiel:

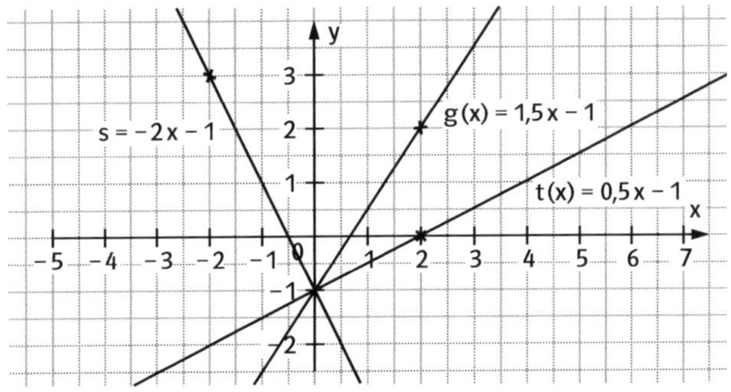

7 Um die Steigung m zu berechnen, setzt man b und den x- und y-Wert des angegebenen Punkts in die Gleichung $f(x) = mx + b$ ein und löst nach m auf.
a) $f(x) = \frac{1}{3}x + 1$
b) $f(x) = x + 2$
c) $f(x) = -2x + 1$
d) $f(x) = -\frac{3}{2}x - 3$

8 a) $f(x) = \frac{1}{2}x + 1$
Um die Geraden zu finden, kann man ein Lineal zur Hilfe nehmen und es verschieben, bis man eine der gesuchten Geraden gefunden hat.
b) Die Geraden $f(x) = x + 2$ oder $f(x) = x - 2$ oder $f(x) = -x + 4$ gehen durch jeweils drei der markierten Punkte. $f(x) = x + 1$ oder $f(x) = -x + 5$ gehen jeweils durch vier der markierten Punkte.

9 Parallel bedeutet, dass die neue Funktionsgleichung dieselbe Steigung hat wie die angegebene. Um den y-Achsenabschnitt b zu berechnen, setzt man diese Steigung und den x- und y-Wert des angegebenen Punkts in die Gleichung $f(x) = mx + b$ ein und löst nach b auf.
a) $f(x) = 1{,}5x + 3$
b) $f(x) = -0{,}5x - 4$
c) $f(x) = \frac{3}{4}x + 3$

Lebende Geraden

- Alle Schülerinnen und Schüler müssen vier Einheiten nach oben (in Richtung der y-Achse) gehen, um die Gerade $f(x) = x + 3$ darzustellen. Alle Schülerinnen und Schüler müssen drei Einheiten nach unten (in Richtung der y-Achse gehen), um die Gerade $f(x) = x - 4$ darzustellen.
- Um die Gerade $f(x) = 2x - 1$ darzustellen, müssen alle Schülerinnen und Schüler um den Schüler der am Punkt (0 | −1) steht gegen den Uhrzeigersinn rotieren bis ein Schüler oder eine Schülerin auf dem Punkt (1 | 1) steht. Um die Gerade $f(x) = 0{,}5x - 1$ darzustellen, müssen alle Schülerinnen und Schüler um den Schüler der am Punkt (0 | −1) steht im Uhrzeigersinn rotieren bis ein Schüler oder eine Schülerin auf dem Punkt (2 | 0) steht.
- Alle müssen eine Einheit unterhalb der x-Achse stehen.

Seite 146

10 a)

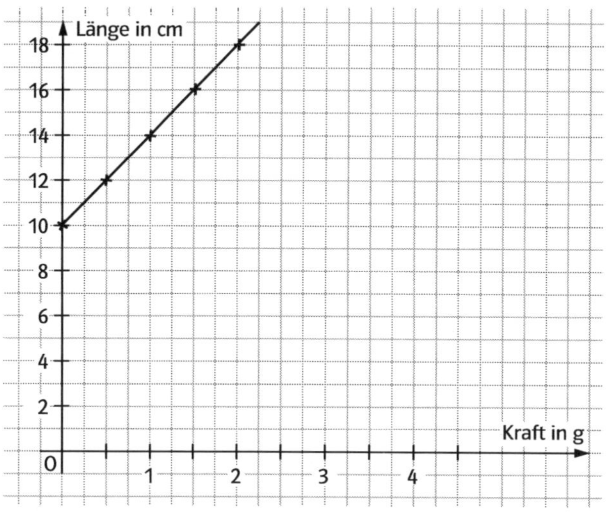

b) Die beiden werden berichten, dass es sich um eine lineare Funktion handelt mit $f(x) = 4x + 10$ (x: Gewichtskraft in g).

11 a) $f(x) = \frac{1}{2}x + 6$

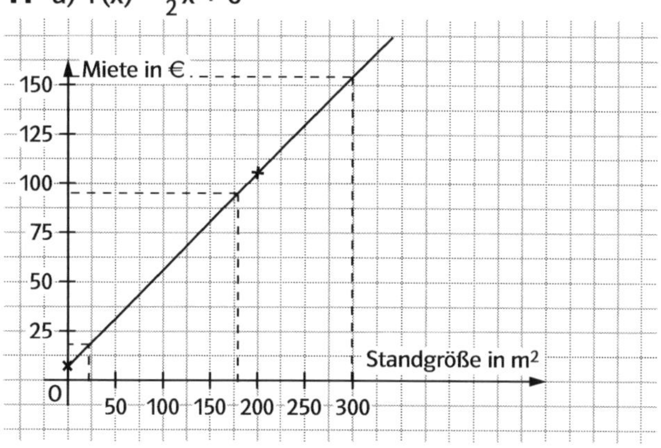

b) Standmiete Autoscooter: 156 €
Standmiete Riesenrad: 96 €
c) Die Losbude mit 24 m² muss 18 € bezahlen.

12 a) Er gibt die Grundgebühr an, die man zahlen muss, auch wenn man kein Wasser verbraucht hat.
b) 1 m³ Wasser kostet 0,50 €.
c) $f(x) = \frac{1}{2}x + 30$

13 $f(x) = -\frac{1}{8}x + 450$

Man kann z. B. ablesen, wie lang es dauert bis der Fallschirm auf dem Boden ankommt.

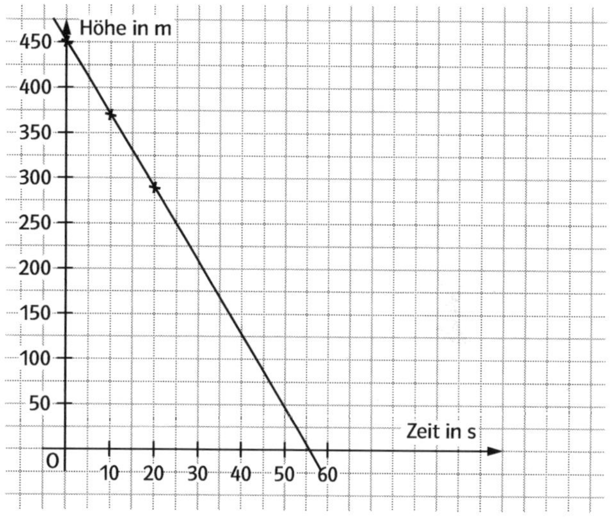

Zwei Punkte sind genug ?!

- Das Steigungsdreieck, mit dem man vom Punkt B zum Punkt A gelangt, zeigt Folgendes: Man geht $3 - (-1) = 4$ Einheiten nach rechts und $6 - 3 = 3$ Einheiten nach oben. Als Steigung erhält man den Quotienten $\frac{3}{4}$.
- Punkt C: (−2 | 5)
Punkt D: (4 | −4)
Steigung: $\frac{5-(-4)}{-2-4} = \frac{9}{-6} = -\frac{3}{2}$.
- Man bildet einen Quotienten aus der Differenz der beiden y-Werte und der beiden x-Werte.
$A = (x_1 | y_1)$
$B = (x_2 | y_2)$
$m = \frac{y_1 - y_2}{x_1 - x_2}$.
Man setzt in die Gleichung $f(x) = mx + b$ die Koordinaten eines Punkts $A(x | y)$ ein und löst die Gleichung nach b auf:
aus: $y = mx + b$
folgt: $b = y - mx$
- g_3: $f(x) = \frac{2}{3}x - 1{,}5$
g_4: $f(x) = \frac{4}{7}x + 1$
g_5: $f(x) = 2x - 3$
g_6: $f(x) = \frac{1}{6}x - 4\frac{2}{3}$

Seite 147

Versorgungstarife

- Man kann die Kosten mithilfe einer Funktionsgleichung berechnen: Kosten = Anzahl in kWh · Kosten pro kWh + Grundgebühr

Für Familie Sommer ergibt sich:
EWR: 964,68 €
GreenStrom: 967,20 €
HappyEnergy: 979,08 €
BerspitzStrom: 961,80 €
Am günstigsten ist für sie BergspitzStrom.

Für Frau Bonetti ergibt sich:
EWR: 269,88 €
GreenStrom: 301,20 €
HappyEnergy: 292,83 €
BerspitzStrom: 316,05 €
Sie sollte also EWR wählen.

- Man gibt die Grundgebühren der verschiedenen Anbieter in einer Reihe (A1; B1; …) an, die Kosten pro kWh in der nächsten Reihe (A2; B2; …). Als Formel für den Rechnungsbetrag gibt man in Zelle A3 ein „=A1+x*A2", wobei A1 bzw. A2 markiert werden müssen, x ist der eigene Stromverbrauch. Drückt man auf „Enter" erscheint der Rechnungsbetrag. Zieht man das Feld A3 nun über die Zellen B2; B3; … erscheinen auch die anderen Rechnungsbeträge.

-

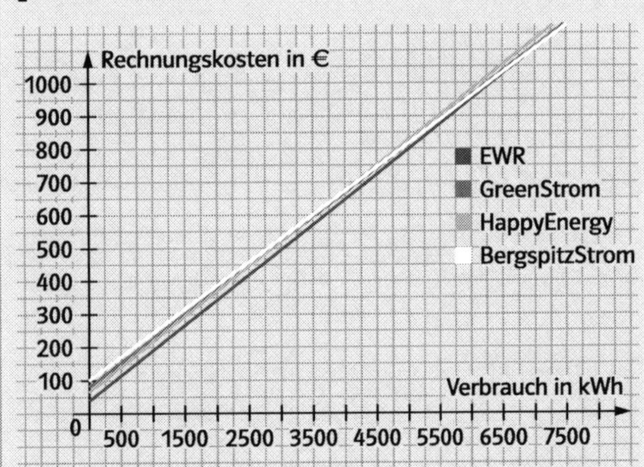

Im Schaubild sind die Anbieter aus der Tabelle oben dargestellt.
Ein Problem ist, dass der Unterschied zwischen 100 kWh so gering ist, dass der Rechnungsbetrag im Schaubild nur schwer abzulesen ist. Generell muss man im Voraus sehr genau wissen, wie viele kWh man benötigt, um zu entscheiden welchen Anbieter man wählt.

- Pro Monat erhält man etwa
150 kWh · 0,574 € = 86,10 €
Nach 12 500 € : 86,10 € = 145,18 Monaten, also etwa 12 Jahren, hat sich die Anschaffung bezahlt gemacht.

- Punkt P zeigt die Grundgebühr von 30 € an, Punkt Q zeigt den Verbrauch von 200 m³ und die Gesamtkosten von 180 € an. Am y-Achsenabschnitt liest man die Grundgebühr ab. Die Steigung gibt an, wie hoch die Kosten pro Kubikmeter sind.
- Man sucht sich ein geeignetes Steigungsdreieck und liest ab, dass der Preis pro Kubikmeter 0,75 € beträgt.
- Familie Schneider hat 200 Kubikmeter Wasser verbraucht und bezahlt dafür 180 €. Für das Abwasser bezahlt sie zusätzlich 320 €. Die Kosten belaufen sich insgesamt auf 500 €.
- Individuelle Lösungen. Die Gebühren könnt ihr bei den Stadtwerken erfragen. Sicher können euch aber auch eure Eltern weiterhelfen.

4 Modellieren mit Funktionen

Seite 148

Einstiegsaufgabe

➔ Lara benötigt noch 1000 €. Bei 9 € Stundenlohn muss sie 112 Stunden arbeiten. Da sie täglich 8 Stunden arbeitet, benötigt sie 14 Tage. Arbeitet sie 5 Tage in der Woche, hat sie nach drei Arbeitswochen das Geld für den Roller zusammen.

➔ Geht sie 7 Stunden arbeiten, hat sie das Geld nach 16 Arbeitstagen zusammen.

Seite 149

1 Realsituation: Wie viele Zentimeter brennt die Kerze in einer Stunde ab?
Mathematisches Modell: Die Kerze war um 9 Uhr 14 cm lang. In drei Stunden sind 4,5 cm der Kerze abgebrannt. Lösungsansatz über eine Gleichung. Die Variable x bezeichnet die Brenndauer, die Variable y die Länge der Kerze. Die Uhrzeit 9:00 Uhr setzt man als Zeitpunkt $x = 0$.
Mathematische Ergebnisse: $y = 14 - 1{,}5x$
a) Um 8:00 Uhr $(x = -1)$ war die Kerze 15,5 cm lang. Um 17:00 Uhr $(x = 8)$ wird die Kerze noch 2 cm lang sein.
b) Ursprünglich, d.h. um 7 Uhr $(x = -2)$, war die Kerze 17 cm lang.
Man berechnet, wann die Länge der Kerze $y = 0$ cm beträgt. Dies ist nach $9\frac{1}{3}$ Stunden der Fall. In der Realität wird die Kerze jedoch nicht völlig abbrennen, weil der Docht in das geschmolzene Wachs fällt oder der Docht nicht bis ganz zum Ende reicht. Die Kerze wird deshalb eher nach 9 Stunden, also um 18:00 Uhr verlöschen.

c) Man kann das Modell so anpassen, dass man entweder die Länge der Kerze halbiert, also $f(x) = 7 - 1,5x$, oder man verdoppelt die Brenngeschwindigkeit, also $f(x) = 14 - 3x$. Eine Verdoppelung der Brenngeschwindigkeit erreicht man durch eine halb so dicke Kerze (bezüglich des Volumens und nicht bezüglich des Durchmessers).

2 Realsituation: Welches der beiden Angebote ist günstiger?
Mathematisches Modell:
x bezeichnet die Anzahl der Fotos, y den Gesamtpreis in Euro.
Meisterfoto 9x13: $y = 0,17x$;
ab 30 Stück $y = 0,15x$; ab 100 Stück $y = 0,09x$
Meisterfoto 10x15: $y = 0,19x$;
ab 30 Stück $y = 0,17x$; ab 100 Stück $y = 0,12x$
Fotoservice 9x13: $y = 0,22x$; ab 25 Stück $y = 0,15x$
Fotoservice 10x15: $y = 0,26x$; ab 25 Stück $y = 0,22x$
Meistens ist Meisterfoto günstiger, insbesondere wenn mehr als 100 Fotos bestellt werden.

Seite 150

Taxitarife

- Den Preis für eine Taxifahrt kann man mit einer Funktionsgleichung berechnen.
Preis = Anzahl der gefahrenen Kilometer · Arbeitstarif + Anzahl Stunden Wartezeit · Zeittarif + Grundtarif
Man muss allerdings darauf achten, ob es eine Tages- oder Nachtfahrt ist. Außerdem ändert sich der Arbeitstarif ab 4 km.
Der Preis für die Nachmittagsfahrt beträgt 17,47 €, für die Nachtfahrt 16,23 €.
Frau Berg zahlt insgesamt 33,70 €. Die Nachtfahrt ist 1,24 € günstiger, das sind 7,1 %.
- Man muss zuerst die gefahrenen Kilometer berechnen, $x = 34,3$ km. Da der Zeittarif in der Nacht gleich ist, muss der Betrag nur halbiert werden (2,38 €). Die Fahrtkosten nach 22 Uhr betragen dann 42,51 €.
- $p = x \cdot 1,50€ + \frac{z}{60} \cdot 19€ + 2,40€$
Dabei ist x die Kilometerzahl, z die Wartezeit in Minuten und p der Preis. Problematisch ist, dass drei Variablen auftreten.

3 Die BahnCardpreise, die im Schülerbuch angegeben sind, sind vom Januar 2007. Rechnet man mit aktuelleren Daten, ergeben sich andere Werte.
a) Tina muss für die $2 \cdot 6 = 12$ Fahrten 528 € bezahlen, wenn sie keine BahnCard besitzt.
Eine BahnCard lohnt sich, wenn Fahrpreis + Preis der BahnCard < Normalpreis.
Das bedeutet: Damit sich eine BahnCard lohnt, muss der Betrag, den man mit ihr bei den gesamten Fahrten spart, mindestens dem Preis der BahnCard entsprechen.
Mit der BahnCard 25 spart man 25 % von 528 €, also $0,25 \cdot 528€ = 132€$.
Mit der BahnCard 50 spart man 50 % von 528 €, also $0,5 \cdot 528€ = 264€$.
Mit der BahnCard 100 sind alle Fahrten umsonst, man spart also 528 €.
Tina sollte also eine BahnCard 50 kaufen. Diese kostet 206 € und sie spart dadurch 58 €.
b) Noah muss für die 12 Fahrten 792 € bezahlen, wenn er keine BahnCard besitzt.
Mit der BahnCard 25 spart man 25 % von 792 €, also $0,25 \cdot 792€ = 198€$.
Mit der BahnCard 50 spart man 50 % von 792 €, also $0,5 \cdot 792€ = 396€$.
Mit der BahnCard 100 sind alle Fahrten umsonst, man spart also 792 €.
Noah sollte also eine BahnCard 50 kaufen. Diese kostet 206 € und er spart dadurch 190 €.
c) Herr Schmid muss für die 72 Fahrten 6840 € bezahlen, wenn er keine BahnCard besitzt.
Für ihn lohnt sich also in jedem Fall die BahnCard 100. Er spart mit ihr 3540 €.

4 a) Die Kosten bei Tagesmiete kann man mit der Funktionsgleichung $k_1(t) = 69 \cdot t$ berechnen (t = Anzahl der Tage). Bei einer Monatsmiete gilt die Gleichung $k_2(x) = 0,03 \cdot x + 399$ (x = Anzahl der gefahrenen Kilometer). Möchte man das günstigere Angebot finden, muss man die beiden Terme miteinander vergleichen.
- Für Frau Specht würde sich Folgendes ergeben:
$k_1(t) = 69 \cdot 7 = 483$
$k_2(x) = 0,03 \cdot x + 399 = 399 + 0,03x$
Der zweite Term ist kleiner als 483, wenn x kleiner als 2800 ist. Somit ist das Monatsangebot günstiger, wenn sie weniger als 2800 km fährt. Daraus lässt sich berechnen, dass sich die Tagesmiete dann lohnt, wenn Frau Specht mehr als 2800 km fährt.
- Herr Seidel müsste in den 3 Wochen mehr als 35 000 km fahren, damit sich das Wochenangebot lohnt. Auch er sollte sich also für das 2. Angebot entscheiden.

5 a) In fünf Jahren haben die Besucherzahlen um $1\,070\,000 - 840\,000 = 230\,000$ Besucher zugenommen. Das sind pro Jahr etwa 46 000 Besucher mehr.

Die Anzahl der Besucher in den folgenden Jahren lässt damit mit der Funktionsgleichung
$f(x) = 46000 \cdot x + 1070000$ berechnen.
($f(x)$ = Anzahl der Besucher, x = Anzahl der Jahre)
Im Jahr 2006 mit $x = 1$ sind also 1116000, im Jahr 2007 1162000 und im Jahr 2008 1208000 Besucher zu erwarten.
b) Ab dem Jahr 2009 gilt dann die Gleichung:
$f(x) = 92000 \cdot x + 1208000$.

Seite 151

Ausgleichsgeraden

- Individuelle Lösungen. Fragt eventuell euren Physiklehrer, ob er euch einige Tipps geben kann, wie und wo an eurer Schule ihr die Ausbreitung des Schalls am besten untersuchen könnt.
- 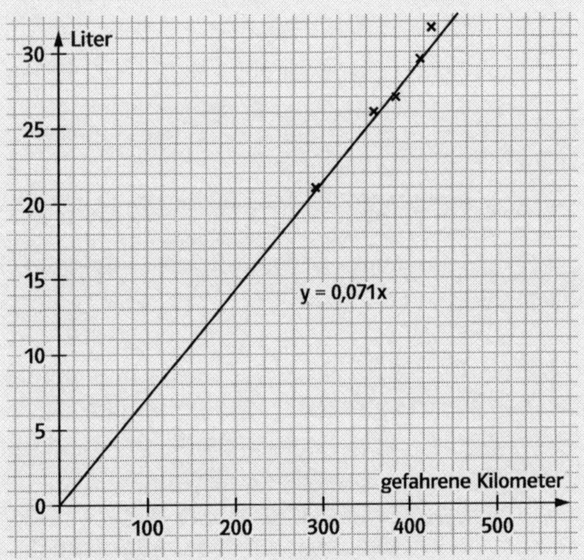

- Der durchschnittliche Verbrauch beträgt 7,1 l je 100 km.
- Frau Sommer kann voraussichtlich etwa 510 Kilometer fahren.
- Mit einem Tabellenkalkulationsprogramm erhält man das Schaubild für den Durchschnittsverbrauch von Frau Sommers Wagen. Die Funktionsgleichung der Ausgleichsgeraden lautet $y = 0{,}0793 \cdot x - 2{,}8395$, dabei x: gefahrene Kilometer, y: verbrauchte Liter Kraftstoff.

Üben • Anwenden • Nachdenken

Seite 153

1 Proportional: Benzinmenge – Benzinpreis; Zeit – zurückgelegte Strecke; Zeit – Höhe der Gondel; Strommenge – Strompreis
Linear: Uhrzeit – Luftdruck; gefahrene Kilometer – Taxigebühr
Keine Funktion: Luftdruck – Uhrzeit (Denn einem Wert für den Luftdruck können mehrere Zeiten zugeordnet sein.)

2

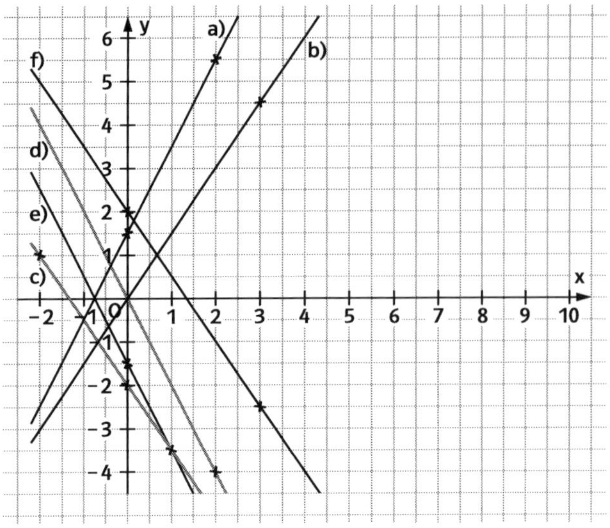

3 a) $f(x) = x + 2$

x	−2	−1	0	1	2	3	4
y	0	1	2	3	4	5	6

b) $f(x) = 2x + 1$

x	1	2	3	4	0	−1	−2
y	3	5	7	9	1	−1	−3

c) $f(x) = x^2 - 2$

x	3	2	1	0	−1	−2	−3
y	7	2	−1	−2	−1	2	7

4

	A(6∣1)	B(0∣2,5)	C(1∣4)	D(10∣3)
$f(x) = \frac{1}{2}x - 2$	ja	nein	nein	ja
$f(x) = 3 + x^2$	nein	nein	ja	nein
$f(x) = \frac{4}{10 - x}$	ja	nein	nein	nein
$f(x) = \frac{x-5}{x-2}$	nein	ja	ja	nein

5 a) Im ersten Quadranten
b) Im zweiten Quadranten
c) Im dritten Quadranten

6 g_1: $f(x) = \frac{1}{4}x + \frac{1}{2}$
g_2: $f(x) = 3x - 1{,}5$
g_3: $f(x) = -\frac{3}{2}x + 2$
g_4: $f(x) = -\frac{1}{2}x - \frac{1}{2}$

7 a) X(4∣0) und Y(0∣4)
b) X(10∣0) und Y(0∣5)
c) X(−2∣0) und Y(0∣3)
d) X(8∣0) und Y(0∣−2)

8 P auf (3); Q auf (1); R auf (4); S auf (2).

9 a) (3; 2) b) (7 | −2)
c) (−2; 7) d) (1 | 4)
e) (8; −3) f) (5,5 | −0,5)

10 blau: $f(x) = 2x - 2$
rot: $f(x) = x + 3$
gelb: $f(x) = -x - 1$
lila: $f(x) = \frac{1}{x}$

Randspalte
Die Steigungen der einzelnen Teilstücke vom Start bis zum Ziel lauten:
$m_1 = \frac{4}{3}$; $m_2 = 2$; $m_3 = 4$; $m_4 = -\frac{3}{2}$; $m_5 = -\frac{2}{3}$; $m_6 = 1$; $m_7 = 4$

Seite 154

Funktionen sichtbar machen

Schaubilder erstellen

▪

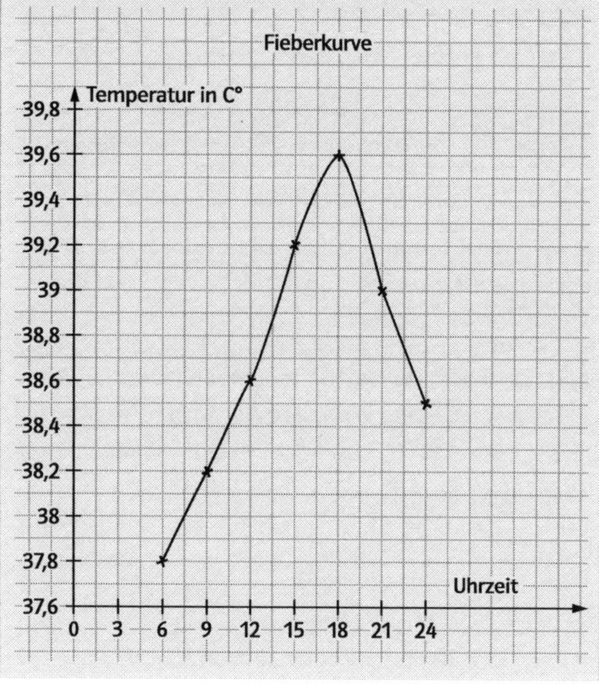

▪

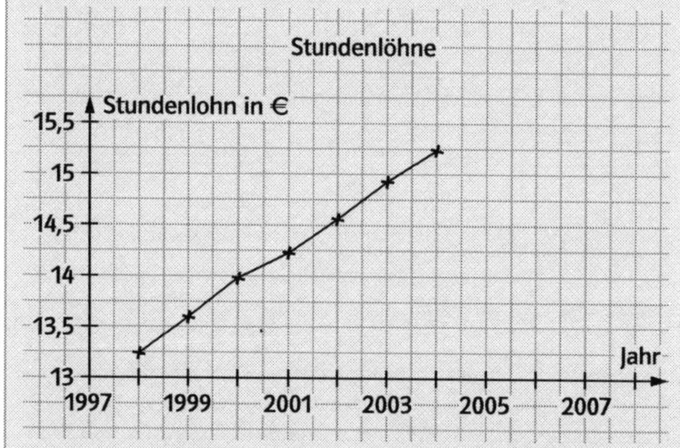

In den sechs Jahren von 1998 bis 2004 ist der Stundenlohn um 2 Euro gestiegen. Bleibt die Entwicklung so, wird der Stundenlohn 2010 bei etwa 17,24 Euro liegen.

Wertetabellen berechnen und Schaubilder erstellen

▪ Die Kerze hat zu Beginn eine Länge von 20 cm. Pro Stunde wird sie um 0,8 cm kürzer.

▪ Erweitert man die Tabelle, so kann man ablesen, dass die Kerze nach 25 Stunden die Länge 0 hat, also abgebrannt ist.

▪

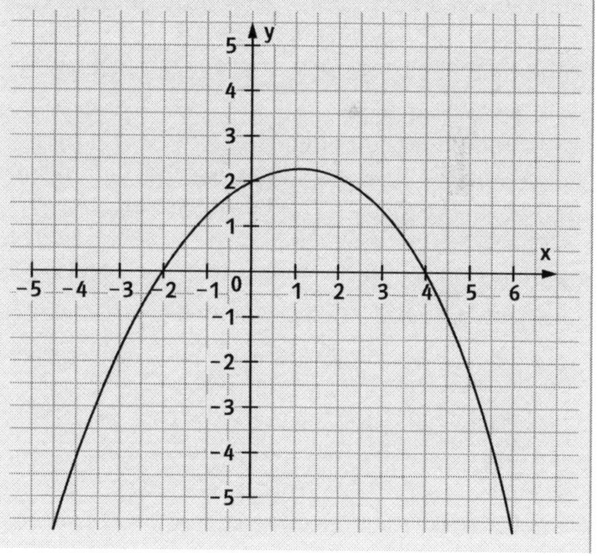

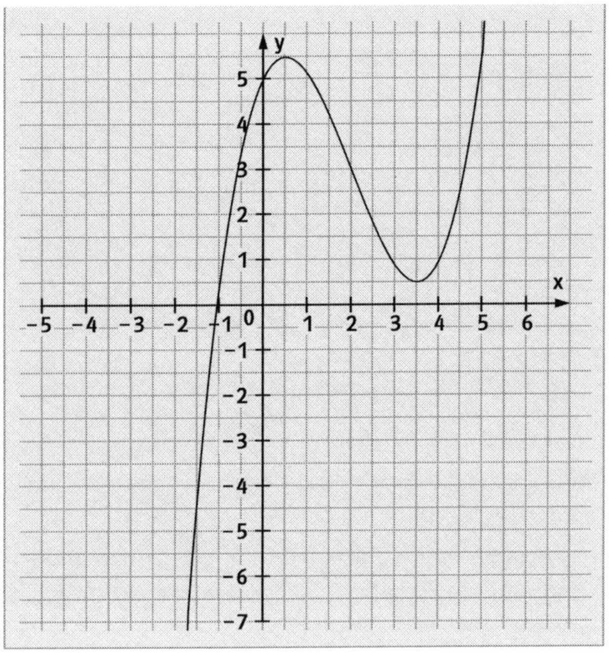

Seite 155

11 Individuelle Lösungen
Als Hilfe: zeichne zuerst in ein vorgefertigtes Koordinatensystem Geraden mit den angegebenen Steigungen ein. Zeichne zu jeder Geraden das Steigungsdreieck. Miss dann die Winkel des Steigungsdreiecks, die an die Gerade angrenzen und die Länge der Seiten des Steigungsdreiecks.
Wenn man nun eine beliebige Gerade zeichnet, geht man wie folgt vor:
Man zeichnet an einer beliebigen Stelle das Steigungsdreieck ein. Achte darauf, welche Seite des Dreiecks deine „Zähler"- und welches deine „Nenner"-Seite ist.
Man verlängert nun die „Nenner"-Seite des Steigungsdreiecks. Falls die gegebene Gerade keinen y-Achsenabschnitt hat, ist diese Geraden die x-Achse. Nun zeichnet man zur „Zähler"-Seite des Dreiecks eine Parallele, die durch die andere Ecke des Steigungsdreiecks geht. Diese Parallele ist die y-Achse. Hat die vorgegebene Gerade einen y-Achsenabschnitt b, muss man die eben gezeichnete x-Achse noch parallel nach oben verschieben, falls der y-Achsenabschnitt b negativ ist. Sie wird nach unten verschoben, falls der y-Achsenabschnitt positiv ist.

12 a) Die Linie ist nicht gerade, weil das Flugzeug nicht mit konstanter Geschwindigkeit fliegt.
b) Sie informiert über die Abweichungen der Flugzeuggeschwindigkeit zur jeweiligen Zeit vom Mittelwert.
c) $f(x) = \frac{16}{3}x - 16{,}7$

13 a) Realsituation: Wie hoch müssen die Kosten für eine Minute sein, falls die Grundgebühr entfallen soll und die Telefongesellschaft die gleichen Einnahmen haben möchte?
Mathematisches Modell: Wird an 30 Tagen durchschnittlich 30 Minuten telefoniert, betragen die bisherigen Einnahmen: Grundgebühr + Gesprächskosten: $19{,}95\,€ + 30 \cdot 30 \cdot 0{,}09\,€ = 100{,}95\,€$.
Mathematische Ergebnisse: $100{,}95 = 30 \cdot 30 \cdot x$
$x = 0{,}112$ (gerundet)
Reales Ergebnis: Die Telefongesellschaft wird 12 Cent pro Minute berechnen müssen, um genauso viel Geld einzunehmen.
b) Erhöht man die Gesprächsdauer um 50 %, wird durchschnittlich 45 Minuten pro Tag telefoniert.
Das bedeutet im alten Tarif
$19{,}95\,€ + 45 \cdot 30 \cdot 0{,}99\,€ = 141{,}45\,€$
$141{,}45\,€ = 45 \cdot 30 \cdot x$
$0{,}105 = x$
Die Telefongesellschaft müsste den Preis pro Minute auf 0,11 Cent erhöhen.

14 a)

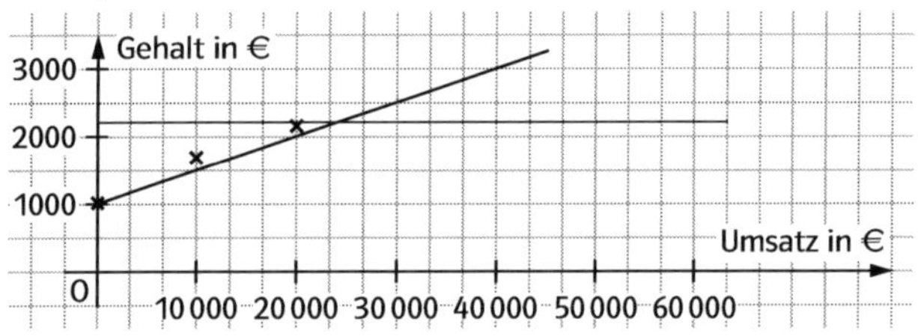

b) Sobald er einen Umsatz von 24 000 € und mehr macht, lohnt sich das erste Angebot.

15 a) Bis zum Siedepunkt von 100° wird lediglich der Behälter (2) erwärmt. Es gilt $f(t) = \frac{16}{7}t + 20$;
t: Zeit in 7 Min.; f(t): Temperatur in °C.
b) Wassermenge (1) und (2) werden gleich schnell erwärmt. Wassermenge (1) wird allerdings nicht zum Kochen gebracht. Wassermenge (3) dagegen erwärmt sich langsamer.

16 Anna hat Recht. 10 Stunden kosten $10 \cdot 3{,}00\,€ = 30{,}00\,€$, 9 Stunden kosten $9 \cdot 3{,}60\,€ = 32{,}40\,€$. Ein Telefonat über 50 Stunden kostet $50 \cdot 2{,}40\,€ = 120{,}00\,€$, ein Telefonat über 45 Stunden $45 \cdot 3{,}00\,€ = 135{,}00\,€$. Ein Telefonat über

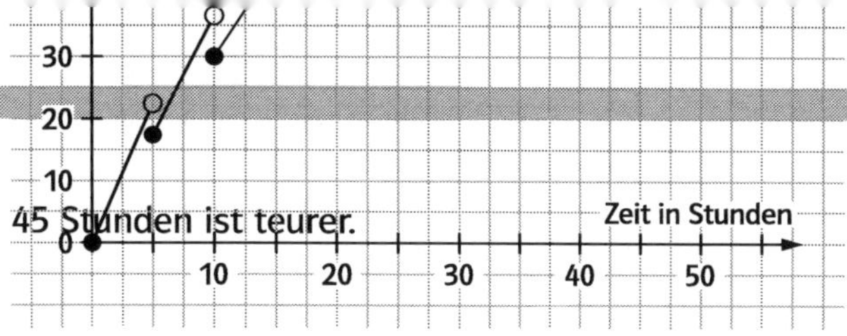

45 Stunden ist teurer.

17 a) Bourg-d'Oisans nach Pied de côte:

$\frac{740\,m - 720\,m}{1500\,m} = \frac{20\,m}{1500\,m} = \frac{2\,m}{150\,m} = 0{,}013 = \frac{1{,}3}{100} = 1{,}3\,\%$

Pied de côte nach La Garde:

$\frac{237\,m}{2500\,m} = 0{,}0948 = \frac{9{,}48}{100} = 9{,}48\,\%$

La Garde nach Le Ribot:

$\frac{163\,m}{2000\,m} = 0{,}0815 = \frac{8{,}15}{100} = 8{,}15\,\%$

Le Ribot nach Huez-en-Oisans:

$\frac{275\,m}{3500\,m} = 0{,}0786 = \frac{7{,}86}{100} = 7{,}86\,\%$

Huez-en-Oisans nach L'Alpe-d'Huez (entrée):

$\frac{265\,m}{3000\,m} = 0{,}0883 = \frac{8{,}83}{100} = 8{,}83\,\%$

L'Alpe-d'Huez (entrée) nach L'Alpe-d'Huez:

$\frac{170\,m}{3000\,m} = 0{,}0567 = \frac{5{,}67}{100} = 5{,}67\,\%$

b) Gesamtsteigung: $\frac{1130\,m}{15\,500\,m} = 0{,}0729 = \frac{7{,}29}{100} = 7{,}29\,\%$

Vier der sechs Streckenabschnitte sind sehr viel steiler als die Gesamtsteigung. Die Gesamtsteigung veranschaulicht also nicht sehr gut, wie steil oder flach einzelne Teilstücke sind.

Seite 156

Zu schwer oder zu klein?

▪

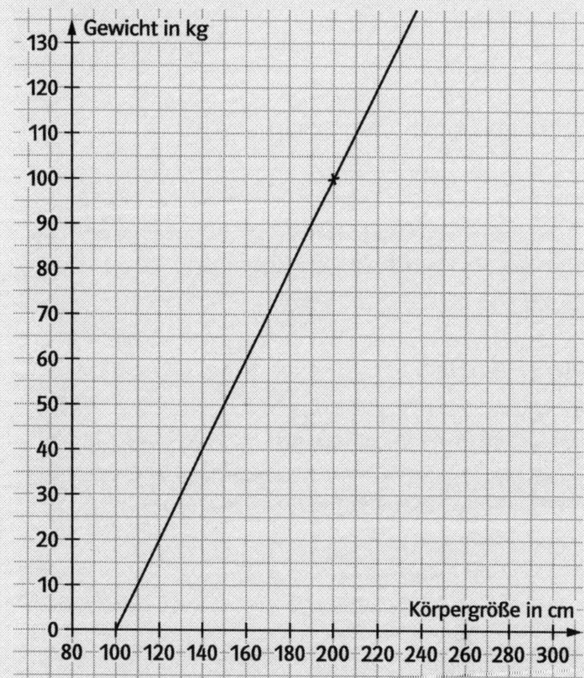

▪ Ein 1,90 m großer Mann sollte etwa 81 kg wiegen, ein 85 kg schwerer Mann sollte etwa 194 cm groß sein. Um die Größe für einen 150 kg schweren Mann zu bestimmen, setzt man 150 für y in die Formel ein und löst nach x auf. Man berechnet, dass der Mann 267 cm groß sein müsste.

▪ Man kann am Schaubild sehen, dass die Gerade für eine Größe von 100 cm negative Werte für das Gewicht ergibt. Man kann also keinen sinnvollen (positiven) Wert bestimmen.

▪ Sie ist über 1,95 m groß. Der Mann wiegt über 81 kg.

▪ Der BMI beträgt:
Jörg Ritzerfeld: 18,9
Georg Späth: 19,6
Janne Ahonen: 19,7
Sigurd Pettersen: 18,5

▪ Der BMI beträgt:
Yokozuna Akebono: 57,3
Shaquille O'Neal: 30,6

8 Prismen

Auftaktseite: Ein Schnitt – zwei Körper

Seite 158 – 159

Wir bauen einen Quader um
Man erhält Körper, deren Oberfläche aus Rechtecken oder aus Rechtecken und zwei anderen Vierecken oder Dreiecken bestehen. Diese beiden anderen Figuren sind kongruent und liegen sich genau parallel gegenüber.

Körper-Puzzle
Sie lassen sich zu einem „Dach" zusammenlegen, das aus drei Rechtecken von 6 cm × 4,5 cm Seitenlänge besteht und zwei gleichseitige Dreiecke mit je 6 cm Seitenlänge besitzt.

Skizze

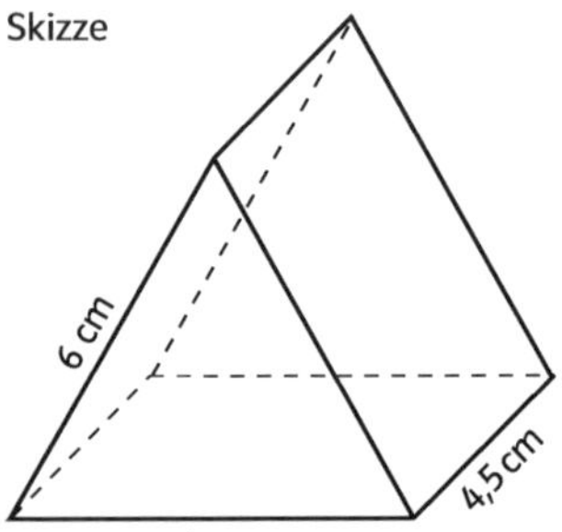

Mehr Wasser!
- In Wanne 3 ist am meisten Wasser, da sie am Boden breiter ist.
  Gießt man das Wasser aus Wanne 2 in Wanne 3, so läuft diese über, da der obere Wannenteil von Wanne 3 kleiner ist als der von Wanne 2.
- Gießt man das Wasser aus Wanne 3 in Wanne 1, so passt alles hinein, da der obere Wannenteil von Wanne 1 größer ist als der von Wanne 3.
- Mögliche weitere Fragen:
  Was passiert, wenn man das Wasser aus Wanne 3 oder Wanne 1 in Wanne 2 gießt?
  Welche Wasseroberfläche ist am kleinsten, wenn alle Wannen zu einem Drittel gefüllt sind? Welche ist am größten?
  Passt dann das Wasser aus allen drei Wannen in Wanne 1?
  Und in Wanne 2 oder Wanne 3?
  Was passiert, wenn man die Wannen verschließt und auf die Oberseite dreht?
  Was passiert, wenn man sie dann auf eine Seite kippt?
- Graph A gehört zu Wanne 2.
  Graph B gehört zu Wanne 3.
  Graph C gehört zu Wanne 1.

1 Quader und Würfel

Seite 160

Einstiegsaufgabe
➔ Würfel mit
2 cm Kantenlänge: 8 kleine Würfel
3 cm Kantenlänge: 27 kleine Würfel
4 cm Kantenlänge: 64 kleine Würfel
5 cm Kantenlänge: 125 kleine Würfel
6 cm Kantenlänge: 216 kleine Würfel
7 cm Kantenlänge: 343 kleine Würfel
8 cm Kantenlänge: 512 kleine Würfel
9 cm Kantenlänge: 729 kleine Würfel
10 cm Kantenlänge: 1000 kleine Würfel
Man erhält die Würfelanzahl durch dreifache Multiplikation der Kantenlänge mit sich selbst (z. B. $2 \cdot 2 \cdot 2 = 8$; $3 \cdot 3 \cdot 3 = 27$; $4 \cdot 4 \cdot 4 = 64$).
➔ Würfel mit
1 cm Kantenlänge: 6 1-cm-Quadrate
2 cm Kantenlänge: 24 1-cm-Quadrate
3 cm Kantenlänge: 54 1-cm-Quadrate
4 cm Kantenlänge: 96 1-cm-Quadrate
5 cm Kantenlänge: 150 1-cm-Quadrate
6 cm Kantenlänge: 216 1-cm-Quadrate
7 cm Kantenlänge: 294 1-cm-Quadrate
8 cm Kantenlänge: 384 1-cm-Quadrate
9 cm Kantenlänge: 486 1-cm-Quadrate
10 cm Kantenlänge: 600 1-cm-Quadrate
Man muss nicht abzählen. Man multipliziert die Kantenlänge mit sich selbst und anschließend mit sechs. So erhält man die Anzahl der 1-cm-Quadrate (z. B. $5 \cdot 5 \cdot 6 = 150$).
➔ In den blauen Quader passen 120 kleine Würfel, da der Würfel aus 5 Schichten und jede Schicht aus 24 kleinen Würfeln besteht. Sein Netz enthält 148 1-cm-Quadrate.

Seite 161

1 Mögliche Lösungen
a)

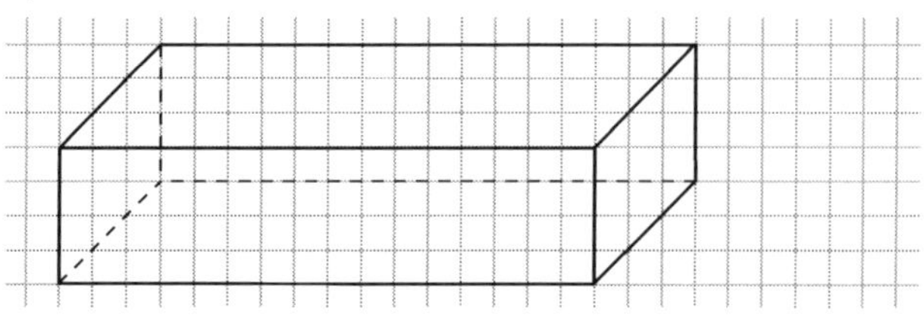

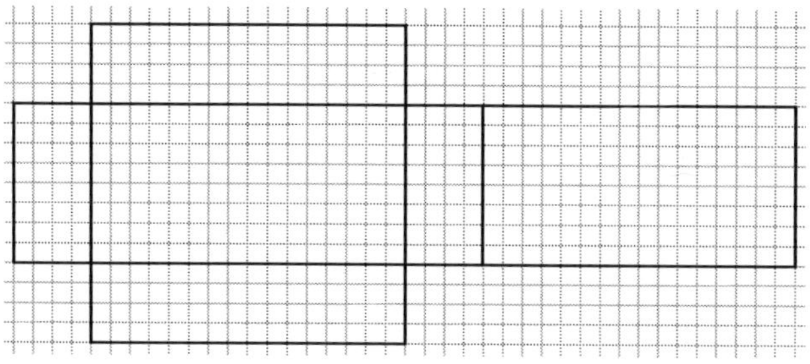

b)

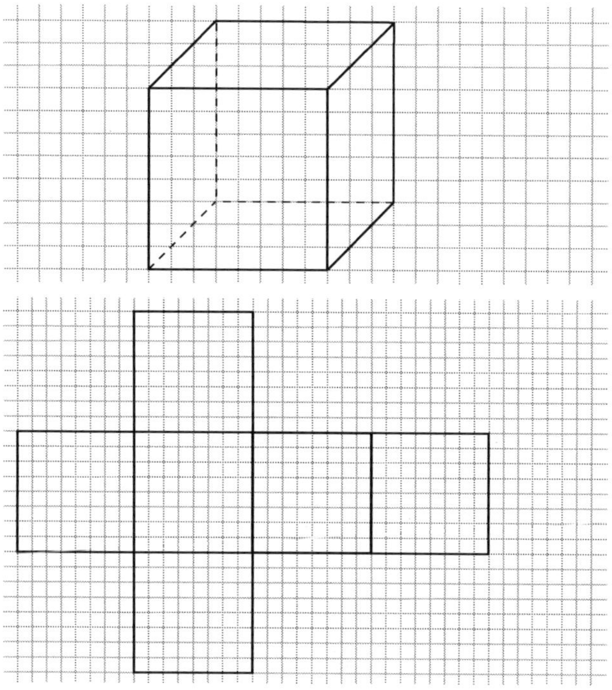

c)

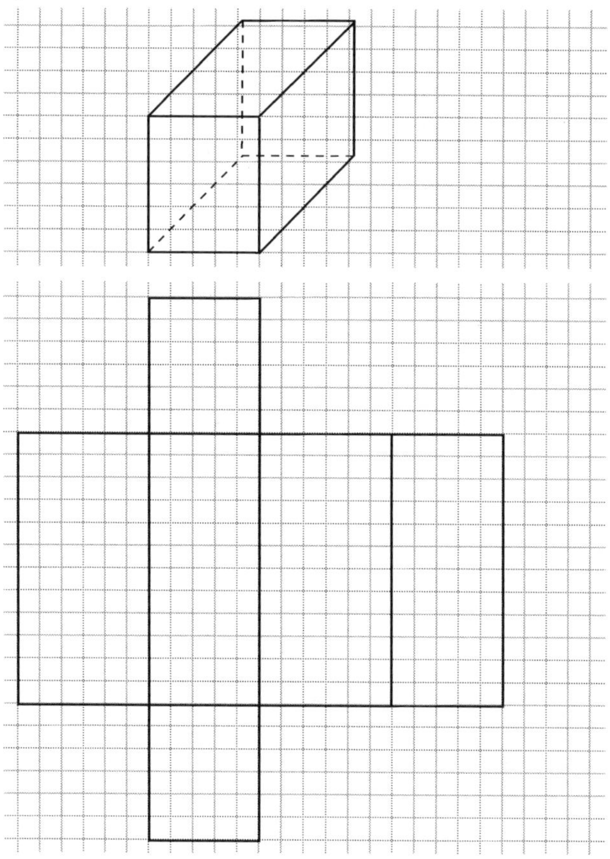

d)

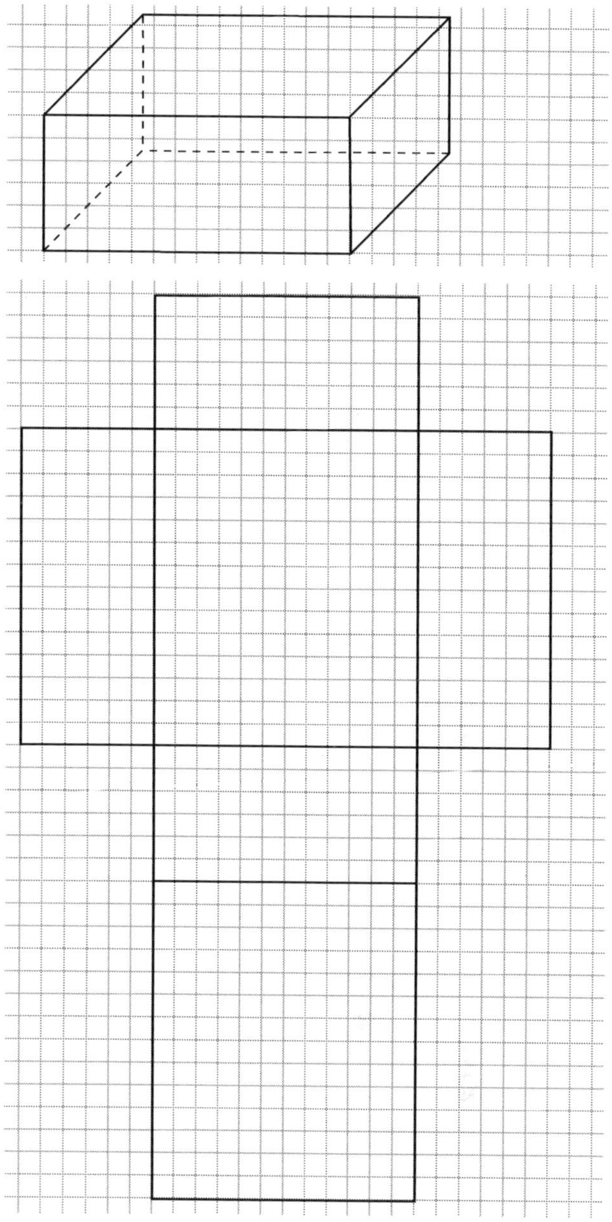

2 a) $V = 64\,cm^3$; $O = 96\,cm^2$
b) $V = 1728\,cm^3$; $O = 864\,cm^2$
c) $V = 91{,}125\,cm^3$; $O = 121{,}5\,cm^2$
d) $V = 0{,}125\,m^3$; $O = 1{,}5\,m^2$

3 a) $V = 315\,cm^3$; $O = 286\,cm^2$
b) $V = 162\,cm^3$; $O = 207\,cm^2$
c) $V = 4{,}2\,dm^3$; $O = 24{,}2\,dm^2$
d) $V = 1000\,dm^3 = 1\,m^3$; $O = 730\,dm^2$
e) $V = 33{,}6\,cm^3$; $O = 97\,cm^2$
f) $V = 10\,648\,cm^3$; $O = 2904\,cm^2$

4 a) a = 10 cm b) 3 cm
c) 5 cm d) 6 cm

5 a) c = 12 cm b) b = 9 dm

6 a) c = 4 cm b) c = 6 cm c) b = 3,5 cm

7 $10\,000\,cm \cdot 5000\,cm \cdot 0{,}1\,cm = 5\,000\,000\,cm^3$
$5\,000\,000 \cdot 0{,}5\,g = 2\,500\,000\,g = 2500\,kg = 2{,}5\,t$
Ihr könnt die Folie nicht alleine tragen, sondern müsstet einen Transporter benutzen!

Künstlertreff ?!

Würfelschnitte

- $O_{Würfel} = 600\,cm^2$
  $O_{Würfelfläche} = 100\,cm^2$

Es kommt je neuem Schnitt zweimal die Würfelfläche hinzu, also $200\,cm^2$.
Formel: $\mathbf{O_s = s \cdot 200\,cm^2 + 600\,cm^2}$
(s = Anzahl der Schnitte)
Objekt 1: Ein Schnitt: $1 \cdot 200\,cm^2 + 600\,cm^2 = 800\,cm^2$
$O_{\text{eines Teilquaders}} = 400\,cm^2$
Objekt 2: Zwei Schnitte: $2 \cdot 200\,cm^2 + 600\,cm^2 = 1000\,cm^2$
$O_{\text{eines Teilquaders}} = 250\,cm^2$
Objekt 3: Drei Schnitte: $3 \cdot 200\,cm^2 + 600\,cm^2 = 1200\,cm^2$
$O_{\text{eines Teilquaders}} = 150\,cm^2$
Objekt 4: Zehn Schnitte: $10 \cdot 200\,cm^2 + 600\,cm^2 = 2600\,cm^2$
$O_{\text{eines Teilquaders}} \approx 236\,cm^2$

- Objekt „50": Fünfzig Schnitte: $50 \cdot 200\,cm^2 + 600\,cm^2 = 10\,600\,cm^2$

$O_{\text{eines Teilquaders}} \approx 208\,cm^2$
Die Oberfläche der Teilquader wird immer kleiner, die Gesamtoberfläche immer größer.

Würfeltürme

- Es kommen bei jedem neuen Würfel genau 4 Würfelflächen (= $400\,cm^2$) hinzu.

Formel: $\mathbf{O_w = (w-1) \cdot 400\,cm^2 + 600\,cm^2}$
(w = Anzahl der Würfel)
Objekt 5: 2 Würfel: $O_2 = 1 \cdot 400\,cm^2 + 600\,cm^2 = 1000\,cm^2$
Objekt 6: 3 Würfel: $O_3 = 2 \cdot 400\,cm^2 + 600\,cm^2 = 1400\,cm^2$
4 Würfel: $O_4 = 3 \cdot 400\,cm^2 + 600\,cm^2 = 1800\,cm^2$
5 Würfel: $O_5 = 4 \cdot 400\,cm^2 + 600\,cm^2 = 2200\,cm^2$

- Seitenlänge des kleinen Würfels: a

Seitenlänge des großen Würfels: 5a
Für Volumen- und Oberfläche gilt:
$O_K = 6a^2$
$O_G = 6 \cdot (5a)^2 = 150\,a^2 = 25 \cdot O_K$
$V_K = a^3$
$V_G = (5a)^3 = 125\,a^3 = 125 \cdot V_K$

-

Vergrößerungsfaktor	6	7	8
O_G	$= 36 \cdot O_K$	$= 49 \cdot O_K$	$= 64 \cdot O_K$
V_G	$= 216 \cdot V_K$	$= 343 \cdot V_K$	$= 512 \cdot V_K$

Die Oberfläche ändert sich also beim Vergrößerungsfaktor n und das n^2-Fache, das Volumen um das n^3-Fache.

2 Prisma

Seite 162

Einstiegsaufgabe
➔ Das Schnittmuster ergibt ein Dreiecksprisma.
➔ Man kann die Körper an den verschiedenen Seitenflächen (Quadrat, zwei Rechtecke, zwei Dreiecke) aneinanderlegen und erhält einen Quader oder ein Prisma (zwei Möglichkeiten).
➔ individuelle Lösungen in Partnerarbeit

Seite 163

1 Beschreibung der Prismen von oben nach unten.
Grundfläche: gleichschenkliges Dreieck
Grundfläche: gleichseitiges Dreieck
Grundfläche: regelmäßiges Sechseck
Grundfläche: gleichschenkliges Dreieck, bzw. Fünfeck
Grundfläche: Trapez
Weitere Möglichkeiten: ungespitzte eckige Bleistifte, Verpackungen von Süßigkeiten

2 a) Ja, zwei Trapezprismen.
b) Nein, denn es liegen keine kongruenten und parallelen Grund- und Deckflächen vor.
c) Nein, denn es gibt keine Mantelrechtecke und keine Grund- und Deckflächen.
d) Ja, zwei rechtwinklige, gleichschenklige Dreiecksprismen.
e) Ja, zwei Trapezprismen (wie in a); nur gekippt)
f) Nein, siehe c).

3 Prisma 1: 9; 6; 1; 4; 8; Dreiecksprisma
Prisma 2: 5; 2; 3; 10; 7; Dreiecksprisma

4

	Ecken	Kanten	Flächen
a) Dreieck	6	9	5
b) Viereck	8	12	6
c) Sechseck	12	18	8
d) Zwanzigeck	40	60	22
e) 100-Eck	200	300	102
f) 1000-Eck	2000	3000	1002

5 a) Kein Prisma:
Grund- und Deckfläche haben nicht die gleiche Größe. Deshalb besteht der Mantel nicht aus Rechtecken, sondern aus symmetrischen Trapezen.
b) Prisma (Trapeze):
Grund- und Deckfläche sind in der Abbildung die Seitenflächen rechts und links. Die Mantelflächen sind Rechtecke.
c) kein Prisma:
Es gibt in dem Körper keine gegenüberliegenden Flächen, die von gleicher Form und Größe sind.

6 a) Rechtwinkliges, gleichschenkliges Dreiecksprisma: Es gibt 2 kongruente Dreiecke und 3 Mantelrechtecke.
b) Schiefes Prisma (siehe Seite 162, unten):
Die Deck- und Grundflächen sind zwar kongruente Rechtecke, die Mantelflächen stehen aber nicht senkrecht auf der Grundfläche. Somit ist das Prisma „schief" und besitzt Mantelparallelogramme statt Mantelrechtecken.
c) Sechsecksprisma:
Grund- und Deckfläche sind kongruent, es gibt 6 Mantelrechtecke.
d) Zylinder:
Es gibt zwar zwei kongruente, gegenüberliegende Kreise als Grund- und Deckflächen. Allerdings gibt es keine Mantelrechtecke.

7 Beide Körper sind Sechsecksprismen mit sechseckigen Deck- und Grundflächen sowie 6 rechteckigen Mantelflächen.
a) Dieses Sechsecksprisma sieht aus wie ein Doppel-T-Träger aus der Stahlbauindustrie bzw. wie eine Stahlschiene.
b) Dieses Sechsecksprisma sieht aus wie eine Betonbank, die oft in Parks steht.

3 Prisma. Netz und Oberfläche

Seite 164

Einstiegsaufgabe
➔ 10 und 15 mit 3, 4, 5, 6
8 und 12 mit 1, 3, 4
7 und 16 mit 3, 4, 5, 6
14 und 17 mit 1, 3, 4, 5, 6
➔ Nein, da die Vierecke in keiner Seitenlänge übereinstimmen.
➔ Weil die beiden Figuren nicht kongruent sind und auch kein Mantelrechteck sein können.
➔ 1 und 2, aber es gibt keine verwendbaren Mantelflächen.
9 und 18, aber es gibt keine verwendbaren Mantelflächen.
13 oder 11, aber beide sind nur einmal vorhanden.

Seite 165

1 Mögliche Lösungen
a) $O = 2ab + 2ac + 2bc = 2 \cdot 2 \cdot 5\,cm^2 + 2 \cdot 2 \cdot 3\,cm^2 + 2 \cdot 5 \cdot 3\,cm^2 = 62\,cm^2$
b) $O = 2ab + 2ac + 2bc = 2 \cdot 5 \cdot 2{,}5\,cm^2 + 2 \cdot 5 \cdot 2{,}5\,cm^2 + 2 \cdot 2{,}5 \cdot 2{,}5\,cm^2 = 62{,}5\,cm^2$
c) $O = 6 \cdot a^2 = 6 \cdot 4^2\,cm^2 = 96\,cm^2$
a)
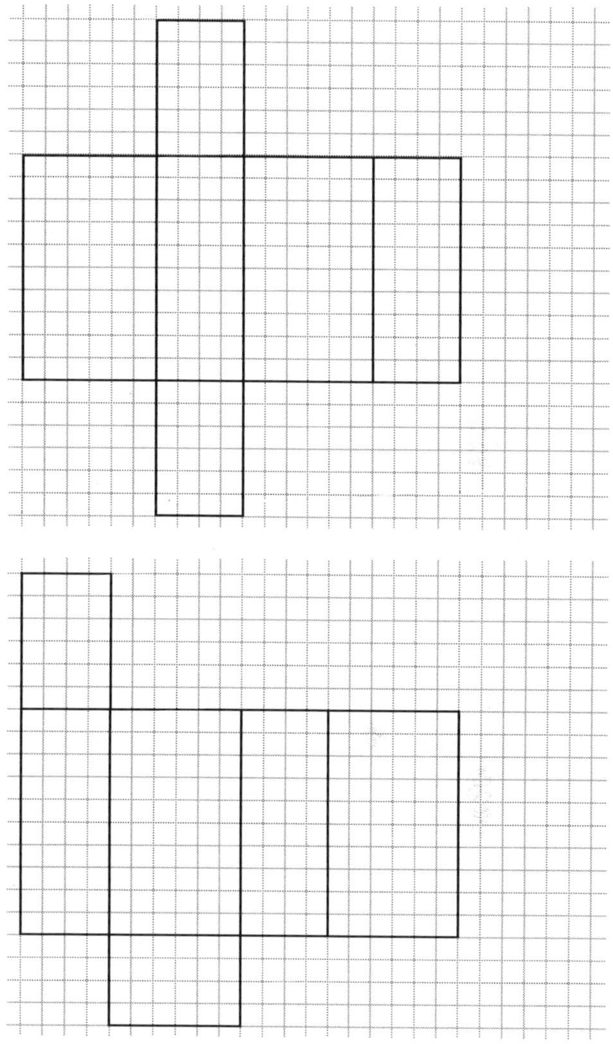
b)
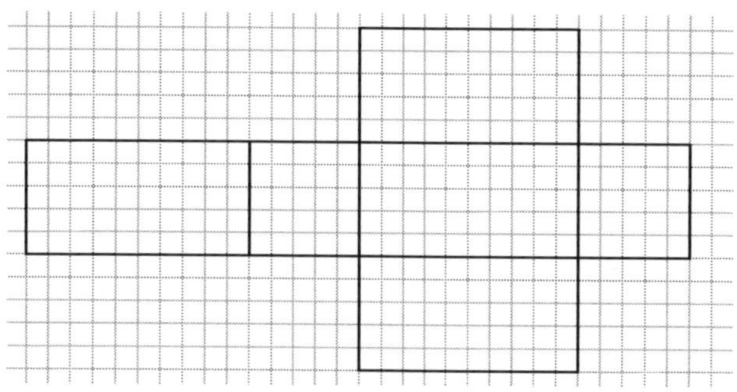

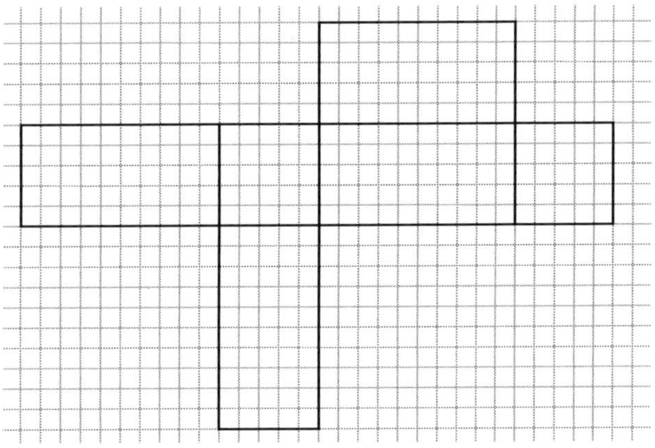

c)

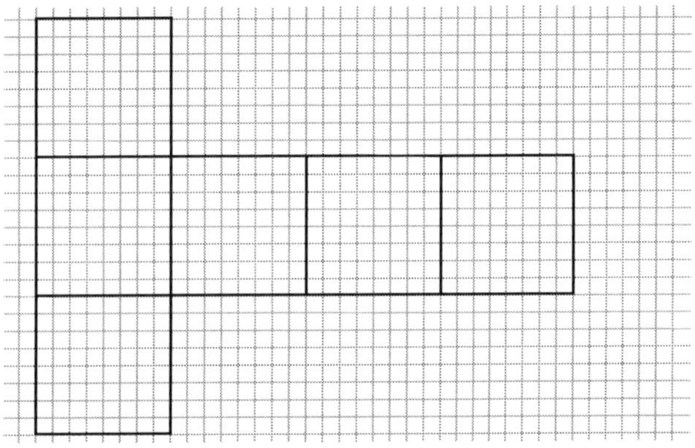

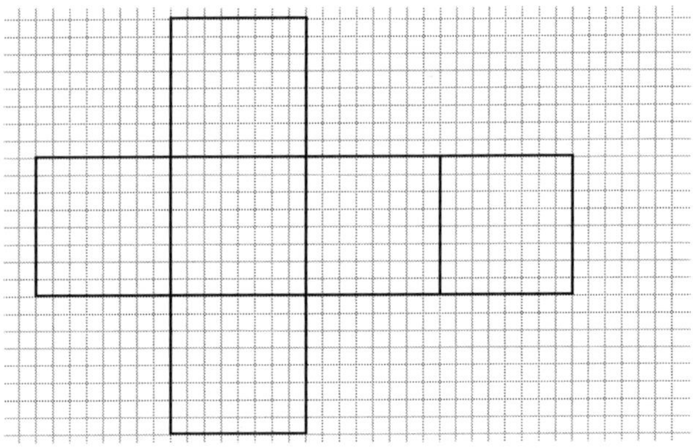

2 a) O = 48 cm² b) O ≈ 53 cm²

3 a)

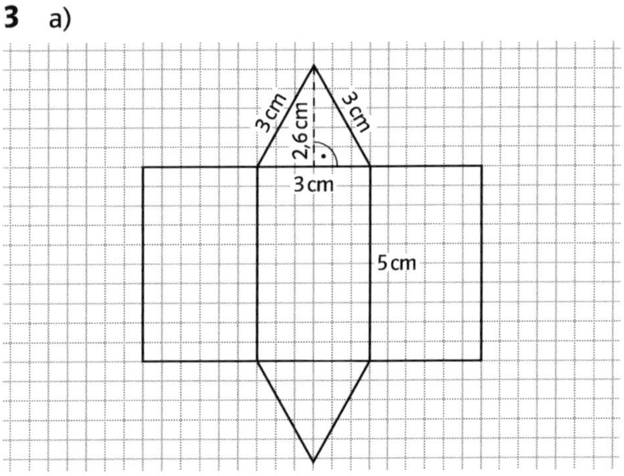

O ≈ 52,8 cm²

b)

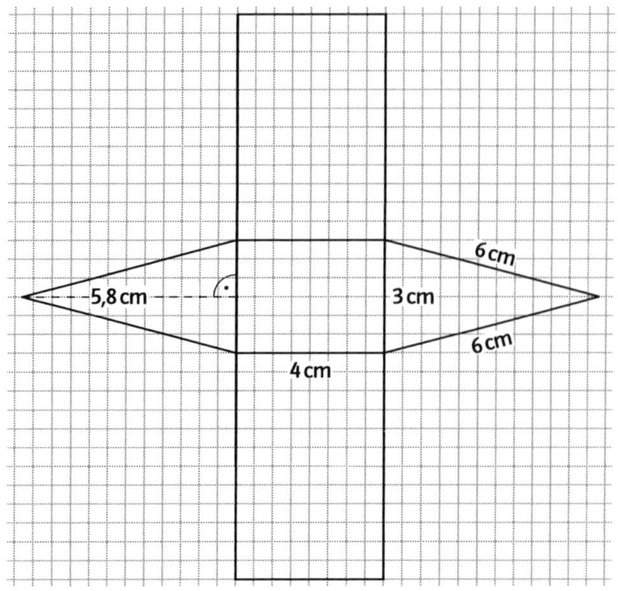

O = 77,4 cm²

c)

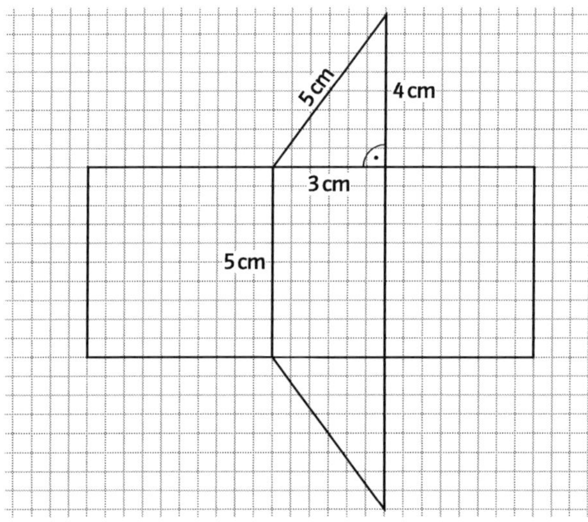

O = 72 cm²

d)

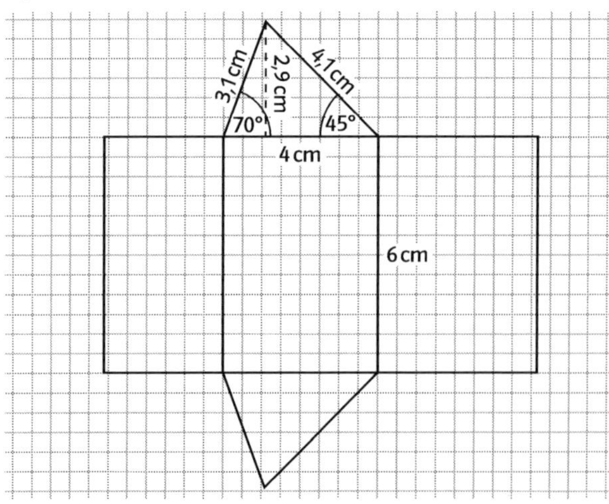

O = 78,8 cm², WSW-Konstruktion

4 Es wird mit den abgelesenen Werten gerechnet, so dass die Ergebnisse leicht variieren können:

a) Skizze:

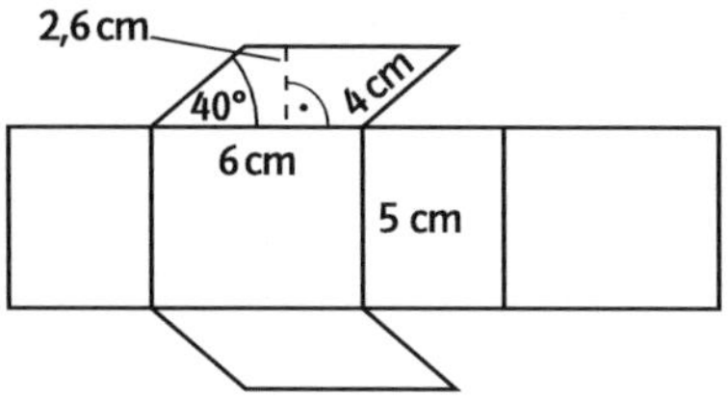

O = 131,2 cm^2

b) Skizze:

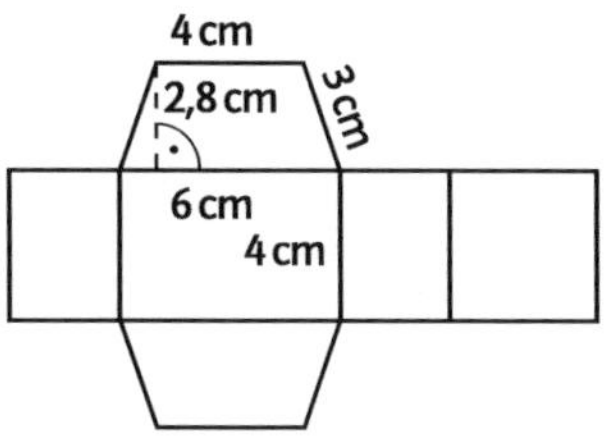

O = 92 cm^2

c) Skizze:

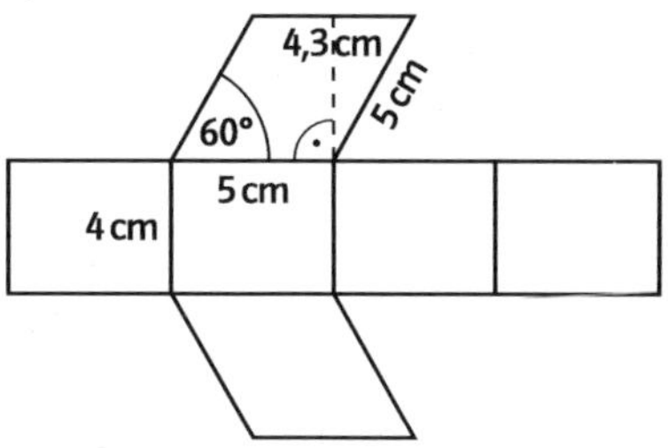

O = 123 cm^2

d) Skizze: mögliche Lösung: (Unterschiedliche Drachenkonstruktionen sind möglich.)

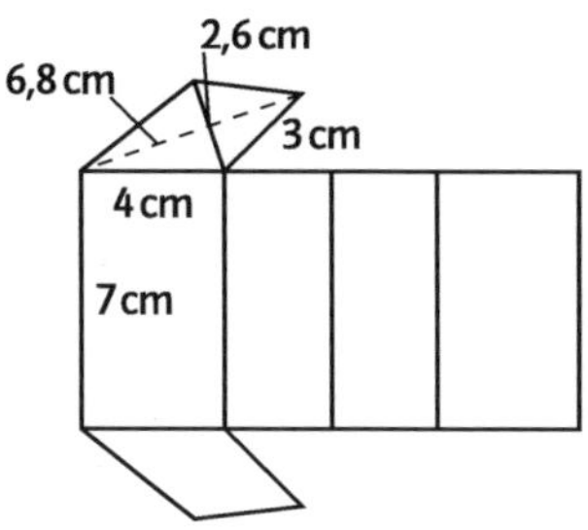

hier: O = 115,68 cm^2

e) Skizze:

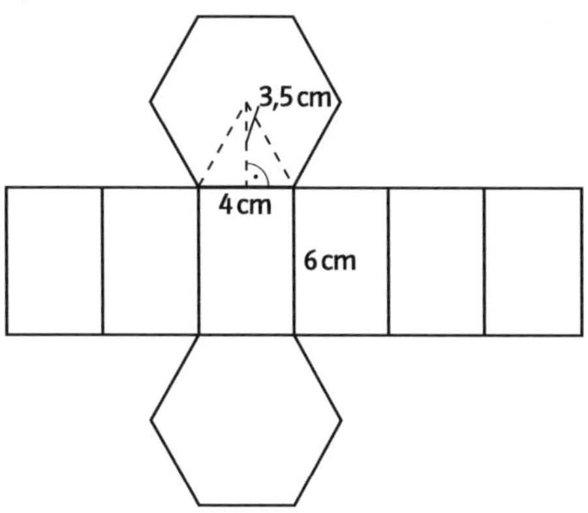

O = 228 cm^2

Seite 166

5

	a)	b)	c)	d)	e)
u	12 cm	28 cm	15 cm	20 m	4,4 m
h	8 cm	3,5 cm	7 cm	7,5 m	1,4 m
G	30 cm^2	13,5 cm^2	40 cm^2	50 m^2	0,4 m^2
M	96 cm^2	98 cm^2	105 cm^2	150 m^2	6,16 m^2
O	156 cm^2	125 cm^2	185 cm^2	250 m^2	6,96 m^2

6 Skizzen: (einfachste Möglichkeiten)

a)

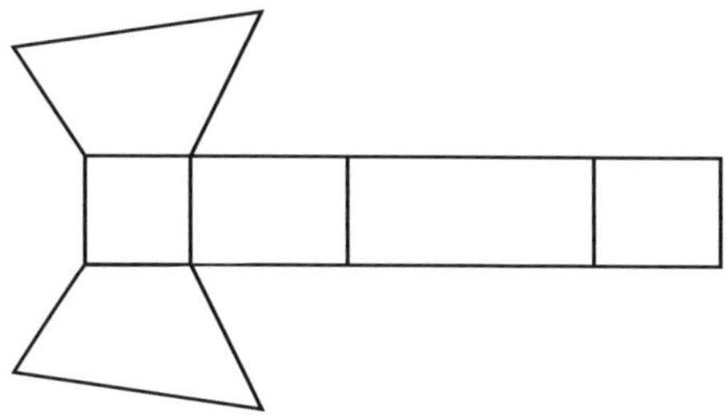

b)

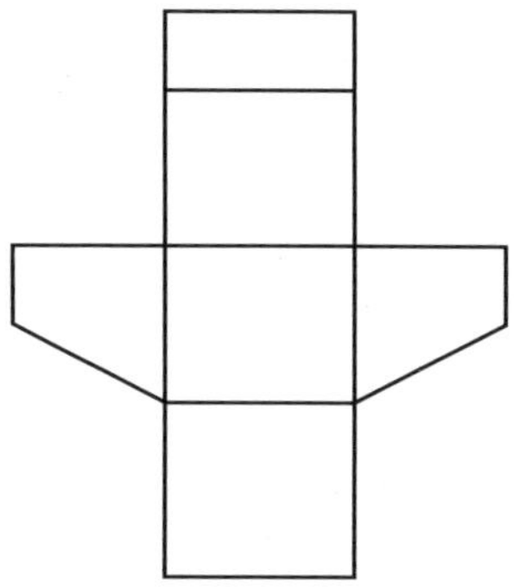

c)

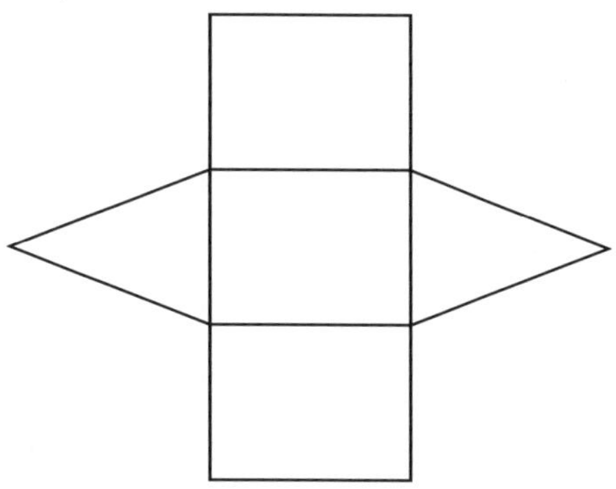

d)

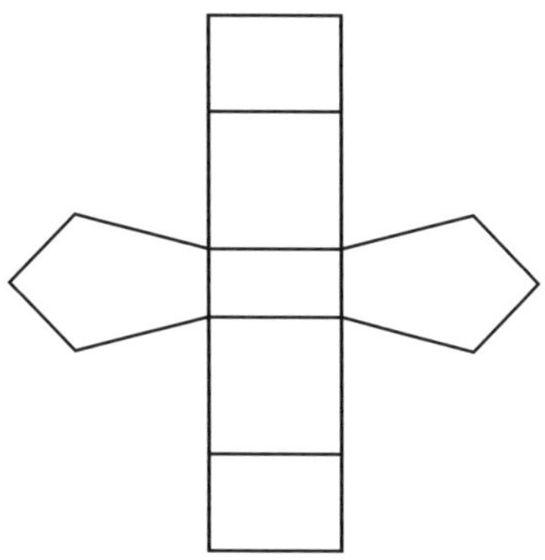

7 (1) $G = 30{,}5\,cm^2$; $M = 312\,cm^2$; $O = 373\,cm^2$
(2) $G = 36\,cm^2$; $M = 321{,}6\,cm^2$; $O = 393{,}6\,cm^2$
(3) $G = 45{,}5\,cm^2$; $M = 331{,}2\,cm^2$; $O = 422{,}2\,cm^2$
Für den dritten Karton, das symmetrische Trapezprisma, benötigt der Hersteller am meisten Pappe.

8 Der Schreiner kann Dreikantleisten herstellen, indem er die Quadratprismen von Ecke zu Ecke diagonal durchsägt (siehe Zeichnung a)). Trapezförmige Leisten erhält er beispielsweise wie in Zeichnung b).

a)

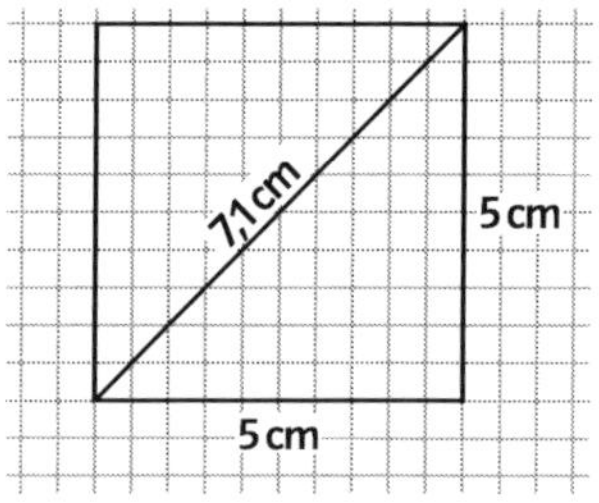

b)

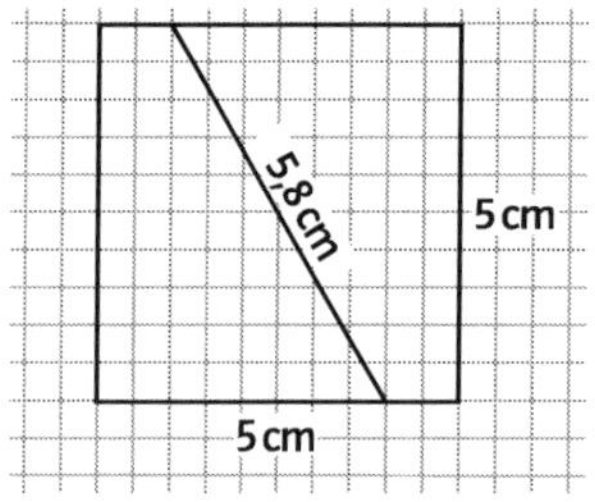

a)	b)
$h = 200\,cm$; $u \approx 17{,}1\,cm$;	$h = 200\,cm$; $u \approx 15{,}8\,cm$;
a) $G = \frac{5 \cdot 5}{2}\,cm^2 = 12{,}5\,cm^2$	b) $G = 5 \cdot 2{,}5\,cm^2 = 12{,}5\,cm^2$
$M = 17{,}1 \cdot 200\,cm^2$	$M = 15{,}8 \cdot 200\,cm^2$
$= 3420\,cm^2$	$= 3160\,cm^2$
$O = 3445\,cm^2 = 34{,}45\,dm^2$	$O = 3185\,cm^2 = 31{,}85\,dm^2$

c) Der Schnitt des Quadrates muss möglichst kurz sein, denn dann ist der Umfang u und damit die Mantelfläche M klein. Dies ist der Fall, wenn der Schnitt parallel zu einer Seite des Quadrates liegt und somit 5 cm lang ist.

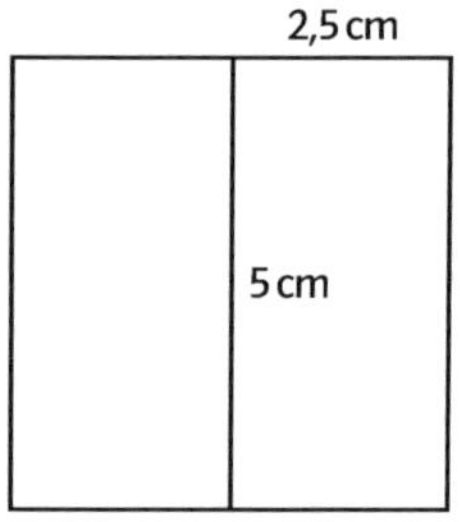

Zusätzlich muss er in der Mitte zwischen zwei Quadratseiten liegen.
$h = 200\,cm$
Dann gilt: $u = 15\,cm$
$G = 5 \cdot 2{,}5\,cm^2 = 12{,}5\,cm^2$
$M = 15\,cm^2 \cdot 200\,cm^2 = 3000\,cm^2$
$O = 3025\,cm^2 = 30{,}25\,dm^2$

4 Schrägbild

Seite 167

Einstiegsaufgabe
➔ Individuelle Lösungen. Die Dreiecke müssen immer gleich groß sein und leicht verschoben gezeichnet werden. Dabei liegen die entsprechenden Seiten der Dreiecke immer parallel zueinander.

➔ Individuelle Lösungen. Man beginnt, indem man zweimal zwei der roten Kanten zu einem Rechteck vervollständigt und ergänzt dann die übrigen Seiten des Quaders. Wiederum ist es wichtig, dass alle neuen Kanten parallel zu den schon vorhandenen roten Kanten liegen.

Seite 168

1 a)

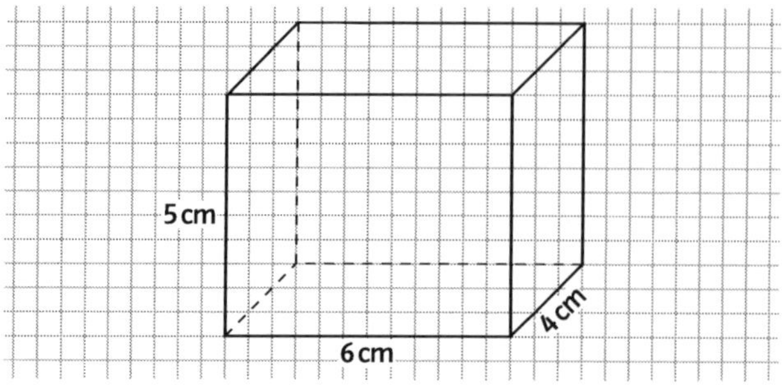

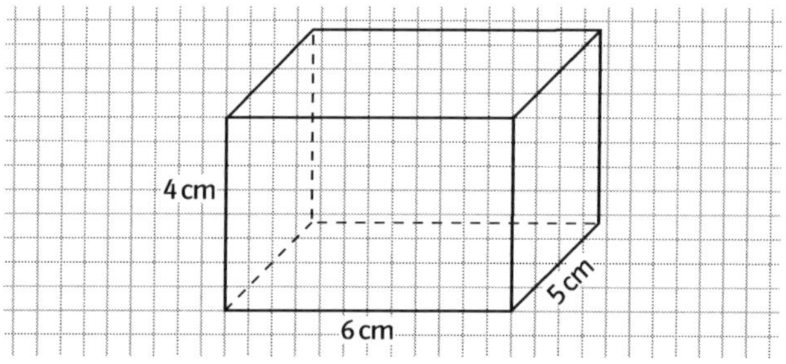

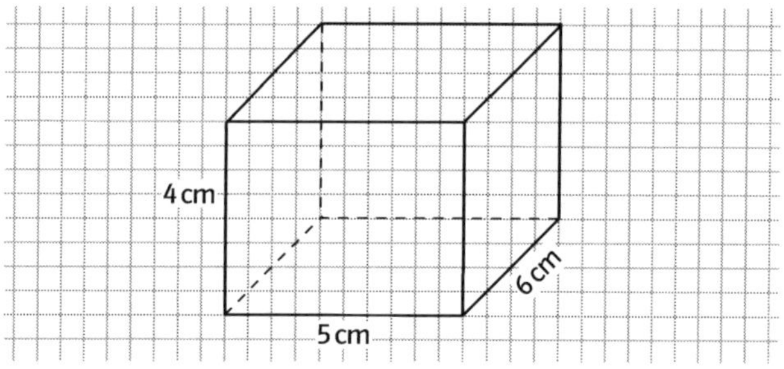

b) Siehe Teilaufgabe a).
c) Hier fallen bei zwei Ansichten die schräg nach hinten laufenden Kanten aufeinander.

2
a)

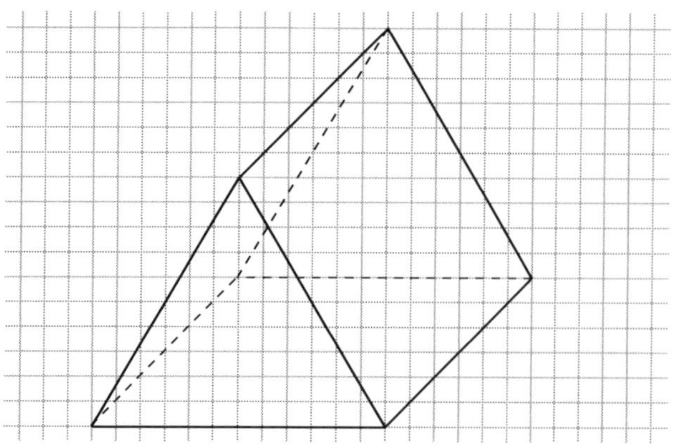

b)

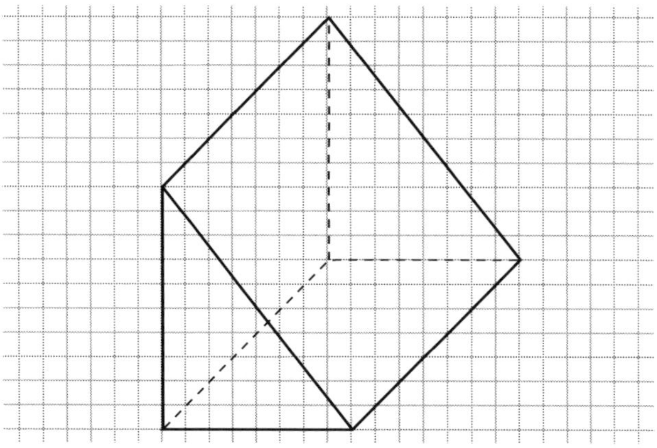

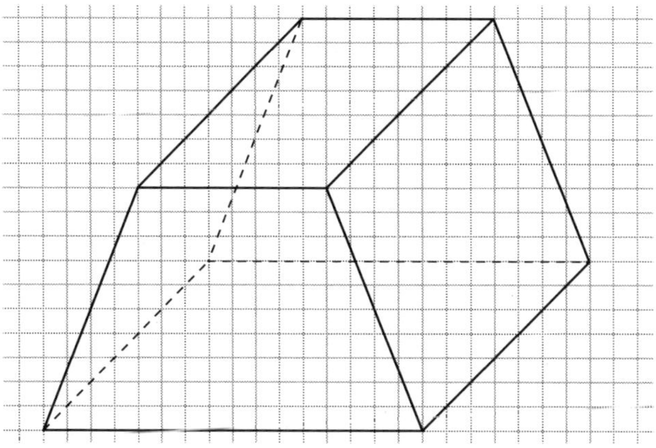

c)

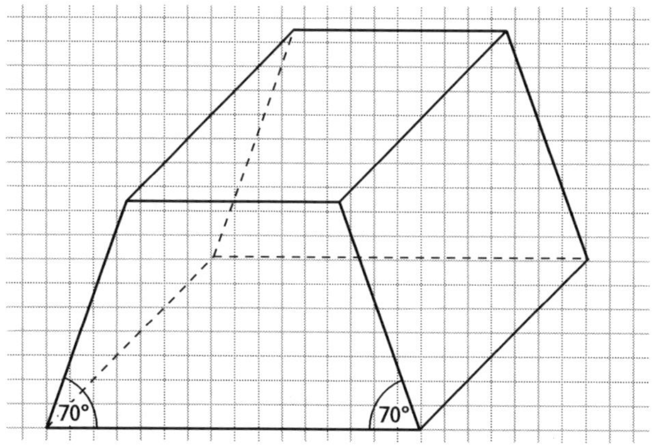

d)

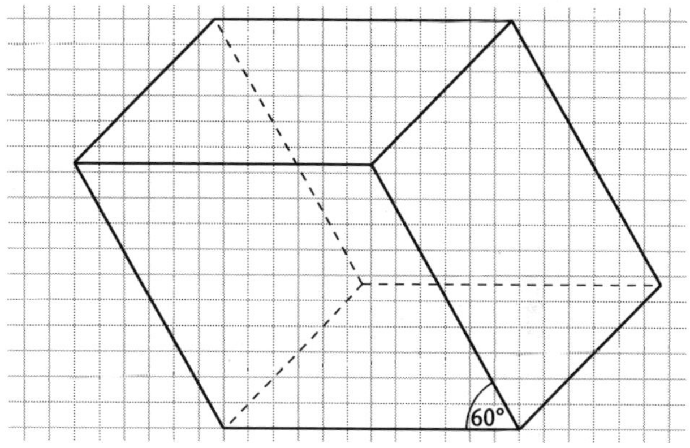

e) mögliche Lösung

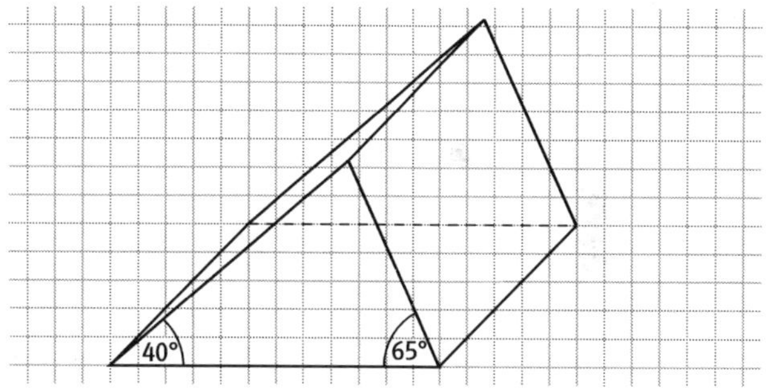

f)

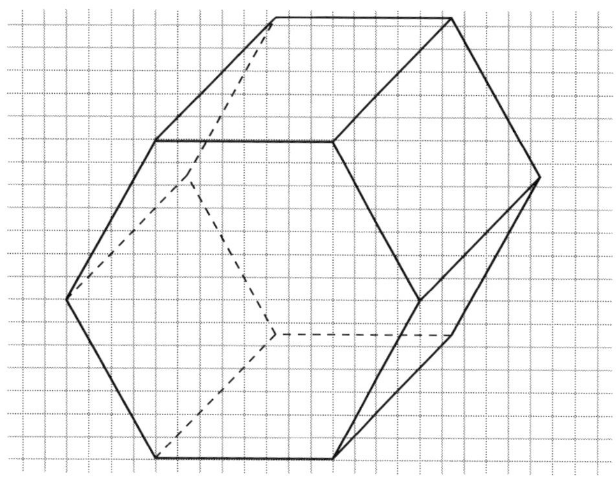

3

a)

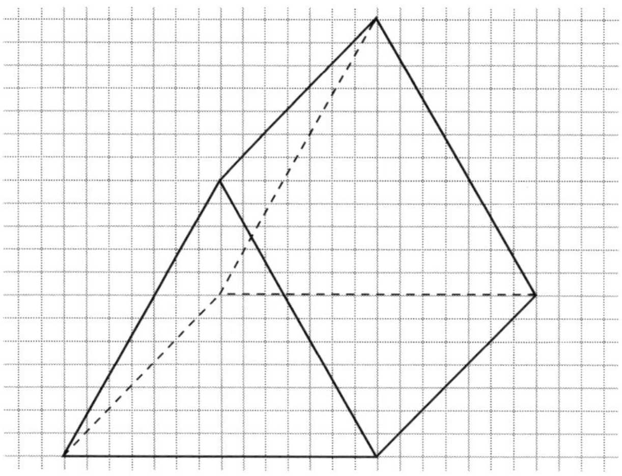

b)

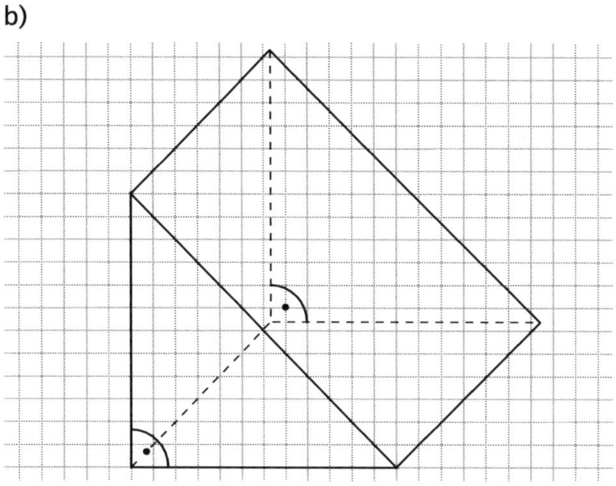

4 a)

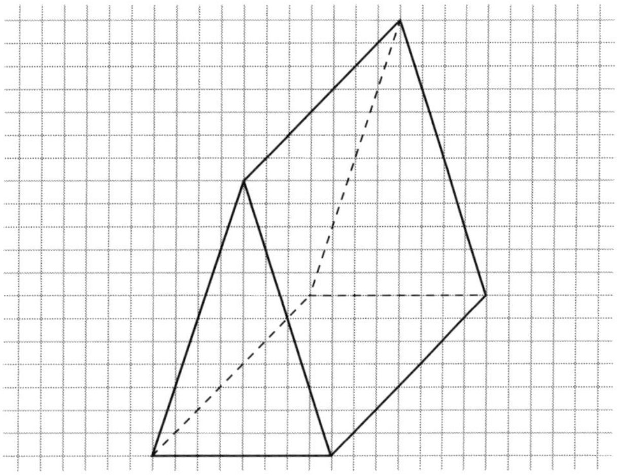

b)

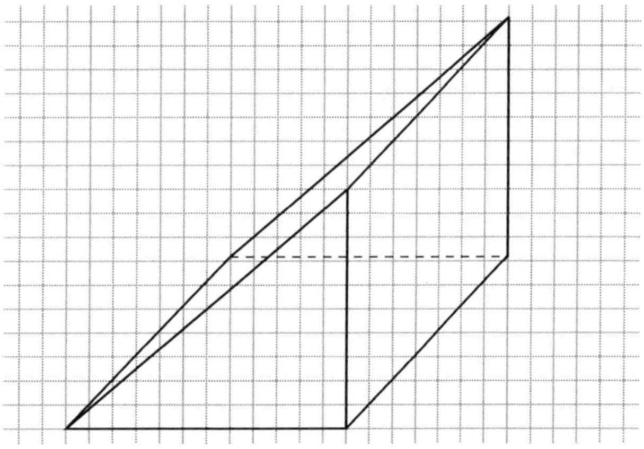

c)

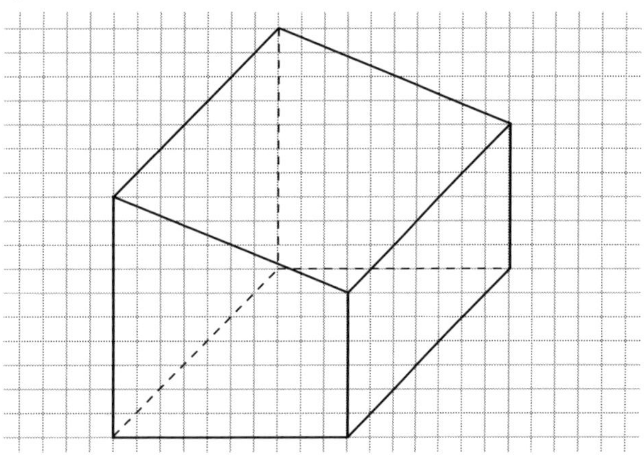

d)

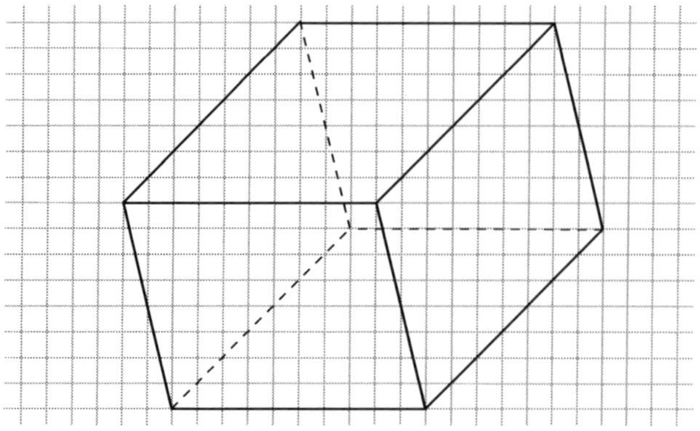

e)

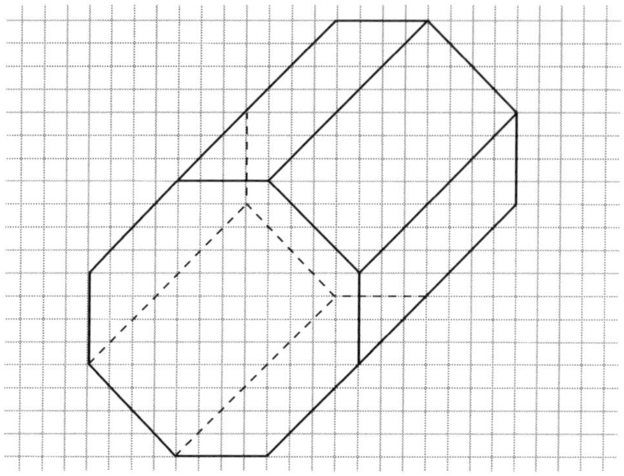

f)

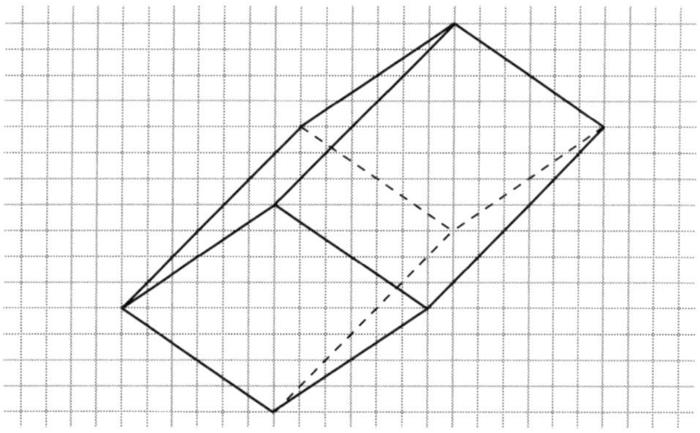

Randspalte
individuelle Lösungen

5 a) Individuelle Lösungen. Die Streichholzschachteln können beispielsweise nebeneinanderstehen, aufgestapelt liegen oder wie ein umgedrehtes „T“ aufgestellt werden.
b) Buchstaben sind z. B. „T“, „L“, „E“, „H“, „I“.

Schräge Typen ?!

- **Konstruktionsbeschreibung**

Beatrice kippt ihr Dreiecksprisma auf die Grundfläche DEF. Dafür hat sie die Kante DE des Grunddreiecks DEF beibehalten. Nun hat sie die Höhe des Dreiecks halbiert und um 45° nach rechts gekippt im Höhenfußpunkt von DE angesetzt. Sie erhält somit den neuen Eckpunkt F und verbindet ihn mit den Eckpunkten D und E. Das neue Grunddreieck ist fertig konstruiert.
Von den Eckpunkten D, E und F führt Beatrice nun die drei Kanten der Mantelrechtecke in originaler Länge (2·k) senkrecht nach oben. Sie erhält die Eckpunkte A, B und C, die sie miteinander zur neuen dreieckigen Deckfläche verbindet. Die verdeckten Kanten DF, EF und CF zeichnet sie gestrichelt.

- Schrägbild, auf Grundfläche stehend:

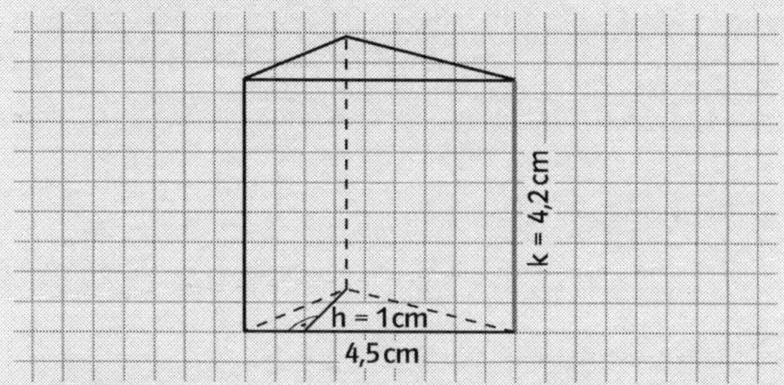

- **Fehler**

Klaus hat die Höhe nicht halbiert und die Länge der Mantelkante k nicht verdoppelt, da sie ursprünglich ja halbiert worden ist. Außerdem hat er die hintere verdeckte (!) Mantelkante nicht gestrichelt gezeichnet.
Annika hat die Höhe verdoppelt, statt sie zu halbieren, wodurch das Schrägbild stark verzerrt worden ist. Die Länge der Mantelkante k hat sie hingegen korrekterweise verdoppelt.

- **Praktische Hilfe**

Jörg hat das symmetrische Trapez als Grundfläche direkt ins Schrägbild originalgetreu eingezeichnet. Die Hälfte der Trapezhöhe hat er dabei mit dem Zirkel abgetragen und um 45° nach rechts gekippt. Nun folgen die weiteren bekannten Arbeitsschritte (s. o.).
Ein Nachteil dieser Methode ist lediglich, dass die Figur der Grundfläche das spätere Schrägbild überdeckt, weswegen man die Linien mit Bleistift sehr dünn zeichnen sollte.

- Schrägbild eines gleichseitigen Dreiecksprismas:

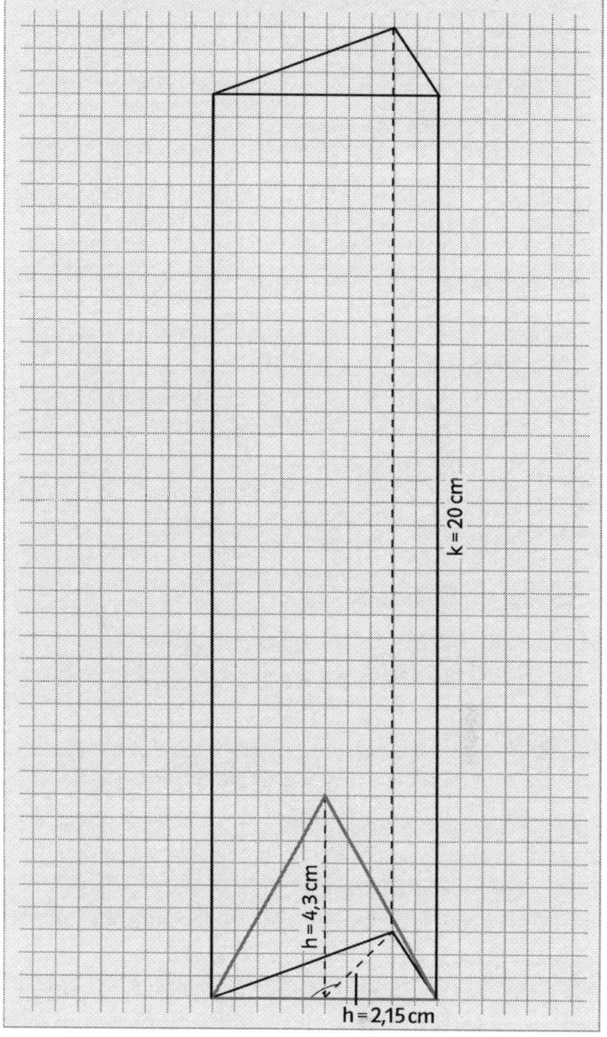

5 Prisma. Volumen

Seite 170

Einstiegsaufgabe

➔ 1. Dreiecksprisma: $V = \left(\frac{1}{2} \cdot 3 \cdot 4 \cdot 10\right) cm^3$
$= 60\,cm^3$
Das Volumen des 1. Prismas entspricht dem Volumen des halben Quaders, dessen Volumen $120\,cm^3$ beträgt.
2. Dreiecksprisma: $V = 30\,cm^3$
3. Dreiecksprisma: $V = 15\,cm^3$

Seite 171

1 a) $V = 300\,cm^3$ b) $V = 420\,dm^3$
c) $V = 15{,}12\,cm^3$ d) $V = 6{,}75\,m^3$

2 a) $V = 126\,cm^3$ b) $V = 252\,cm^3$
c) $V = 126\,cm^3$ d) $V = 259\,cm^3$
e) $V = 231\,cm^3$

3 a) $V = 504\,cm^3$ b) $V = 210\,cm^3$
c) $V = 1500\,cm^3$ d) $V = 506{,}25\,cm^3$

4

	a)	b)	c)	d)
G	$40\,cm^2$	$3\,dm^2$	$60\,m^2$	$45\,mm^2$
h	9 cm	4 dm	8,5 m	16 mm
V	$360\,cm^3$	12 l	$510\,m^3$	$720\,mm^3$

5 a) $V = 612\,cm^3$ b) $V = 1080\,cm^3$
c) $V = 2475\,cm^3$ d) $V = 2250\,cm^3$; (G besteht aus Rechteck und Dreieck)

6 a) $V = 60\,e^3$ b) $V = 36\,e^3$
c) $V = 40\,e^3$ d) $V = 108\,e^3$

Seite 172

7 $V = 47\,531{,}25\,m^3$

8 a) $V = 3{,}772\,m^3$ b) ca. $1{,}5\,m^3$ (bei 30 cm Aufschüttung)

9 a) $V_{Ausschnitt} \approx 6{,}55\,m^3$ b) $O_{Ausschnitt} \approx 17{,}41\,m^2$
Das abgebildete Gewächshaus auf dem Foto ist 4-mal so groß wie der Ausschnitt (erkennbar an den Glasabschnitten). Das Volumen ist also
$V = 4 \cdot 6{,}55\,m^3 = 26{,}2\,m^3$. Die Oberfläche berechnet sich aus (doppelt gezählte Wandflächen):
$O = 4 \cdot 17{,}41\,m^2 - 3 \cdot 3{,}00\,m^2 = 60{,}64\,m^2$.

10 a) $V = 573{,}5\,m^3$ b) $V = 688{,}2\,m^2$

11 a) Es liegen zwei symmetrische Trapezprismen vor.
$V = 8{,}714\,m^3 \approx 8{,}7\,m^3$ b) $V = 5{,}568\,m^3 \approx 5{,}6\,m^3$
c) Der Inhalt des Containers wiegt 13,071 t, also etwa 13 t.

12 a) linker Stahlträger:
$(0{,}2\,dm \cdot 1{,}8\,dm \cdot 2 + 0{,}2\,dm \cdot 2{,}4) \cdot 60\,dm = 72\,dm^3$
rechter Stahlträger:
$(0{,}3\,dm \cdot 3{,}2\,dm \cdot 2 + 0{,}3\,dm \cdot 1{,}8) \cdot 60\,dm = 147{,}6\,dm^3$
b) Der linke Stahlträger wiegt 561,6 kg, der rechte wiegt 1151,28 kg.

Seite 173

Wasserspiele

- Behälter 1 entspricht Graph F
Behälter 2 entspricht Graph E
Behälter 3 entspricht Graph C
Behälter 4 entspricht Graph D
Behälter 6 entspricht Graph B
Behälter 5 hat keinen entsprechenden Graph, dieser müsste wie Graph D aussehen, nachdem er an der Achse durch den Ursprung und Punkt (1 | 1) gespiegelt ist. Er sieht also aus, als wenn man den Graphen aus B verkleinern und dann den Graphen aus C daransetzen würde.
- Das Volumen des Behälters beträgt $72\,dm^2$ × Länge des Behälters. In den ersten zwanzig Minuten sind $24\,dm^2$ × Länge des Behälters voll gelaufen. Damit der Wasserstand um weitere 4 dm steigt, müssen noch $48\,dm^2$ × Länge des Behälters gefüllt werden. Dies dauert doppelt so lang. Der Füllgraph läuft also als Kurve weiter und endet ungefähr bei (60 | 8).
- Füllgraph

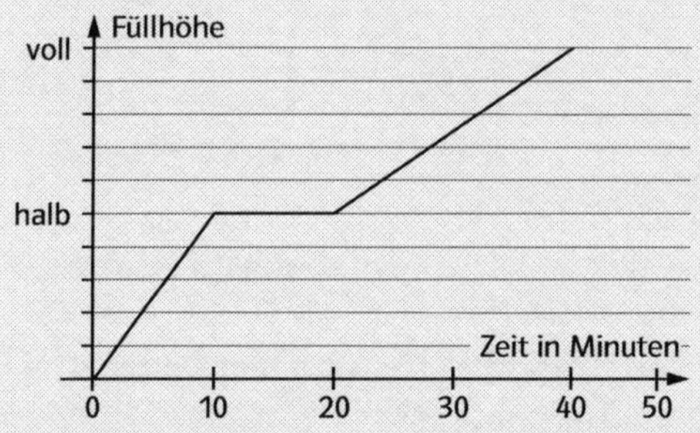

- individuelle Lösungen, Beispiel:
Überlege, wie die Graphen aussehen, wenn die Trennwand im linken Viertel steht oder bis zu einem Drittel der Höhe reicht oder wie die Füllgraphen aussehen, wenn man Behälter hat, die aus verschiedenen Quadern zusammengesetzt sind.

6 Zusammensetzen von Körpern*

Seite 174

Einstiegsaufgabe
→ Nur der zweite Körper ist ein Prisma. Man erkennt das besser, wenn man sich ihn auf die Seite gelegt vorstellt. Alle anderen Körper lassen sich durch einen Schnitt in zwei Prismen zerlegen. Bei den oberen beiden Körpern kann man dazu den nach oben ragenden Würfel abschneiden, beim Körper unten rechts kann man den Würfel vorne links abschneiden. Hier entstehen somit zwei neue Prismen.

➔ Individuelle Lösungen. Die Oberfläche ist immer dann gleich, wenn die einzelnen Körper an gleich vielen Seiten miteinander verbunden sind.

➔ Es wird immer ein neuer Würfel an die Würfelreihe angehängt. Es geht dabei erst nach oben, dann nach rechts, nach hinten und wieder nach oben (usw.).

➔ Es werden noch vier Würfel hinzugefügt, so dass der Körper noch einen Würfel nach oben, nach rechts, nach hinten und noch einmal nach oben „wächst“. Es wird folglich noch einmal der dritte braune Körper der Reihe angefügt.

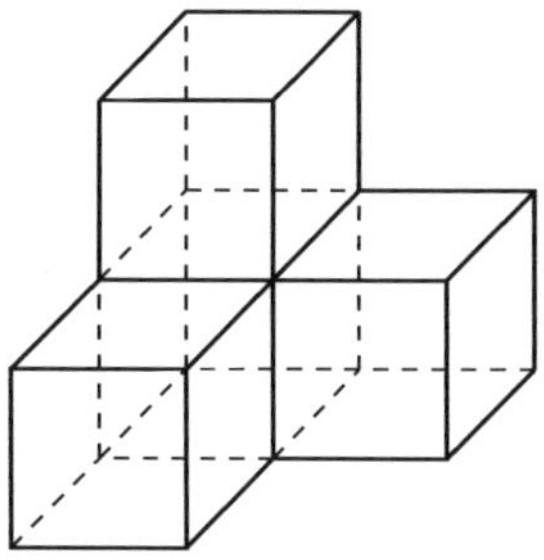

Seite 175

1 a) Bei vier Würfeln ergeben sich folgende zusammengesetzte Körper:

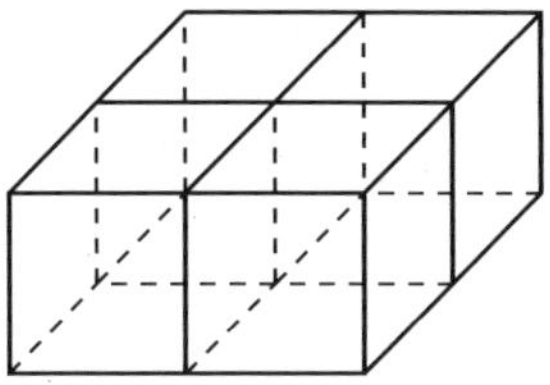

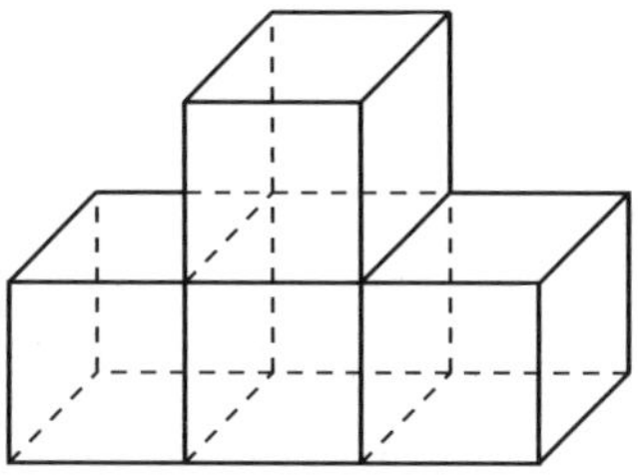

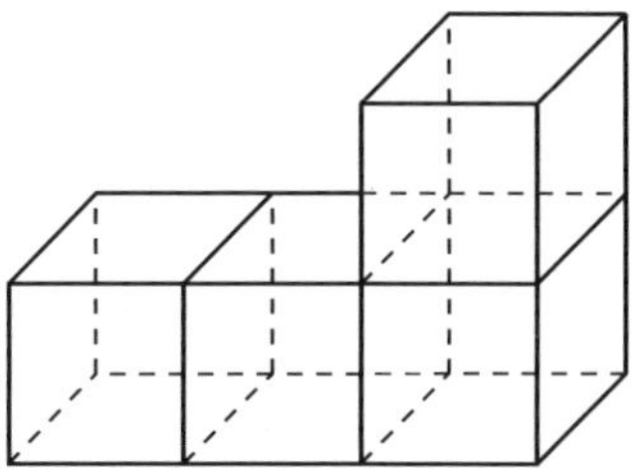

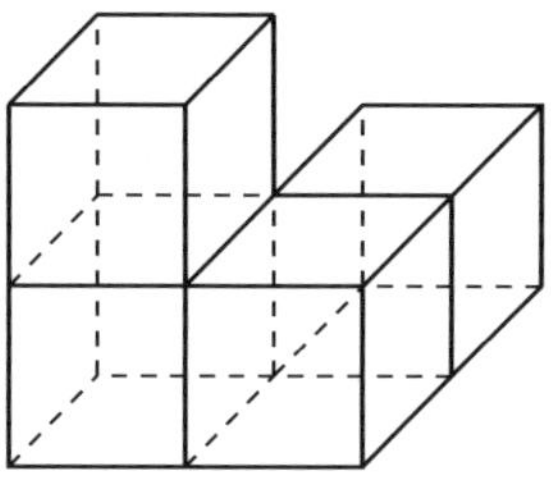

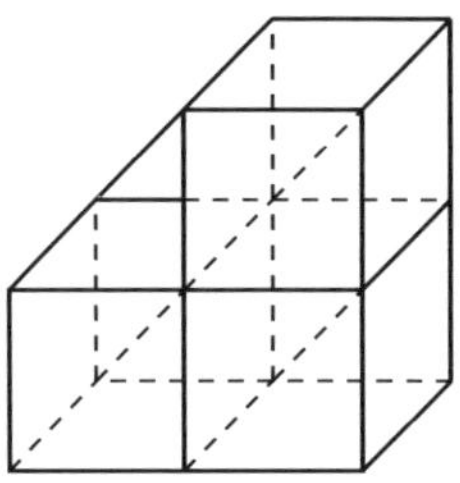

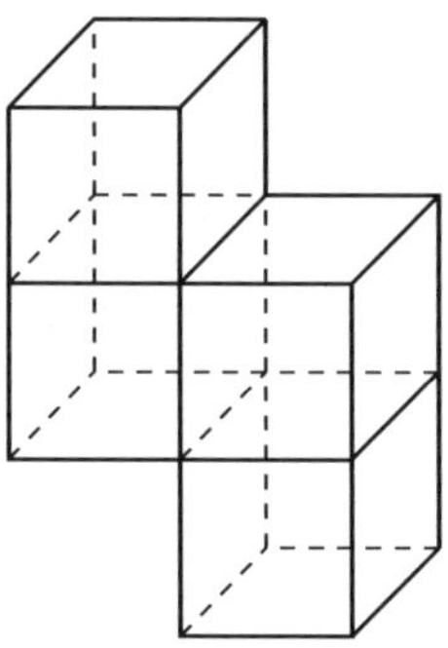

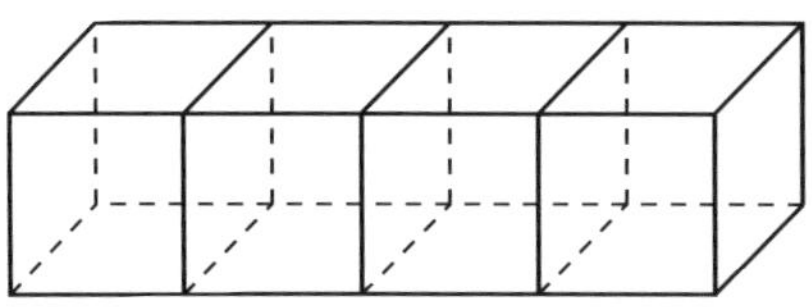

Bei sechs Würfeln gibt es viel mehr Möglichkeiten, von denen vier dargestellt werden:

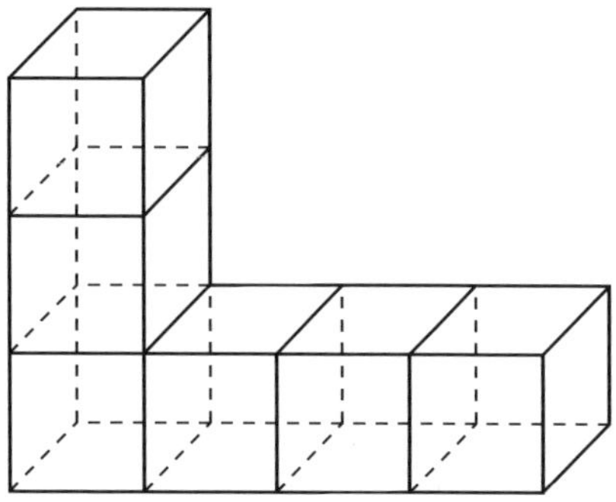

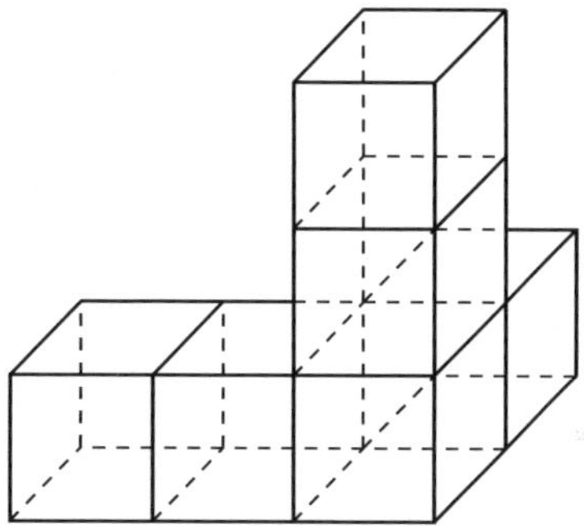

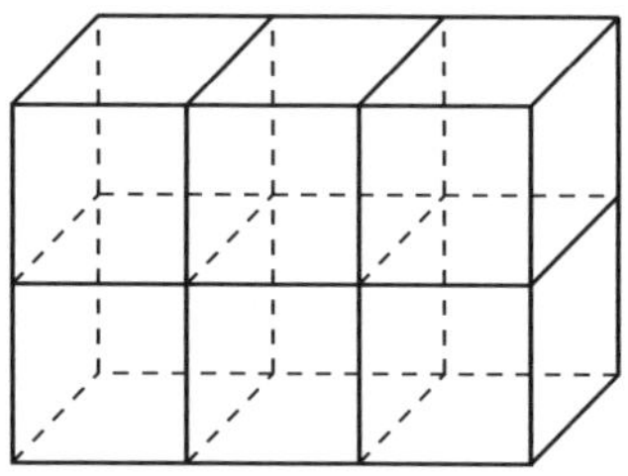

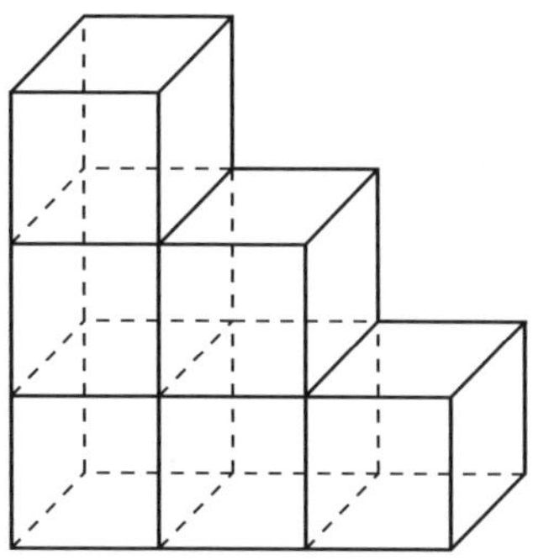

b) für $a = 1\,\text{cm}$ gilt (die gemeinsamen Würfelflächen entfallen als Oberfläche):
bei vier Würfeln: $18 \cdot a^2 = 18\,\text{cm}^2$ oder
$16\,a^2 = 16\,\text{cm}^2$
bei sechs Würfeln: $26 \cdot a^2 = 26\,\text{cm}^2$ oder
$24\,a^2 = 24\,\text{cm}^2$ oder $22\,a^2 = 22\,\text{cm}^2$

2 a) Man hat vier Möglichkeiten, die Quadrate (a^2) aneinanderzusetzen (Zeichnungen ① bis ④) und jeweils zwei Möglichkeiten, die Rechtecke ($a \cdot b$ bzw. $a \cdot c$) aneinanderzusetzen (Zeichnungen ⑤–⑧). Für die Dreiecke gibt es noch eine Möglichkeit. Somit ergeben sich insgesamt 9 Möglichkeiten, neue Körper zu bilden, von denen nur 2 keine Prismen sind (Zeichnung ③ und ④).

①
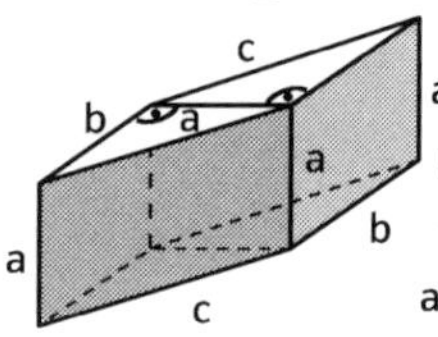

Parallelogramm-prisma

②
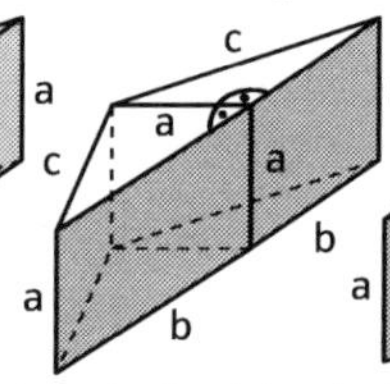

(gleichschenkliges) Dreiecksprisma

③
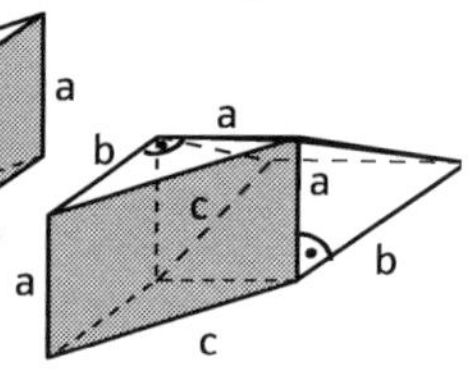

kein Prisma

④
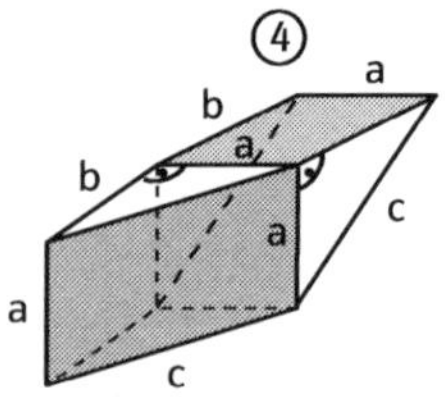

kein Prisma

⑤
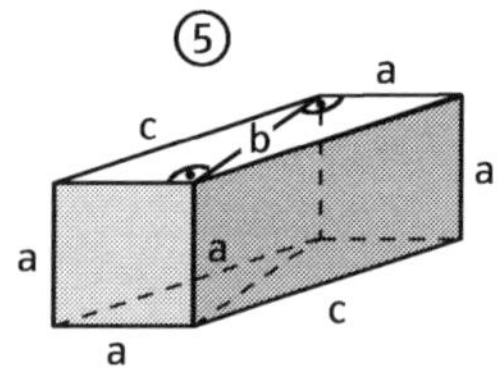

Parallelogramm-prisma

⑥
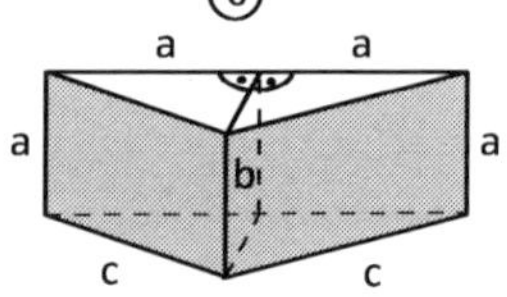

(gleichschenkliges) Dreiecksprisma

⑦
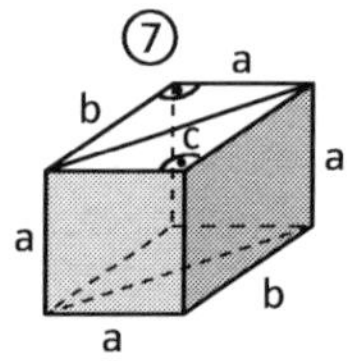

Quader (Quadratprisma)

⑧
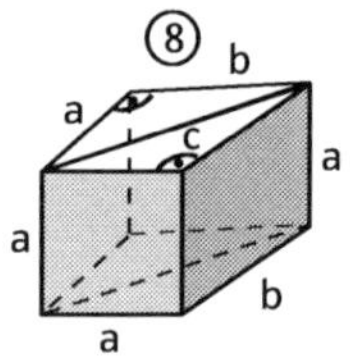

Drachenprisma

⑨
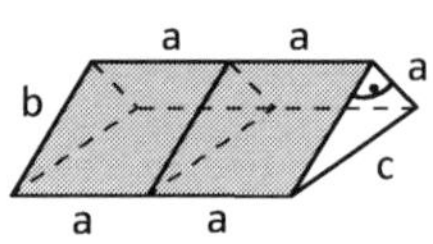

(rechtwinkliges) Dreiecksprisma

b) $O_{Prisma} = a^2 + a \cdot b + a \cdot c + 2\,\frac{a \cdot b}{2} = a^2 + 2a \cdot b + a \cdot c$

Körper ① bis ④: $O = 2a^2 + 4a \cdot b + 2a \cdot c - 2a^2$
$= 4a \cdot b + 2a \cdot c$

Körper ⑤ und ⑥: $O = 2a^2 + 4a \cdot b + 2a \cdot c - 2a \cdot b$
$= 2a^2 + 2a \cdot b + 2a \cdot c$

Körper ⑦ und ⑧: $O = 2a^2 + 4a \cdot b + 2a \cdot c - 2a \cdot c$
$= 2a^2 + 4a \cdot b$

Körper ⑨: $O = 2a^2 + 4a \cdot b + 2a \cdot c - 2\,\frac{a \cdot b}{2}$
$= 2a^2 + 3a \cdot b + 2a \cdot c$

3 $V = V_1 + V_2 = 4572\,m^3 + 1392{,}3\,m^3 = 5964{,}3\,m^3$;
F: gemeinsame Fläche; $O = O_1 + O_2 - 2 \cdot F$
$= 1350{,}6\,m^2 + 607{,}5\,m^2 - 2 \cdot 81{,}9\,m^2 = 1794{,}3\,m^2$

4 Die Häuser haben das gleiche Volumen, aber das linke Haus hat eine etwas größere Oberfläche.
$V_{Quader} = 1165{,}22\,m^3$; $O_{Quader} = 379{,}9\,m^2$
$V_{linkes\ Haus} = V_{rechtes\ Haus} = 1550{,}948\,m^3$
$O_{linkes\ Haus} = 651{,}948\,m^2$; $O_{rechtes\ Haus} = 644{,}82\,m^2$

5 linker Turm: $O = 528\,cm^2$;
rechter Turm: $O = 592\,cm^2$

Randspalte
$O_{gesamt} = 6 \cdot A_{großes\ Quadrat} + 6 \cdot A_{kleines\ Quadrat} - 2 \cdot A_{gemeinsames\ kleines\ Quadrat} = 448\,cm^2$

6 a) Prototyp: Wandflächen (gelbe und blaue Flächen): $O = 54\,m^2$; Dachflächen (orange und rosa Flächen): $O = 35{,}6\,m^2$; Gesamtaußenfläche:
$O = 89{,}6\,m^2$
Langhaus: Wandflächen: $O = 126\,m^2$; Dachflächen: $O = 112{,}4\,m^2$; Gesamtaußenfläche: $O = 238{,}4\,m^2$
Speicher: Wandflächen: $O = 108\,m^2$; Dachflächen: $O = 122{,}4\,m^2$; Gesamtaußenfläche: $O = 230{,}4\,m^2$
Trio: Wandflächen: $O = 138\,m^2$; Dachflächen: $O = 106{,}8\,m^2$; Gesamtaußenfläche: $O = 244{,}8\,m^2$
b) Individuelle Lösungen

7 Vom Prisma wird jeweils ein Teilkörper (kleines Prisma) entfernt. Das Volumen wird somit jeweils kleiner, die Oberfläche jedoch größer.
(1) $V_1 = 72\,000\,cm^3 = 72\,dm^3$
$V_2 = 8000\,cm^3 = 8\,dm^3$
$V = V_1 - V_2 = 64\,000\,cm^3 = 64\,dm^3$
$O = 11\,200\,cm^2 + 1600\,cm^2 = 12\,800\,cm^2 = 128\,dm^2$

(2) Die Höhe der Dreiecke werden einer maßstäblichen Zeichnung entnommen:

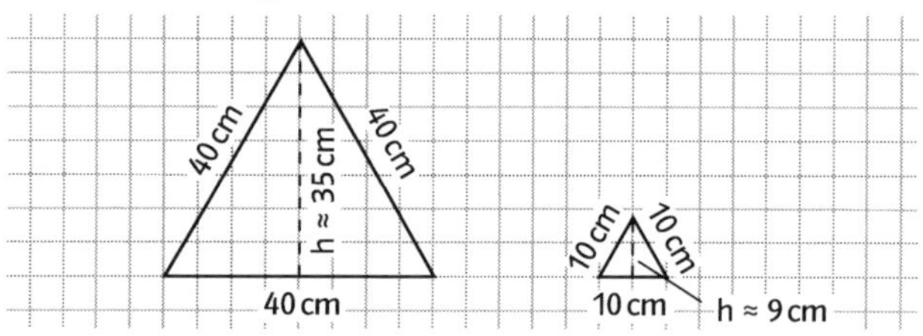

$V_1 = 14\,000\,cm^3 = 14\,dm^3$
$V_2 = 900\,cm^3 = 0{,}9\,dm^3$
$V = V_1 - V_2 = 13\,100\,dm^3 = 13{,}1\,dm^3$
$O = 3710\,cm^2 + 600\,cm^2 = 4310\,cm^2 = 43{,}1\,dm^2$

Üben • Anwenden • Nachdenken

Seite 177

1 mögliche Lösungen

a)

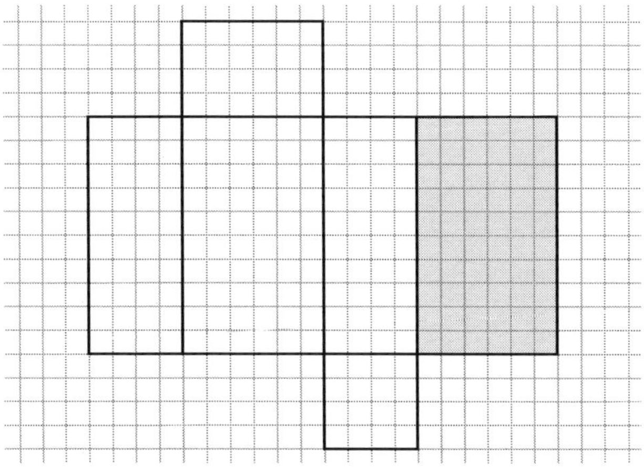

b)

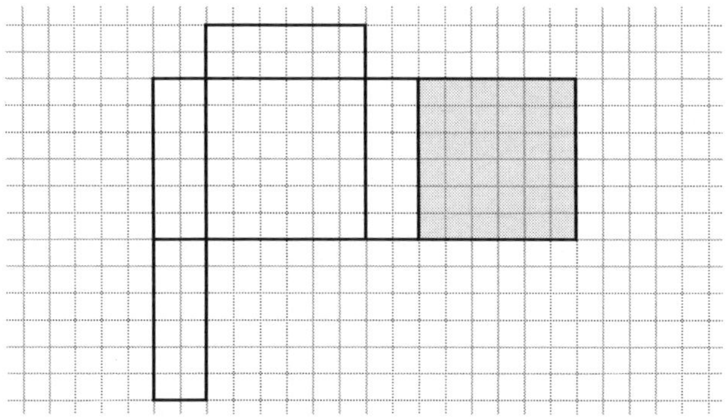

2 a) Weil der Flächeninhalt der Grundfläche von Körper 5 größer als der von Körper 3 ist, die Körperhöhe aber mit 8 cm jeweils gleich ist.
Bei Körper 2 und 6 sind jeweils die Grundflächen gleich, aber die Höhe von Körper 6 ist größer als die von Körper 2.
b) $V_6 = 36\,cm^3$; $V_2 = 48\,cm^3$; $V_3 = 96\,cm^3$; $V_5 = 112\,cm^3$; $V_4 = 128\,cm^3$; $V_1 = 144\,cm^3$

3

	a)	b)	c)	d)
u	18 cm	20 dm	20 cm	72 cm
h	36 cm	15 dm	3,5 cm	25 cm
G	$216\,cm^2$	$5,8\,m^2$	$12\,cm^2$	$4\,dm^2$
M	$648\,cm^2$	$3\,m^2$	$70\,cm^2$	$18\,dm^2$
O	$1080\,cm^2$	$14,6\,m^2$	$94\,cm^2$	$26\,dm^2$
V	$7776\,cm^3$	$8,7\,m^3$	$42\,cm^3$	$10\,dm^3$

4 Da die Höhe des Prismas immer 9 cm beträgt, wird im Folgenden lediglich die veränderte Grundfläche dargestellt. Die Oberfläche des Trapezprismas lässt sich daraus leicht errechnen.

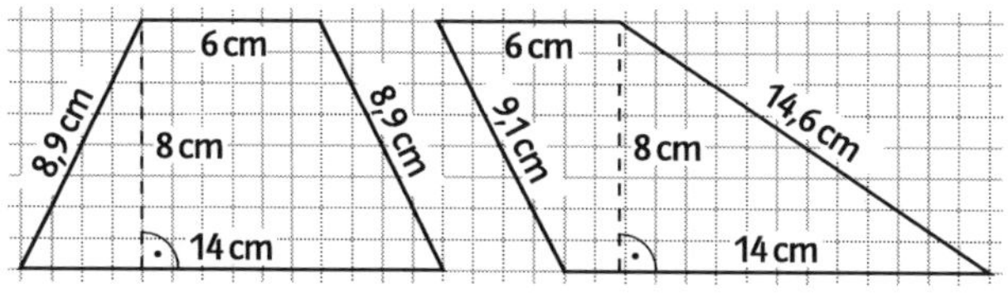

$O = 500{,}2\,cm^2$ (Minimum) $O = 553{,}3\,cm^2$

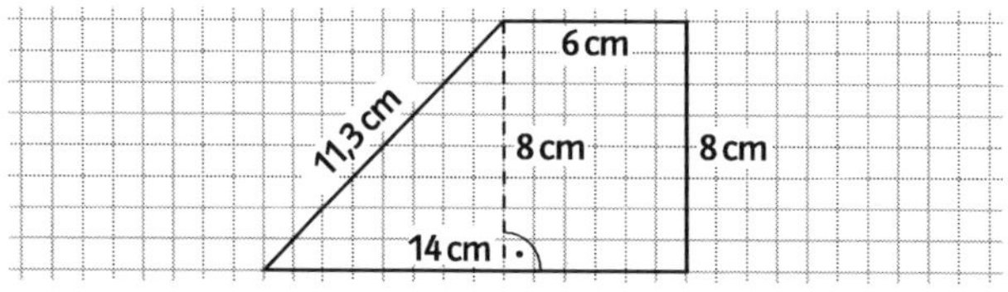

$O = 513{,}7\,cm^2$

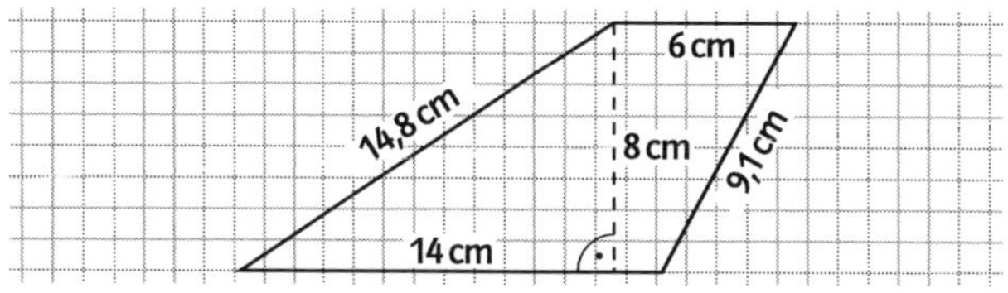

$O = 555{,}1\,cm^2$
Da die Grundfläche (das Trapez) immer denselben Flächeninhalt $A = 80\,cm^2$ besitzt, haben alle möglichen Prismen auch dasselbe Volumen $V = 720\,cm^3$.

5 a) $O = 216\,cm^2$; $V = 144\,cm^3$
b) $O = 350\,cm^2$; $V = 400\,cm^3$

6 a) Man stellt die folgende Gleichung auf und löst nach x auf:
$x \cdot 2x : 2 \cdot 10 + 150 = (x + 1) \cdot (2x + 2) : 2 \cdot 10$
$x = 7\,cm$
Das Volumen erhöht sich von $490\,cm^3$ auf $640\,cm^3$.
b) Das Volumen verringert sich um $10\,cm^3$ auf $480\,cm^3$.
c) Das Ergebnis aus b) gilt für alle $x > 1\,cm$.
Für $x < 1\,cm$ würde die Höhe gleich null oder negativ werden.

Randspalte
Nein, er hat immer eine kleinere Oberfläche, da die Flächen, an denen die beiden Körper zusammengesetzt werden, bei der Berechnung wegfallen.

Seiten 178

Optimierung ...

- individuelle Lösungen
- $V = (a - 2s) \cdot (b - 2s) \cdot s$
  - $V = 336\,cm^3$
  - $V = 144\,cm^3$
  - $V = 484\,cm^3$
  - $V = 800\,cm^3$

▪ Mögliche Lösung als Tabelle oder Graph:

a=b=24

Schnittlänge	Volumen
1	484
2	800
3	972
4	**1024**
5	980
6	864
7	700
8	512
9	324
10	160
11	44
12	0

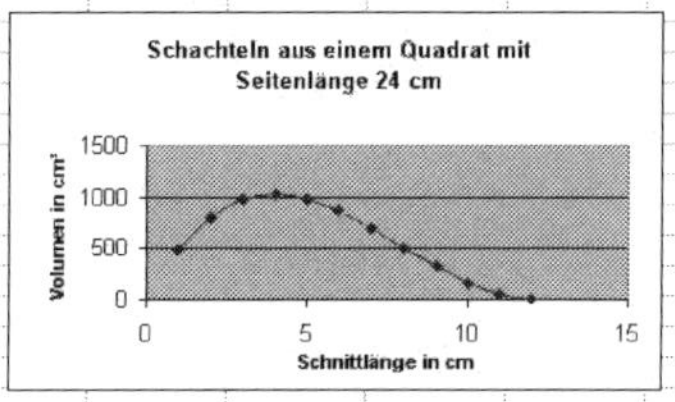

a=20, b=15

Schnittlänge	Volumen
1	234
2	352
3	**378**
4	336
5	250
6	144
7	42

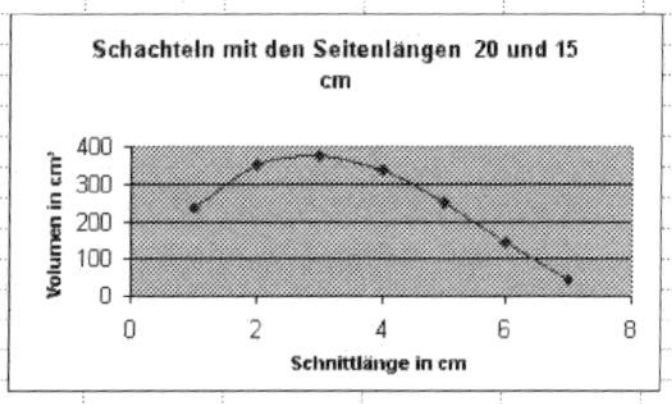

Seite 179

▪

B5 =(29,7-2*A5)*(21-2*A5)*A5

Schachtel aus einem DIN A4-Rechteck

Schnittlänge s in cm	Volumen V in cm^3		Schnittlänge s in cm	Volumen V in cm^3
0	0		3,5	1112,3
1	526,3		3,6	1117,8
2	873,8		3,7	1122,136
3	1066,5		3,8	1125,332
4	1128,4		3,9	1127,412
5	1083,5		4	1128,4
6	955,8		4,1	1128,32
7	769,3		4,2	1127,196
8	548		4,3	1125,052
9	315,9		4,4	1121,912
10	97			
11	-84,7			

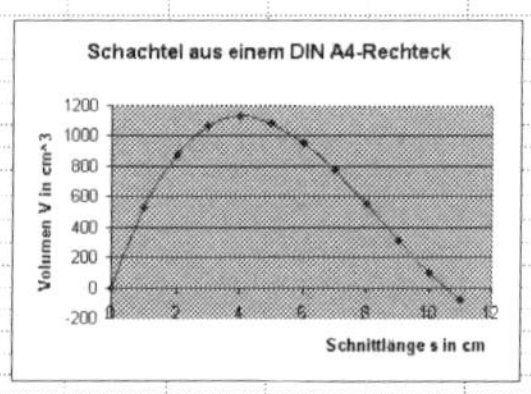

▪ individuelle Lösungen

▪

=(24-2*B8)*(15-2*B8)*B8

a = 24 cm	b = 15 cm			
Schnittlänge s in cm	Volumen V in cm³		Schnittlänge s in cm	Volumen V in cm³
0	0		2,5	475
1	286		2,6	479,024
2	440		2,7	482,112
3	**486**		2,8	484,288
4	448		2,9	485,576
5	350		**3**	**486**
6	216		3,1	485,584
7	70		3,2	484,352
8	-64		3,3	482,328

▪

a = 20 cm	b = 15 cm		
Schnittlänge s in cm	Volumen V in cm³	Schnittlänge s in cm	Volumen V in cm³
0	0	2,5	375
1	234	2,6	377,104
2	352	2,7	378,432
3	**378**	**2,8**	**379,008**
4	336	2,9	378,856
5	250	3	378
6	144	3,1	376,464
7	42	3,2	374,272
8	-32	3,3	371,448

a = 28 cm	b = 25 cm		
Schnittlänge s in cm	Volumen V in cm³	Schnittlänge s in cm	Volumen V in cm³
0	0	3,5	1323
1	598	3,6	1332,864
2	1008	3,7	1341,472
3	1254	3,8	1348,848
4	**1360**	3,9	1355,016
5	1350	4	1360
6	1248	4,1	1363,824
7	1078	4,2	1366,512
8	864	4,3	1368,088
9	630	**4,4**	**1368,576**
10	400	4,5	1368
11	198	4,6	1366,384
12	48	4,7	1363,752
13	-26	4,8	1360,128

▪

=(27-2*B9)^2*B9

a = 27 cm				
Schnittlänge s in cm	Volumen V in cm³		Schnittlänge s in cm	Volumen V in cm³
0	0		4,1	1449,104
1	625		4,2	1453,032
2	1058		4,3	1455,808
3	1323		4,4	1457,456
4	1444		**4,5**	**1458**
5	**1445**		4,6	1457,464
6	1350		4,7	1455,872
7	1183		4,8	1453,248
8	968		4,9	1449,616
9	729		5	1445
10	490			
11	275			
12	108			
13	13			

a = 18 cm			
Schnittlänge s in cm	Volumen V in cm³	Schnittlänge s in cm	Volumen V in cm³
0	0	2,5	422,5
1	256	2,6	425,984
2	392	2,7	428,652
3	**432**	2,8	430,528
4	400	2,9	431,636
5	320	**3**	**432**
6	216	3,1	431,644
7	112	3,2	430,592
8	32	3,3	428,868
9	0	3,4	426,496

a = 20 cm			
Schnittlänge s in cm	Volumen V in cm³	Schnittlänge s in cm	Volumen V in cm³
0	0	2,8	580,608
1	324	2,9	584,756
2	512	3	588
3	**588**	3,1	590,364
4	576	3,2	591,872
5	500	**3,3**	**592,548**
6	384	3,4	592,416
7	252	3,5	591,5
8	128	3,6	589,824
9	36		
10	0		

▪ Eine Schachtel mit quadratischer Grundfläche ist am größten, wenn $s = \frac{a}{6}$
▪ individuelle Lösungen

▪ Für a = 72 cm und b = 27 cm ist die Schachtel mit s = 6 cm am größten. Sie hat ein Volumen von 5400 cm³ und eine Innenfläche von 1800 cm², was einem Preis von 1800 € entspricht.

Für $a = b = 42\,cm$ ist die Schachtel mit $s = 7\,cm$ am größten. Sie hat ein Volumen von $5488\,cm^3$ und eine Innenfläche von $1568\,cm^2$, was einem Preis von 1568 € entspricht.
Obwohl das Volumen der quadratischen Schachtel größer ist, ist die Innenfläche kleiner.

Seite 180

7 Der Kanal verkürzt den Weg um etwa 740,8 km.
a) Es ergeben sich leicht unterschiedliche Flächenwerte für die jeweiligen Querschnitte. Dies liegt daran, dass es sich beim echten Querschnitt nicht um ein richtiges Trapez handelt, das unseren Berechnungen zugrunde liegt.
Urquerschnitt (1895): $A = 399{,}15\,m^2$
Erweiterung 1914: $A = 805{,}75\,m^2$
Erweiterung 1966: $A = 1386\,m^2$
b) $(0{,}001353 \cdot 98{,}7)\,km^3 = 0{,}1335411\,km^3 < 1\,km^3$
c) Die Steigung beträgt ungefähr
$1{,}1428\,\% = 11{,}428\,‰$.

8 a) $A_{S30} \approx 40\,cm^2$
b) $40 \cdot 100\,cm^3 = 4000\,cm^3 = 4\,dm^3$; $4 \cdot 7{,}8\,kg = 31{,}2\,kg$
→ Angabe des Herstellers entspricht also der Wahrheit.
c) $A_{R65} \approx 85\,cm^2$; $(85 \cdot 100)\,cm^3 = 8500\,cm^3 = 8{,}5\,dm^3$; $8{,}5 \cdot 7{,}8\,kg = 66{,}3\,kg$ → Angabe des Herstellers entspricht also der Wahrheit.
d) S30-Schienen auf 300 m wiegen bei doppelter Gleisführung mindestens $18\,018\,kg \approx 18\,t$.
e) Es gibt noch eine Vielzahl anderer Schienenprofile, die für verschiedene Bahnen konzipiert wurden (z. B. S33; S41|10; UIC60; …).

Treffpunkte

Alle Treffpunktlösungen sind nur Vorschläge, die als ungefähre Richtschnur dienen sollen. Je nach Interpretation der Angaben erhält man abweichende Ergebnisse. Wichtig ist bei diesen offenen Aufgabentypen nicht das reine Ergebnis, sondern vor allem die Herangehensweise und der Weg zur Lösung. Wie gehe ich an das Problem heran und wie löse ich es? Gibt es unterschiedliche Wege? Welche Hilfsmittel brauche ich? Welche Informationen muss ich nutzen? Muss ich weitere Informationen suchen? Führen die verschiedenen Lösungswege zu unterschiedlichen Ergebnissen? Welche sind genauer?

Treffpunkt Natur – Der Natur auf der Spur

Seite 196 bis 197

Wandernde Vielfraße

- Da der untere Teil des Fotos stärker mit Heuschrecken besiedelt ist als der obere Teil, kann das gesamte Foto (13 cm × 5,5 cm) zunächst waagerecht in zwei Rechtecke geteilt werden, wobei das untere Rechteck die Maße 13 cm × 2,5 cm und das obere die Maße 13 cm × 3 cm hat. Die Anzahl der Heuschrecken kann nun folgendermaßen geschätzt werden:
Das untere Rechteck wird in 13 gleich große Rechtecke der Höhe 2,5 cm eingeteilt. In einem beliebigen Rechteck wird die Anzahl der Heuschrecken gezählt, mit 13 multipliziert und als Teilergebnis 1 notiert. Ebenso wird mit dem oberen Rechteck verfahren und als Teilergebnis 2 notiert.

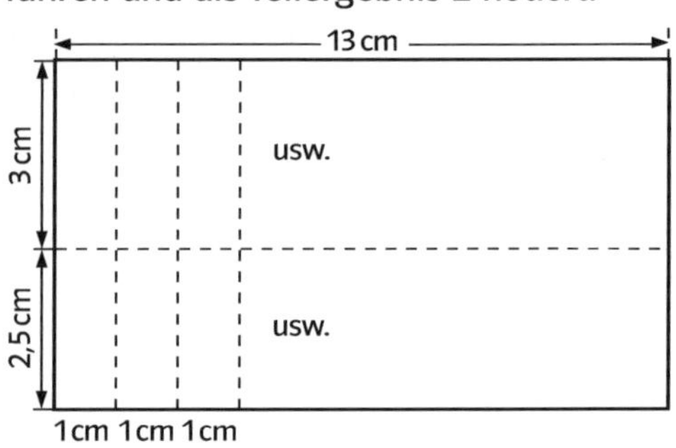

Die Summe der Teilergebnisse ist die geschätzte Anzahl der Heuschrecken. Mögliche Lösung:
In der unteren Hälfte, sind es ungefähr 45 bis 50 Heuschrecken in einem kleinen Rechteck. Wenn wir von 50 ausgehen, sind es insgesamt 650 Heuschrecken in dem unteren großen Rechteck.
Mit ungefähr 40 Heuschrecken in einem kleinen Rechteck in der oberen Hälfte, sind es dann 520 Heuschrecken in dem oberen großen Rechteck.
Insgesamt sind es damit etwa 1200 Heuschrecken.
Hinweis: Je feiner die Einteilung ist, desto genauer kann man die Anzahl der Heuschrecken auf einer Fläche schätzen.

- Den Angaben auf dem Rand zufolge verzehrt eine erwachsene Wanderheuschrecke pro Tag ihr eigenes Körpergewicht an Nahrung. Demzufolge umfasst ein kleiner Schwarm, der täglich ca. eine Tonne Grünfutter verzehrt, 500 000 Tiere (1 t = 1 000 000 g).
Ein großer Schwarm von 40 Milliarden Tieren verzehrt täglich etwa (40 Milliarden mal 2 Gramm, das sind 80 Milliarden Gramm) 80 000 Tonnen Grünfutter. Wo große Schwärme durchziehen, bleibt in der Regel kein Grashalm stehen. Mit der Nahrung, die 200 000 Tiere an einem einzigen Tag zu sich nehmen, könnte ein Mensch ein Jahr lang leben.
- Die günstigen Bedingungen für eine explosionsartige Vermehrung sind Wärme (etwa 36 °C), genügend Grünfutter und Feuchtigkeit. Diese Bedingungen sind nur im Herbst des zweiten Jahres zu verzeichnen. In den vorherigen Zeiträumen mangelt es stets an einem der genannten Faktoren. Somit ist davon auszugehen, dass die Heuschrecken sich in diesen Zeiträumen nicht so stark vermehrten.

Der Viktoriasee

- Der Viktoriasee hat eine Gesamtfläche von 68 870 km². Seine größte Länge beträgt 412 km und die größte Breite 355 km.
Die Größe des Sees kann anhand der Satellitenaufnahme beispielsweise dadurch ermittelt werden, dass man ein Parallelogramm der Länge (Breite) 1,7 cm und der Höhe 2,8 cm derart über den See legt, dass sich ausgesparte Flächen mit überstehenden Flächen in etwa ausgleichen. Der Flächeninhalt des Parallelogramms beträgt 4,76 cm², was unter Berücksichtigung des angegebenen Maßstabs zu einer Größe des Sees von etwa 68 544 km² führt.
Ausführlich: 1,7 cm entsprechen 204 km
2,8 cm entsprechen 336 km
4,76 cm² entsprechen 68 544 km²
Deutschland hat eine Fläche von ca. 357 093 km². Damit hat der Viktoriasee etwa ein Fünftel der Größe Deutschlands.
- Eine Fähre, die im Schnitt 11 kn, d. h. ca. 20 $\frac{\text{km}}{\text{h}}$ zurücklegt, braucht
  - für die Strecke Bukoba–Mwanza (etwa 180 km) 9 Stunden.
  - für die Strecke Mwanza–Musoma (etwa 200 km) 10 Stunden.
  - für die Strecke Mwanza–Jinja (etwa 360 km) 18 Stunden.

– für die Strecke Musoma–Jinja (etwa 336 km) ca. 17 Stunden.

Wasser – ein kostbares Gut

▪ Auf der Erde leben zurzeit etwa 6 Milliarden ($6 \cdot 10^9$) Menschen. Würde die Wassermenge des Viktoriasees auf alle Menschen der Erde gleichmäßig verteilt, so bekäme jeder etwa 458 m^3 Wasser.

▪ Der gesamte Trinkwasservorrat der Erde beträgt etwa $115 \cdot 10^{15}$ Liter.

Natürliche Fabriken

▪ Von den 5 Millionen Kubikmetern Luft, die ein Mensch in seinem Leben durchschnittlich atmet, sind 21 %, also 1 050 000 m^3, Sauerstoff.
Ein hundertjähriger Baum setzt pro Jahr etwa 4500 kg Sauerstoff frei, das sind 3,15 Millionen Liter bzw. 3150 m^3.
Geht man davon aus, dass ein Mensch im Schnitt 78 Jahre alt wird, dann bedeutet das einen Verbrauch von $1\,050\,000\,m^3 : 78 \approx 13\,500\,m^3$ Sauerstoff pro Jahr.
Demnach braucht ein Mensch etwa ($13\,500\,m^3 : 3150\,m^3$) vier hundertjährige Bäume zum Leben. (In Deutschland liegt das durchschnittliche Alter derzeit bei 76 (männlich) bzw. 81 (weiblich) Jahren.)

▪ Die Tabelle für drei Setzlinge in der ersten Reihe sieht wie folgt aus:

Reihen	1	2	3	4	5	6	...
Anzahl der Setzlinge	3	5	8	10	13	15	...

Werden in die erste Reihe sechs Setzlinge gepflanzt, so ergibt sich folgende Tabelle:

Reihen	1	2	3	4	5	6	...
Anzahl der Setzlinge	6	11	17	22	28	33	...

▪ Ein Term für die Gesamtzahl der Setzlinge lautet:

3 Setzlinge in der ersten Reihe:

gerade Anzahl an Reihen: $s = \frac{r}{2} \cdot \mathbf{3} + \frac{r}{2} \cdot 2 = \frac{5}{2} r$

ungerade Reihenzahl: $s = \frac{r+1}{2} \cdot \mathbf{3} + \left(\frac{r+1}{2} - 1\right) \cdot 2$
$= \frac{5}{2} r + \frac{1}{2}$

6 Setzlinge in der ersten Reihe:

gerade Anzahl an Reihen: $s = \frac{r}{2} \cdot \mathbf{6} + \frac{r}{2} \cdot 5 = \frac{11}{2} r$

ungerade Reihenzahl: $s = \frac{r+1}{2} \cdot \mathbf{6} + \left(\frac{r+1}{2} - 1\right) \cdot 5$
$= \frac{11}{2} r + \frac{1}{2}$

▪ Geht man davon aus, dass sich **drei** Setzlinge in der ersten Reihe befinden, so sind

– in 10 Reihen:
$s = \frac{10}{2} \cdot \mathbf{3} + \frac{10}{2} \cdot 2 = 25$ Setzlinge

– in 100 Reihen:
$s = \frac{100}{2} \cdot \mathbf{3} + \frac{100}{2} \cdot 2 = 250$ Setzlinge

– in 1000 Reihen:
$s = \frac{1000}{2} \cdot \mathbf{3} + \frac{1000}{2} \cdot 2 = 2500$ Setzlinge

Optimale Baumeister

▪ individuelle Lösungen

▪ individuelle Lösungen je nach Heftgröße
Ein DIN-A4-Heft hat eine Länge von 29,7 cm und eine Breite von 21 cm. Auf die lange Seite passen 297 mm : 5,4 mm = 55 Zellen, auf die kürzere Seite 210 mm : 5,4 mm = 38 Zellen. Rein rechnerisch ergibt sich eine Zellenzahl von 2090 Zellen, die auf einem Schülerheft diesen Formats Platz finden. Nach Abzug von „Randzellen", die oft keine vollständigen Zellen mehr sind, kann man von etwa 2000 Zellen auf der Fläche eines DIN-A4-Heftes sprechen.

▪ Wenn die Biene das in einem hohlen Baum gelegene Nest des Volkes verlässt, liegt der Weideplatz 40° rechts von der Sonne. Um in ihrem Nest von dieser Nahrungsquelle zu berichten, läuft die Biene ein Achterfigur, wobei sie beim mittleren Teil des Tanzes, dem sogenannten Schwänzellauf, ihren Körper rasch seitlich hin- und herbewegt. Da sich die Blumen 40° rechts von der Sonne befinden, verläuft der Schwänzeltanz in einem Winkel von 40° von der Senkrechten.
Die Ausrichtung und Dauer jedes Schwänzellaufs korreliert eng mit der Richtung und der Entfernung der Nahrungsquelle. Blumen, die in direkter Richtung zur Sonne hin liegen, werden durch Schwänzelläufe nach oben auf der senkrechten Wabe angezeigt, und jeder beliebige Winkel rechts oder links von der Sonne wird durch diese Winkelabweichung nach rechts oder links von der senkrechten Richtung nach oben verschlüsselt.
Befindet sich die Nahrungsquelle genau gegenüber der Sonne bzw. im 180° Winkel zur Sonne, so tanzt die Biene senkrecht nach unten.
Die Entfernung zwischen Nisthöhle und Flugziel wird offenbar über die Dauer des Schwänzellaufs kodiert.

▪ individuelle Lösungen

... und jetzt auf in die Natur!

▪ individuelle Lösungen und Aktivitäten

Seite 198 bis 199

Treffpunkt Tour de France – Die Jagd auf das Gelbe Trikot

Kleine Tourgeschichte

- Alle Werte (grau unterlegt) können aus den Angaben des Textes und der Tabelle berechnet werden.

Name	Strecke	Gesamtzeit
Maurice Garin (F/1903)	2428 km	etwa 94 h 33 min
Jan Ullrich (D/1997)	3945 km	100 h 30 : 35 min
Lance Armstrong (USA/2005)	3639 km	86 h 15 : 02 min

Name	durchschnittliche Geschwindigkeit	durchschnittliche Etappenlänge
Maurice Garin (F/1903)	25,679 km/h	etwa 404,67 km
Jan Ullrich (D/1997)	etwa 39,25 km/h	etwa 187,86 km
Lance Armstrong (USA/2005)	etwa 42,19 km/h	etwa 173,29 km

Die Etappenlängen haben sich seit 1903 enorm verkürzt auf weniger als die Hälfte. Es fällt auf, dass sich die Durchschnittsgeschwindigkeit von 1997 auf 2005 noch einmal stark erhöht hat. Das ist sicherlich auf besseres Material, aber auch auf evtl. weniger Bergetappen zurückzuführen.

- **Zweitplatzierte**

1903: ca. 97 h 30 min; durchschnittliche Geschwindigkeit: ca. 24 km/h
1997: 100 h 39 : 44 min; durchschnittliche Geschwindigkeit: ca. 39 km/h
2005: 86 h 19 : 42 min; durchschnittliche Geschwindigkeit: ca. 42 km/h
Die Durchschnittsgeschwindigkeit weicht nur 1903 stärker vom Erstplatzierten ab, da dieser damals über drei Stunden Vorsprung hatte.

-

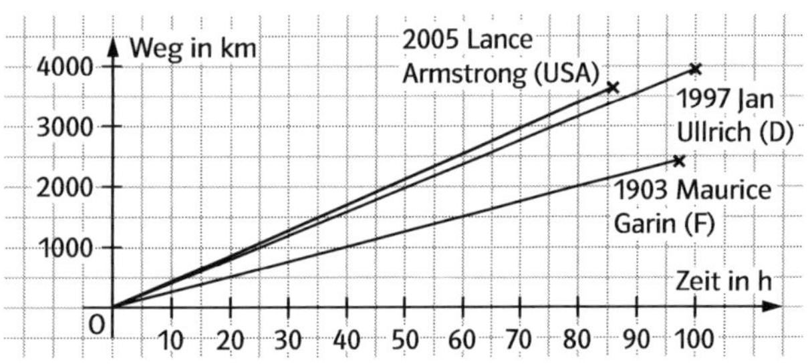

- Ein durchschnittlicher Radfahrer fährt maximal 20 km in der Stunde. Bei starkem Antritt schafft ein solcher Fahrer über kurze Distanz über 30 km/h. Anstiege und Abfahrten wie bei den Bergetappen der Tour de France werden hier nicht mitberücksichtigt.

Leicht und stabil

- 28″·2,54 cm = 71,12 cm (Felgenrad); abzüglich der Mantelbreite von etwa 8 cm ergeben sich etwa 63 cm.
63 cm : 2 = 31,5 cm (Speichenlänge)
- Zum Lösen dieser Teilaufgabe sind die Abschätzung aus dem Foto bzw. Messungen am eigenen Körper unerlässlich. Alle Schätzungen sind nur ungefähre Ergebnisse, die Endergebnisse variieren entsprechend.
Unterschenkellänge: ca. 50 cm; Speichenlänge: ca. 30 cm
Drei Seiten des Trapezes sind jeweils ca. 50 cm lang; die vierte kurze Seite am Lenker hat ca. 10 cm; es ergibt sich ein Trapezumfang von etwa 160 cm.
Zwei Seiten des gleichschenkligen Dreiecks sind ca. 50 cm lang, die dritte kurze Seite am unteren Rahmen hat ca. 40 cm. Es ergibt sich ein Dreiecksumfang von etwa 140 cm.
Gesamtlänge des Rahmens (ohne Lenkgabel):
ca. 300 cm – 50 cm (doppelt gemessenes Mittelrohr) = **250 cm**. Da die Rohre ab dem Mittelrohr doppelt sind, ergibt sich als Gesamtlänge 250 cm + 90 cm = 340 cm.
- (die folgenden Werte werden einer maßstabsgerechten Zeichnung entnommen):

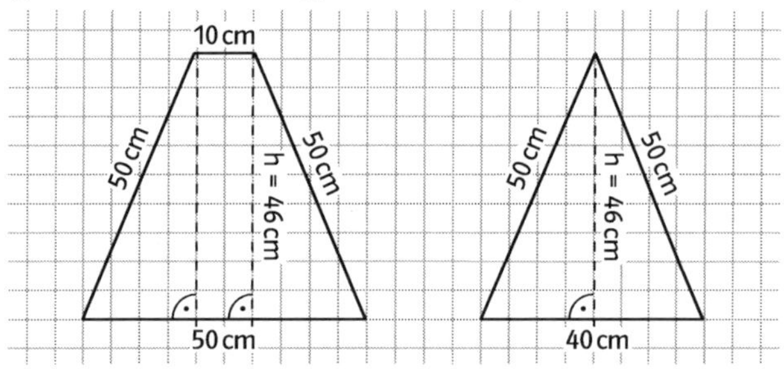

$F_{Trapez} = 30 \cdot 46\,cm^2 = 1380\,cm^2$
$F_{Dreieck} = 40 \cdot 46\,cm^2 : 2 = 920\,cm^2$
$F_{Gesamt} = 2300\,cm^2$ (= $0{,}23\,m^2 < \frac{1}{4}\,m^2$)
Eine solche Fläche zu vermieten ist sicher lukrativ, kann allerdings evtl. der Aerodynamik des Rennrades schaden.
Eine einfache geometrische Lösung ist:

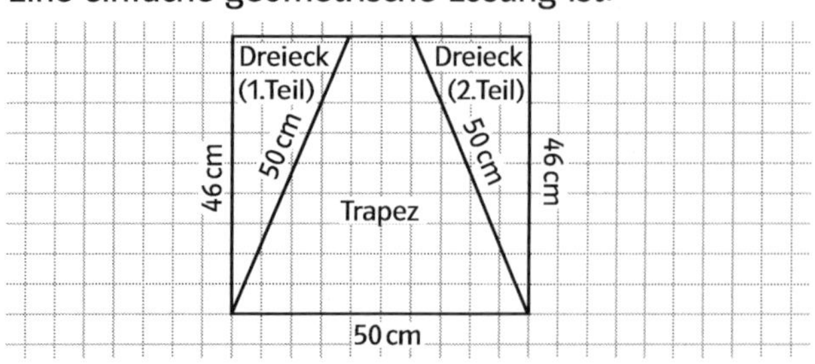

$F_{Gesamt} = 50\,cm \cdot 46\,cm = 2300\,cm^2$

Steile Berge

- individuelle Lösungen
- Beispielgraph:

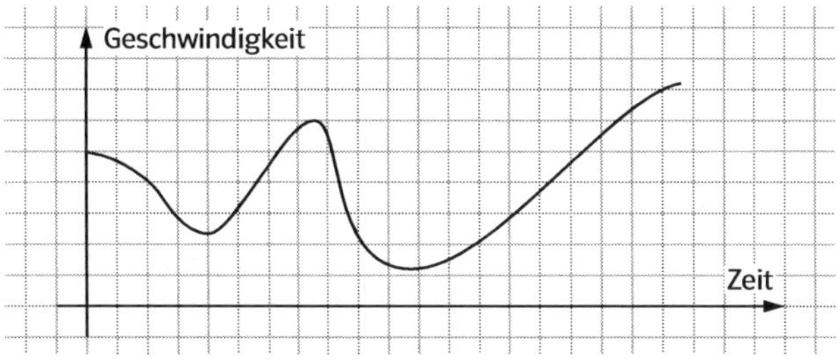

mögliche Lösungen:
Der Geschwindigkeitsgraph verläuft genau entgegengesetzt zum Streckenprofil. Bei Abfahrten verläuft er steil nach oben, da sich die Geschwindigkeit erhöht, bei Anstiegen fällt er ab und bleibt niedrig, da die Geschwindigkeit stark abnimmt.

- Steigung 1 (Col de la Madeleine):
1542 m : 27 000 m ≈ 0,057 = 5,7%
Steigung 2 (Col du Galibier, ab St. Avre):
2152 m : 57 000 m ≈ 0,038 = 3,8%
Steigung 2 (Col du Galibier, ab Bergfuß, bei 97,5 km)
≈ 1900 m : 35 500 m ≈ 0,054 = 5,4%
Wenn man die beiden Abschnitte ab dem Bergfuß vergleicht, liegen etwa gleiche durchschnittliche Steigungen von etwa 5% vor (5 m Anstieg auf 100 m horizontaler Länge). Im Detail existieren an diesen beiden Bergen sogar Steigungsabschnitte von über 15%.

- Wenn man die Länge der Tour de France, die mit 3500 bis 4000 km rund 5-mal durch ganz Deutschland verlaufen würde, und die Steigung der extremen Bergetappen berücksichtigt, scheint der Name „Tour der Leiden" durchaus angemessen zu sein. Vier Wochen lang quälen sich die Fahrer bei teilweise extremen Sommertemperaturen über diese lange Distanz nach Paris, was zu vielen Ausfällen im Fahrerlager führt. Zahlreiche Fahrer trainieren das ganze Jahr über nur für die Tour de France.

Grüne Punktejäger

- Flachetappen: 25 Punkteränge
(= 25 Fahrer mit Punkten)
Mittlere Bergetappen: 20 Punkteränge
(= 20 Fahrer mit Punkten)
Schwere Bergetappen: 15 Punkteränge
(= 15 Fahrer mit Punkten)
Einzelzeitfahren: 10 Punkteränge
(= 10 Fahrer mit Punkten)
Zwischensprints: 3 Punkteränge
(= 3 Fahrer mit Punkten)
- Maximale Punktezahl 2005:
9 Flachetappen: 9 · 35 P. (Ziel) + 9 · 3 · 6 P. (ZS) = 477 P.
6 Mittlere Bergetappen: 6 · 25 P. (Ziel) + 6 · 2 · 6 P. (ZS) = 222 P.
3 Schwere Bergetappen: 3 · 20 P. (Ziel) + 3 · 2 · 6 P. (ZS) = 96 P.
2 Zeitfahren: 2 · 15 P. (Ziel) = 30 P.
Gesamt: 825 P.
- Individuelle Lösungen, bei denen alle möglichen Kombinationen auftreten können. (z. B. 194 P. = 3 · 35 P. + 2 · 25 P. + 1 · 20 P. + 2 · 6 P. + 7 · 1 P.).
- G = 825 P.,
Formel: p% = W · 100 : G
1. Platz: p_1 = 194 · 100 : 825 = $23,\overline{51}$%
2. Platz: p_2 = 182 · 100 : 825 = $22,\overline{06}$%
3. Platz: p_3 = 178 · 100 : 825 = $21,\overline{57}$%
4. Platz: p_4 = 158 · 100 : 825 = $19,\overline{15}$%
Anmerkung: Es liegen in allen Fällen periodische Dezimalbrüche vor.
Sie haben zusammen rund 86% der Punkte geholt. Übrigens wurden 2005 auf den 21 Etappen insgesamt 5531 Punkte an die Fahrer vergeben. Auch hier könnte man interessante Prozentzahlen ausrechnen. Man beachte außerdem: Der Fahrer mit den meisten Sprintpunkten ist nicht automatisch der Gewinner der Tour de France, da es sich beim gelben Trikot um eine Zeitmessung handelt.

... und jetzt Startschuss!

individuelle Lösungen und Aktivitäten

Seite 200 bis 201

Treffpunkt Wikinger: Nomaden der Meere

Weitgereiste Händler

- Es bietet sich hier an, eine Europakarte (z. B. eine Karte im Maßstab von 1 : 16 000 000) zu benutzen, wie sie in jedem Atlas zu finden ist. Die Messung der Fahrtstrecke kann entweder etappenweise mit einem Geodreieck/Lineal erfolgen oder mithilfe eines Fadens im Gesamten gemessen und maßstabgerecht umgerechnet werden. Die Schülerinnen und Schüler können den Seeweg zusätzlich geographisch beschreiben. Im Folgenden ein Beispiel für das etappenweise Ausmessen mit kurzer „Wegbeschreibung":
a) Oslo → London: ca. 1100 km Seeweg über die Nordsee
b) London → Lissabon: ca. 1600 km Seeweg über den stürmischen Atlantik
c) Lissabon → Gibraltar: ca. 600 km Seeweg bis zur Meerenge („Tor zum Mittelmeer")
d) Gibraltar → Palermo: ca. 1600 km Seeweg über das Mittelmeer bis zur „Hauptstadt" von Sizilien

e) Palermo → Athen: ca. 1300 km Seeweg über das Mittelmeer (Ionisches Meer)
f) Athen → Istanbul: ca. 600 km Seeweg bis zum Bosporus („Tor zum Schwarzen Meer")
Gesamtstrecke: ca. 6800 km
▪ 12 kn = 22,2 km/h
6800 km : 22,2 km/h ≈ 306,3 h ≈ 13 d (reine Segelzeit)
Bedenkt man, dass pro Tag je nach Wetterlage und Lichtverhältnissen auf einem Wikingerschiff nur acht Stunden gesegelt werden kann, errechnet sich eine Segelzeit von etwa (306 : 8) 38 Tagen. Rechnet man für jeweils fünf Segeltage eine zweitägige Proviantpause ein, so ergeben sich weitere sieben Zwischenstopps mit 14 Tagen Aufenthaltsdauer an Land. Somit beträgt die gesamte Fahrzeit rund 52 Tage. Man kann bei gleichmäßiger Fahrt (was auf dem stürmischen Atlantik z. B. nicht zu erwarten ist!) also von knapp zwei Monaten Fahrdauer ausgehen.
Andere individuelle Lösungen sind möglich.
▪ Ein Drachenboot der Wikinger hat bis zu 40 Mann Besatzung, wie aus der Information auf der Randspalte zu entnehmen ist. Berechnet man pro Mann drei Liter Wasser am Tag (normaler Tagesverbrauch erwachsener Menschen heutzutage), ergibt sich ein Verbrauch von etwa (40 × 39 × 3 l) 4680 Litern (etwa 94 50-l-Fässer). Sollten am Tag aufgrund der großen körperlichen Anstrengungen fünf Liter Wasser verbraucht werden, sind es sogar (40 × 39 × 5 l) 7800 Liter (= 156 50-l-Fässer)!

Entdeckungsfahrten im Drachenboot

▪ Diese Aufgabe lässt sich gut mithilfe einer Zeichnung lösen.
Nimmt man den Wikinger auf dem unteren Längsschnitt als Vergleich zu Hilfe, ergibt sich der Umrechnungsfaktor 1 cm ≙ 2 m.
Das Rechteck hat nun eine Gesamtfläche von etwa $20\,m \times 4\,m = 80\,m^2$.
Abzüglich der Fläche aufgrund der Rumpfwölbung: ca. $5\,m \times 4\,m = 20\,m^2$
Deckfläche: $80\,m^2 - 20\,m^2 = 60\,m^2$
Diese Deckfläche ist etwa so groß, wie eine moderne 2-Zimmer-Wohnung. Man bedenke: Auf ihr mussten damals bis zu 40 Wikinger mehrere Wochen lang leben und arbeiten.
▪ Dem Foto lässt sich der Umrechnungsfaktor von 0,5 cm ≙ 2 m entnehmen. Das Segel ist somit etwa $8\,m \times 8\,m = 64\,m^2$ groß. Das ist größer, als das eigentliche Schiffsdeck (s. o.).
▪ Es ist sehr schwierig, genauere Angabe über die Wasserverdrängung des Bootes zu machen, da das Volumen des Körpers aufgrund seiner Wölbung schwer zu berechnen ist. Geht man mit Blick auf das Foto davon aus, dass das scheinbar sehr flach im Wasser liegende Drachenboot einen Tiefgang von etwa 30 cm hat, so ergibt sich eine Wasserverdrängung von $0{,}3\,m \times 60\,m^2$ (siehe Deckfläche oben) $= 18\,m^3$.

Im Geschwindigkeitsrausch

▪ Der linke Graph gehört eindeutig zum Handelsschiff. Das Boot kommt schnell in Fahrt, bremst nach etwa 12 min bei einer Geschwindigkeit von 10 kn wieder ab (evtl. um zu wenden oder zu navigieren) und erhöht dann die Geschwindigkeit recht schnell auf etwa 14 kn (= 25,9 km/h) Spitzengeschwindigkeit.
Der rechte Graph ist der eines großen, trägen Kriegsschiffes, das erst langsam in Fahrt kommt, dann aber, wahrscheinlich mithilfe der Ruderer, eine hohe Geschwindigkeit von über 16 kn (= 29,6 km/h) erreicht.
▪ individuelle Lösungen in Bezug auf oben genannte Geschwindigkeitsentwicklung
▪ Der Widerstand des Wassers und die Verdrängung (s. o.) setzt der maximalen Geschwindigkeit eines Bootes ihre Grenzen. Außerdem ist die Leistung der Ruderer natürlich ebenfalls begrenzt.

Schöner Schein

▪ Der linke Kreuzanhänger besitzt ein Volumen von etwa $1300\,mm^3$ ($\approx 1{,}3\,cm^3$) und wiegt somit 11,4 g.
Der rechte Thorhammer hat ein Volumen von etwa $1600\,mm^3$ ($\approx 1{,}6\,cm^3$) und wiegt somit etwa 14,1 g.
Er ist allerdings gewölbt und somit ist sein Gewicht nur näherungsweise zu berechnen.
▪ Der Kreuzanhänger besitzt bei 60%igem Anteil (siehe Info-Kasten) mindestens 6,8 g Kupfer, der Thorhammer dagegen 8,5 g.
▪ Der Thorhammer muss etwa das 1,2-Fache des Kreuzanhängers gekostet haben, da sein Volumen und Gewicht etwa das 1,2-Fache beträgt (14,1 g : 11,4 g ≈ 1,2).
Möglicherweise musste der Käufer auch mal die aufwändige Verzierung honorieren.

Leben auf dem Lande

▪ Die Längen des Langhauses lassen sich durch Abmessen auf der oberen Abbildung im Verhältnis zum Wikinger berechnen (1 cm = 1 m). Es liegt kein echtes Schrägbild vor, sondern eine Darstellung mit Fluchtpunkt. Somit muss man die Längen anhand der Balkenanordnung an den Wänden abschätzen.
Die Zeichnung des Grundrisses erfolgt dann am besten im Maßstab von 1 : 100 zum Originalhaus (mögliche geschätzte Maße):
Länge: 7,5 m ≙ 7,5 cm, Breite: 3,5 m ≙ 3,5 cm
▪ Höhe: 2,50 m (im Quader)
Höhe vom Dachgiebeldreieck: 1,50 m, Dachbalken: 2,50 m (im Dreiecksprisma)

Das Volumen des Langhauses berechnet sich aus den Teilkörpern eines Quaders und eines Dreiecksprismas:

$V_Q = (7{,}5 \cdot 3{,}5 \cdot 2{,}5)\,m^3 \approx 6{,}6\,m^3$

$V_D = (7{,}5 \cdot 3{,}5 \cdot 1{,}5)\,m^3 \approx 19{,}7\,m^3$

$V_{Gesamt} = (65{,}6 + 19{,}7)\,m^3 = 85{,}3\,m^3$

Die Außenfläche ergibt sich aus den zwei Dachrechtecken, den beiden Wandrechtecken sowie den beiden Stirnseiten bestehend aus einem Rechteck und einem gleichschenkligen Dreieck.

$O = (2 \cdot 7{,}5 \cdot 2{,}5 + 2 \cdot 7{,}5 \cdot 2{,}5 + 2 \cdot 3{,}5 \cdot 2{,}5$
$+ 2 \cdot 3{,}5 \cdot 1{,}5)\,m^2 = 77{,}75\,m^2$

- Wenn sich die Wände um 0,5 m erhöhen bzw. verringern, wird das Volumen um $13{,}125\,m^3 (7{,}5 \cdot 3{,}5 \cdot 0{,}5)$ größer bzw. kleiner. Die Oberfläche vergrößert bzw. verkleinert sich um $11\,m^2 (2 \cdot 7{,}5 \cdot 0{,}5 + 2 \cdot 3{,}5 \cdot 0{,}5)$.

Wenn sich hingegen der Giebel um 0,5 m erhöht bzw. verringert, wird das Volumen des Dachraumes nur um etwa $6{,}5\,m^3$ größer bzw. kleiner. Die Oberfläche ist abzuschätzen bzw. durch eine maßstabgerechte Zeichnung zu vermessen und ändert sich aufgrund längerer bzw. kürzerer Dachbalken lediglich um etwa $2{,}7\,m^2$.

Wenn sich Außenwand und Giebel anteilig erhöhen bzw. verringern, ergeben sich weitere Möglichkeiten.

- individuelle Lösungen
- Es gibt nach Analyse der Langhausabbildung $4 \cdot 7{,}5$ m-Balken (oben und unten), $16 \cdot 2{,}5$ m-Balken (Außenwände), $3 \cdot 3{,}5$ m-Balken (Frontwände), $6 \cdot 3{,}5$ m-Balken (Decke), $7{,}5 \cdot 2{,}5$ m-Dachbalken und $3 \cdot 1$ m-Balken (Türstock). Die Dachsparren und Zaunbretter werden nicht mit berücksichtigt. Die Wikinger haben an diesem Langhaus somit Balken von etwa 130 m Länge verbaut. Das sind über 25 schmale 5-m-Bäume, die gefällt und fachmännisch zersägt werden müssen.

... und jetzt Leinen los!

individuelle Lösungen und Aktivitäten